37만 구독자 유튜버, 전병칠이 알려주는

찐초보 생활 전기

전병칠 지음

길벗캠퍼스

전병칠

- 고용정책학박사
- 전기기능장
- 직업능력개발훈련교사

현) (주)다산에듀 대표이사
현) 한국기술교육대학교 능력개발교육원 강사
현) 유튜브 크리에이터(채널명 '전병칠')
현) 서울소방학교 전기분야 외래교수

37만 구독자 유튜버, 전병칠이 알려주는

찐초보 생활 전기

초판 1쇄 발행 • 2024년 2월 29일 | **지은이** • 전병칠 | **발행인** • 이종원 | **발행처** • (주)도서출판 길벗 | **브랜드** • 길벗캠퍼스
출판사 등록일 • 1990년 12월 24일 | **주소** • 서울시 마포구 월드컵로 10길 56(서교동) | **대표 전화** • 02)332-0931 | **팩스** • 02)323-0586
홈페이지 • www.gilbut.co.kr | **이메일** • gilbut@gilbut.co.kr | **기획 및 책임편집** • 신유진(backdoosan@gilbut.co.kr) | **디자인** • 강은경
제작 • 이준호, 손일순 | **영업마케팅 및 교재 문의** • 박성용(psy1010@gilbut.co.kr) | **영업관리** • 김명자 | **독자지원** • 윤정아
편집진행 • 김미현 | **전산편집** • 앤미디어 | **CTP 출력 및 인쇄** • 금강인쇄 | **제본** • 경문제책

ISBN 979-11-407-0851-2 13560(길벗 도서번호 060099)
정가 21,000원

머리말

이제 우리 일상에서 전기는 공기와 물처럼 없어서는 안 될 필수재가 되었습니다.

그래서 전기를 더 잘 알고 이해하는 것은 단순한 활용 목적을 넘어서 삶을 더 윤택하고 풍요롭게 만드는 과정이라고 할 수도 있습니다.

그런 면에서 앞서 출간된 '찐초보 걸음마 전기'는 전기 에너지의 발생, 흐름, 사용에 대한 전반적인 체계를 이해하는 데 도움을 줍니다. 그리고 이 책은 사용에 대한 세부적인 이야기를 다루고자 전기 에너지를 사용하는 소비자가 어떻게 우리 일상의 전기기구들을 활용해야 하는지 그 구체적인 방법을 제시하고 있습니다.

그래서 본문에는 콘센트, 조명, 스위치 등의 기구들이 어떤 공학적인 이유로 선정이 되는지, 어떤 제품들이 있는지, 그리고 어떻게 이 제품들을 교체하거나 설치하는지에 대한 구체적인 내용이 들어있습니다. 나아가 관련된 법규들을 포함하여 더 안전한 전기생활의 지침서가 되도록 구성하였습니다. 이를 더 효과적으로 독자분들께 전달하고자 우리 주변을 이루는 전기기구가 어떤 장단점을 가지고 있고, 어떠한 이유에서 우리가 선택해야 하는지 이 책을 쓰며 그 물음에 답하는 과정을 설명하려 노력했습니다.

따라서 이 책은 여러분에게 단순히 전기지식을 전달하기 위해 만들어진 것이 아닙니다. 독자 스스로 자신의 공간을 전기적 관점에서 재정의하고, 스스로 더 나은 공간으로 만드는 힘을 실어주기를 바라는 마음을 함께 담았습니다.

여러분의 전기기술교육의 동반자

전병칠 드림

1장 알고가기

SECTION 01 | 전선 연결

| 1 | 전선 연결의 정의 008
| 2 | 관련 법령과 기술기준 018
- 시공 절차와 세부내용 021
- 꼭 주의하세요 024

SECTION 02 | 조명회로의 기초

| 1 | 조명회로의 이해 025
| 2 | 관련 법령과 기술기준 038
| 3 | 외형과 구조 042
- 꼭 주의하세요 047

SECTION 03 | 공구와 기기 사용법

| 1 | 제품의 정의 048
| 2 | 관련 법령과 기술기준 055
| 3 | 측정기 056
- 꼭 주의하세요 063

숙련된 요리사도 불과 칼을 조심하듯, 전기 기술자도 조심스럽게 작업을 합니다. 모든 전기 작업은 규정된 방법, 안전한 복장을 갖추고 실시하시기 바랍니다.

2장 바꾸기

SECTION 01 | 때묻은 스위치를 새걸로

| 1 | 제품의 정의 066
| 2 | 관련 법령과 기술기준 071
| 3 | 외형과 구조 073
- 시공 절차와 세부내용 075
- 꼭 주의하세요 082

SECTION 02 | 현관 센서등 교체

| 1 | 제품의 정의 083
| 2 | 관련 법령과 기술기준 089
| 3 | 외형과 구조 091
- 시공 절차와 세부내용 094
- 꼭 주의하세요 097

SECTION 03 | 주방의 식탁 조명 교체

| 1 | 제품의 정의 098
| 2 | 관련 법령과 기술기준 107
| 3 | 외형과 구조 109
- 시공 절차와 세부내용 111
- 꼭 주의하세요 115

SECTION 04 | 형광등을 LED로

| 1 | 제품의 정의 116
| 2 | 관련 법령과 기술기준 124
| 3 | 외형과 구조 127
- 시공 절차와 세부내용 131
- 꼭 주의하세요 137

SECTION 05 | 콘센트 교체
| 1 | 제품의 정의 138
| 2 | 관련 법령과 기술기준 147
| 3 | 외형과 구조 148
• 시공 절차와 세부내용 152
• 꼭 주의하세요 159

SECTION 06 | 방수형 콘센트
| 1 | 제품의 정의 160
| 2 | 관련 법령과 기술기준 171
| 3 | 외형과 구조 174
• 시공 절차와 세부내용 176
• 꼭 주의하세요 179

SECTION 07 | 충전까지 가능한 USB 콘센트로
| 1 | 제품의 정의 180
| 2 | 외형과 구조 184
• 시공 절차와 세부내용 187
• 꼭 주의하세요 191

SECTION 08 | 차단기도 내 손으로
| 1 | 제품의 정의 192
| 2 | 관련 법령과 기술기준 200
| 3 | 외형과 구조 202
• 시공 절차와 세부내용 205
• 꼭 주의하세요 209

3장 설치하기

SECTION 01 | 리모컨 스위치 설치하기
| 1 | 제품의 정의 212
| 2 | 관련 법령과 기술기준 216
| 3 | 외형과 구조 217
• 시공 절차와 세부내용 220
• 꼭 주의하세요 225

SECTION 02 | 트랙 조명 설치하기
| 1 | 제품의 정의 226
| 2 | 관련 법령과 기술기준 233
| 3 | 외형과 구조 235
• 시공 절차와 세부내용 238
• 꼭 주의하세요 245

SECTION 03 | 다운 라이트(Down Light) 설치하기
| 1 | 제품의 정의 246
| 2 | 관련 법령과 기술기준 253
| 3 | 외형과 구조 254
• 시공 절차와 세부내용 256
• 꼭 주의하세요 259

SECTION 04 | 실외콘센트 설치하기
| 1 | 제품의 정의 260
| 2 | 관련 법령과 기술기준 266
| 3 | 외형과 구조 267
• 시공 절차와 세부내용 270
• 꼭 주의하세요 275

1장

알고가기

CHAPTER 01

01 전선 연결

미리 준비할 공구와 재료	● **공구류** 일자드라이버, 십자드라이버, 절연테이프, 줄자 ● **재료/부품** 전선, 와이어커넥터

1 전선 연결의 정의

전선 연결이란?

혹시 당신은 전선을 연결해본 적이 있는가? 만일 짧은 밧줄을 서로 연결해서 긴 밧줄로 만들어야 하는 상황이 온다면 당신은 이를 달성하기 위해서 방법을 고민해야 할 것이다. 흔히 알려진 밧줄을 연결하는 방법으로는 크게 세 가지가 있다. 두 개의 밧줄 매듭을 풀어 서로 짜고 매듭을 짓는 접합법, 매듭을 만드는 묶는법, 그리고 커넥터와 같은 기구를 사용하는 연결법이 바로 그것이다.

| 그림 1–1 | 밧줄의 연결 매듭

이제 우리의 업으로 돌아와 보자. 자주 일어나는 상황은 아니지만 우리의 전기생활에서도 이와 비슷한 경우가 있다. 짧은 전선을 연결해서 길게 만들거나, 한 개의 수도관을 두 개로 분기하는 것처럼, 전선도 분기하려는 목적으로 연결해야 할 때가 종종 있다. 이렇게 전선을 길게 만들거나, 나누어 연결하는 것을 전선 연결이라고 한다. 원래 전선 연결은 전기회로에서 두 개 이상의 전선이나 전기적 구성요소를 연결하는 것을 말한다. 그리고 전선 연결의 기본 원칙은 전선과 구성요소 간에 전기적 · 기계적으로 신뢰할 방법을 통해 작업을 수행해야 한다는 것이다. 여기서 '신뢰적'이라는 표현에 주목해야 한다.

만일 사람의 생명이나 기계 장비를 고정하기 위해 사용하는 밧줄을 신뢰하지 못하는 방법으로 연결한다면 어떤 일이 벌어질 수 있을까? 연결 상태가 좋지 않거나 약하다면 아마 시간이 지나 낙상, 장비 손상과 같은 위험한 상황을 초래할 것이다. 그러니 신뢰할 방법을 통해 밧줄을 연결하는 것은 적정한 부하를 견뎌 사고의 위험을 줄이고, 연결 조건에서 수명과 내구성을 높일 수 있다. 그리고 무엇보다도 신뢰할 수 있는 연결법은 이에 대한 걱정을 줄여주어 안전한 활동에 집중할 수 있는 마음의 평화를 가져온다.

이게 바로 전선의 연결과 맥락상 이어지는 점이다. 신뢰. 전선의 연결에서도 이 신뢰가 가장 중요하다. 전기 시스템에서 전선은 적절한 전기 흐름을 보장하고 기능적인 동작을 구성하도록 서로 연결되어 있다. 이런 연결에서 무결성이야말로 안전과 효율적인 작동에 있어 매우 중요하며, 작업자는 적절한 표준과 지침에 따라 전선이 올바르게 연결되었음을 증명하여 신뢰를 받아야 한다. 보통 전문가들은 신뢰할 수 있는 연결 재료를 사용하고 규정된 방법에 따라 이 과정을 수행한다고 믿고 있지만, 초보자는 관련 지식과 경험이 부족하므로 비록 가볍고 단순해 보이는 작업이라도 충분한 시간을 갖고 원칙대로 수행해야 한다. 왜 그렇게까지 해야 하냐고? 내가 작업한 곳이 나의 집이든, 다른 사람의 집이든 그렇게 해야 마음의 평온이 오기 때문이다. 그래야 발 뻗고 잘 수 있다.

살짝 겁부터 먹고 가 보자. 만일 전선 연결이 잘못되면 어떤 일이 벌어질 수 있을까? 불이 막 나고 뭔가 이상이 바로 생기는 것일까? 꼭 그렇지는 않다. 하지만 전선 연결이 잘못된 상황에서 주변의 특정 조건과 만나면, 연결 불량이라는 사소한 일로부터 화재나 감전처럼 큰 사고로 이어질 수도 있다는 사실을 명심해야 한다. 전선 연결의 품질이 좋지 않았을 때 발생할 수 있는 대표적인 문제는 다음과 같다.

① 전기 장치의 오작동이나 고장

잘못된 배선으로 인해 전기 장치가 오작동하거나 완전히 고장 날 수 있다. 장치나 기계에 적절한 전압이나 전류가 공급되지 않아 비정상적인 동작, 과열이나 손상이 발생할 수 있다.

② 화재 위험

잘못된 전선 연결은 전기 화재의 위험을 증가시킨다. 느슨하거나 노출된 전선은 불꽃을 일으키거나 단락을 일으켜 근처의 가연성 물질에 불을 붙일 수 있다. 이것은 인적 · 물적 손실을 일으키는 원인이 된다.

③ 감전

전선을 잘못 연결하여 도전부에 문제가 생기면 만지거나 실수로 접촉했을 때 감전이 될 수 있다. 감전은 심각한 경우 화상, 근육수축, 심정지 등 심각한 부상을 초래할 수 있다.

④ 비효율적인 전력 분배

잘못된 전선의 연결은 전기 시스템 내에서 비효율적인 전력 분배로 이어질 수 있다. 이로 인해 전압 강하, 전력 손실, 기계기구의 성능 저하가 발생할 수 있다.

⑤ 회로 과부하

전선이 제대로 연결되지 않으면 과부하 회로가 구성될 수 있다. 과부하는 전류가 배선 용량을 초과하여 과열, 회로차단기의 작동, 퓨즈의 끊어짐 등을 유발한다.

⑥ 전기 시스템 손상

잘못된 전기 배선으로 콘센트, 스위치, 차단기 등을 포함한 전기 시스템이 손상될 수 있다. 전기 시스템은 일단 손상이 되면 원래 상태로 성능과 상태를 복귀하기 위해 적지 않은 비용과 시간이 소비된다.

이렇게 글을 적고 나니 독자께서 조금 겁이 날 수도 있다는 생각이 든다. 하지만, 원래 작은 것부터 신경 써서 잘해야 한다. 7명의 우주비행사를 잃은 미국의 챌린저 우주왕복선의 폭발도 그 작은 고무패킹의 탄성 부족 때문이었다는 사실을 잊지 말자. 이런 위험과 이유들 때문에 전선의 연결은 전기공학적 지식과 관련 규정을 기반으로 충실하게 수행하여야 한다. 또한 그 과정에서 적절한 접속 기구와 공구를 사용해야 안전하게 전선의 연결 작업을 완료할 수 있는 것이다.

전선 연결의 기본원리는 연결하려는 전선의 끝에서 절연체를 벗겨내고 도체를 노출하는 것에서부터 시작한다. 여기서 대부분 절연체는 고무, 도체는 구리다. 조금 어려운 말처럼 들리겠지만, 쉽게 말해서 전선의 고무 껍데기를 벗기고 구리선을 외부로 보이는 것부터 시작한다는 뜻이다. 이제 노출된 도체를 연결하고자 하는 전선이나 부속에 함께 꼬거나, 납땜하거나, 커넥터를 연결하거나, 연결 단자를 이용하여 결합한다. 그리고 기계적인 강도를 유지하고 절연 성능을 보강하기 위해 절연테이프, 열수축 튜브, 기타 접속 기구를 이용해 연결부를 고정한다. 다소 복잡한 설명처럼 보이지만, 괜찮다. 당신은 전문가가 아니니 충분히 그렇게 느낄 수 있다. 서두르지 말고 천천히 가보자.

전선의 접속 방법

전선은 다양한 요인과 고려 사항에 따라 여러 가지 연결 방법이 있고 그에 알맞게 사용한다. 예를 들면 전기기구마다 요구하는 특별한 사항이나 선호하는 접속 기술의 종류, 설치와 제거의 빈도나 접근성, 전기적 내구성이나 신뢰성, 재료나 비용의 예산 제약, 산업과 지역에 따른 표준과 규정을 모두 고려해야 한다. 걱정하지 말자. 이 책에서는 이런 모든 조건을 고려할 수 없으니 대한민국의 일반 가정에 맞추어 이야기를 써 내려갈 것이다. 전문가라고 해도 이런 작업은 전기적 기능, 안전, 관련 표준을 준수하여야 하므로 특정 요구 사항이나 지침에 따라서 적절한 배선 연결 방법을 선택하는 것이 중요하다. 이제 일반인의 수준에서 널리 사용하는 전선의 접속 방법을 알아보자. 이 정도는 알고 있어야 전선 접속에 대해서 조금 안다고 할 수 있다.

① **전선의 직접접속**(Twist Wires) : 꼬는 방법이다. 전선의 직접접속은 연결

하고자 하는 여러 가닥을 직접 꼬거나(쥐꼬리 접속), 서로 맞대고 비틀고 감아 접속(트위스트 접속)하는 등의 연결 방법이다. 이러한 접속은 피복이 벗겨진 두 개 이상의 전선을 직접 연결하는 것으로, 납땜이나 클램핑 도구를 사용할 수 없을 때 사용할 수 있다. 전선을 꼬는 방식의 접속은 반드시 전기적 · 기계적인 접속을 보장하기 위해 전선을 단단하게 꼬아야 한다. 만일 전선이 단단하게 꼬아지지 않으면 연결 부분이 시간이 지남에 따라 느슨해질 수 있고, 너무 지나치게 단단하게 꼬면 전선 도체가 늘어져 손상되므로 접속이 끊어질 수도 있음을 주의해야 한다. 느슨하게 꼬아도 문제고, 너무 세게 꼬아도 문제라는 말이다.

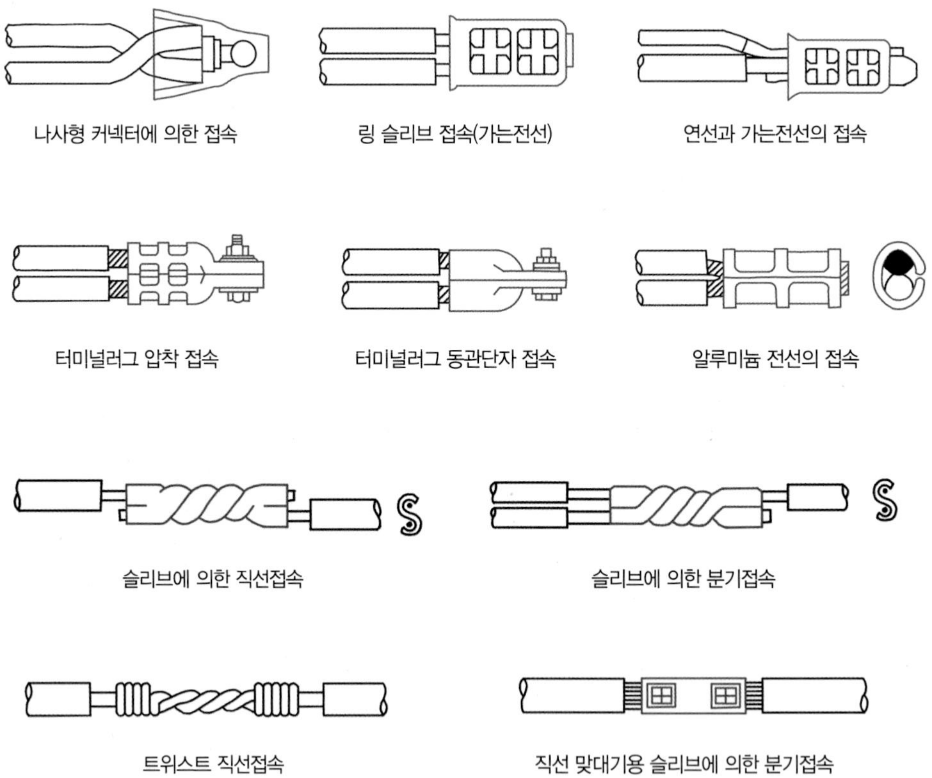

| 그림 1-2 | 전선의 직선접속

② **클림프 스플라이스**(Crimp Splice) : 눌러서 찍어내는 방법이다. 스플라이스는 최소한의 공구를 이용하여 단순하게 작업할 수 있는 전선 접속 방법이다. 금속 클립을 접속 요소에 클림핑하여 사용하는 무납땜 방식이다. 일반적인 단자 방식과는 다르게 와이어, PCB, 코일, 커패시터, 센서, 다이오드, 리드 프레임 등 다양한 차원의 전기적 구성 요소에 적용할 수 있다. 용접이나 납땜과는 다르게 진동에 강해 자동차 부품 공급업체에서 널리 사용한다. 또한 사용이 편리하므로 간단한 전선 연결 작업에 적합하며, 소규모 전기 설비에서 자주 사용하는 방식이다. 방수가 되지는 않지만, 수동 공구를 사용하여 간편하게 접속할 수 있으므로 전원이 없는 환경에서도 쉽게 이용할 수 있다.

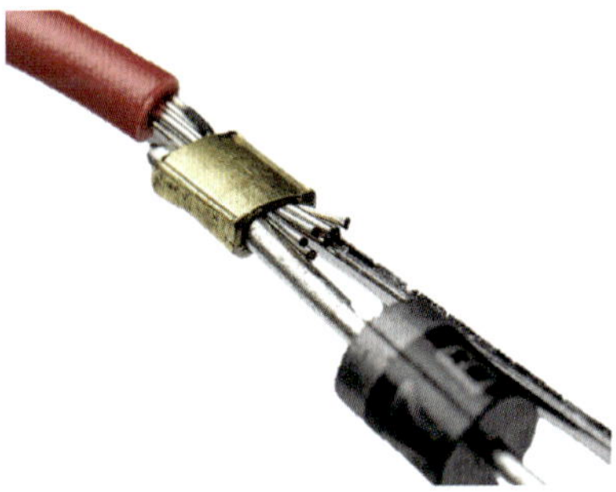

연선과 다이오드의 접속

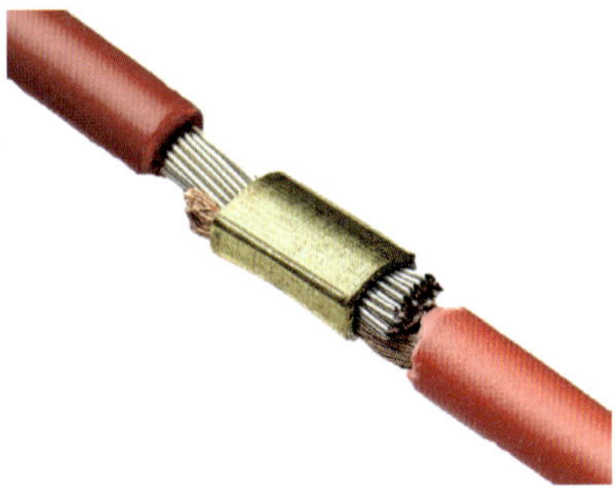

연선과 연선의 접속

| 그림 1-3 | 스플라이스 접속

③ **솔더 슬리브**(Solder Sleeve) : 납이 들어있는 튜브를 이용한다. 이것은 클림프 스플라이스와 비슷하지만 가열할 때 연결부가 납땜이 되어 완전히 고정되는 장점이 있다. 전선의 전기적 접속과 절연을 위해 보통 접속 부위를 납땜하고 그 부위를 전기 절연테이프나 수축튜브를 이용하여 절연을 하는 방법을 사용하는데, 솔더 슬리브를 이용하면 이 과정을 한 번에 간단하게 할 수 있다.

솔더 슬리브의 내부에는 저온에 녹는 납땜용 링이 들어가 있어서 슬리브에 전선을 양쪽에서 넣은 후에 외부에서 열을 가하면 납이 녹으며 두 전선을 전기적으로 접속시켜주는 원리이다. 외부의 튜브는 열수축 재료이며 케이블의 피복 두께까지 수축하여 기본적인 절연 상태를 만들게 된다. 솔더 슬리브는 한두 가닥의 전선을 연결하는 환경보다는 여러 케이블을 연결하는 상황에 더 적합하게 사용된다.

솔더 슬리브는 다음과 같은 단계로 작업한다.

㉠ **전선 준비** : 연결할 전선 끝에서 절연체를 벗기고 비틀어서 연결부를 준비한다.
㉡ **솔더 슬리브 장착** : 전선의 한쪽 끝에서 솔더 슬리브를 밀어 넣은 다음 다른 전선을 삽입하여 맞대고, 솔더 슬리브가 이 접속 부분을 덮도록 한다.
㉢ **가열** : 히트건이나 무화염토치의 열원을 사용해서 슬리브를 가열한다. 열이 가해지면 슬리브가 수축되고 내부의 납땜이 녹아 흐르면서 전선 사이에 강력한 납땜 접합부가 생성된다.
㉣ **냉각** : 땜납이 흐르고 안전한 접속부가 만들어지면 열원을 제거하고 접속 부분을 식혀준다. 열수축 튜브가 완전히 모양을 갖추었는지 확인한다.

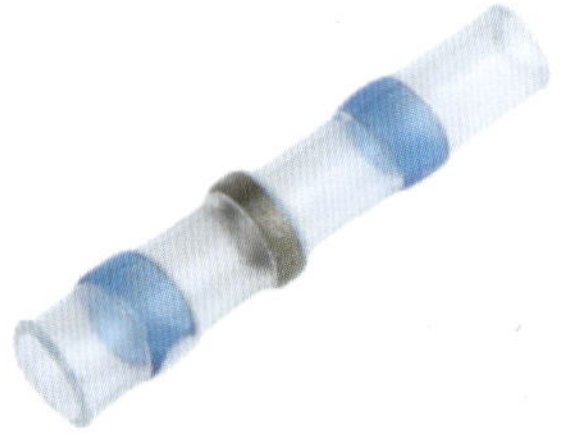

| 그림 1-4 | 솔더 슬리브

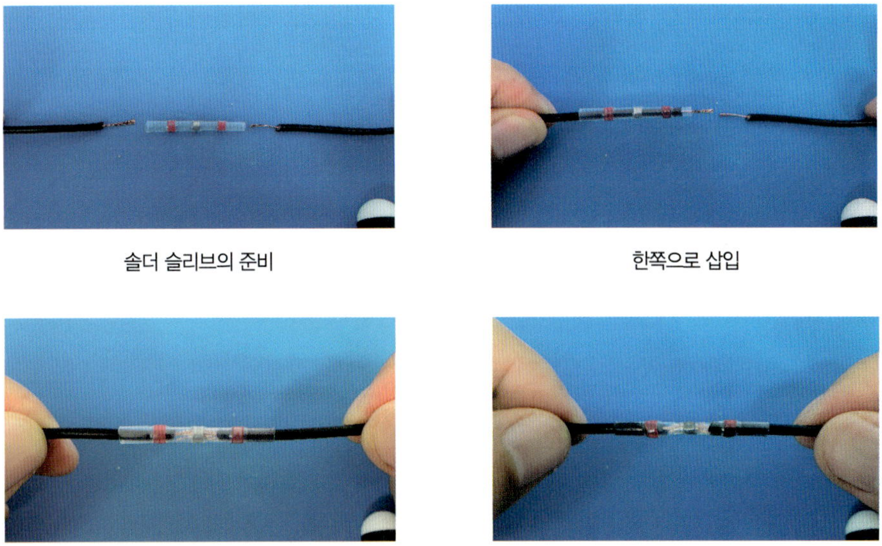

솔더 슬리브의 준비 / 한쪽으로 삽입 / 양쪽 전선을 삽입 / 열풍기로 가열

| 그림 1-5 | 솔더 슬리브를 이용한 접속

④ **터미널 블록**(Terminal Block) : 터미널 블록은 두 개 이상의 전선을 함께 고정하는 절연프레임이 있는 모듈식 블록을 말하며 전동성 부속과 클램핑 부속으로 구성된다. 충분한 접속 공간과 함께 드라이버를 이용할 수 있는 환경에서 전기적 접속을 하는 가장 간단한 방법으로서, 주로 전원 케이블을 연결하거나 서로 다르게 배열된 전선끼리의 접속에 자주 사용된다. 수mA의 작은 용량에서부터 수백 A의 전류까지 견디는 제품까지 종류도 다양하며, 연결과 분리에 드라이버를 이용하므로 접속 전과 후에 전선의 형태가 크게 변형되지 않는다. 기본적으로 2개 이상의 전선을 연결하고 시스템 전체에 전력을 분배하는 기능을 하기도 한다. 터미널 블록의 결선 방식은 단순하지만 견고한 접속 기능을 하며 대부분은 납땜이나 다른 연결 방법 없이 전선을 접속할 수 있다. 터미널 블록의 장점은 비용을 절감할 수 있다는 것이다. 다른 유형의 커넥터에 비해 상대적으로 저렴하며 전선을 연

결하는 것도 복잡한 과정을 거치지 않는다. 드라이버와 같이 기본적인 장비만 갖추면 누구나 쉽게 접속할 수 있어서 작업하는 시간도 줄일 수 있다. 무엇보다도 다양한 크기와 유형의 여러 전선을 수용할 수 있어서 서로 다른 도체나 전선 규격 사이에서도 연결할 수 있다는 장점이 있다. 안전의 관점에서도 터미널 블록은 밀폐된 연결 지점을 가지므로 우발적인 접촉이나 단락으로부터 위험을 줄일 수 있다. 반면, 단점도 존재한다. 진동이나 밀림이 있는 경우 잘 고정된 전선도 단자 블록에서 이탈할 수 있으며 단자가 풀리면서 전선의 접속이 풀어지는 경우가 발생할 수도 있다. 또한, 커버가 없는 블록의 경우 충전된 도체 부분에 인체 등이 접속하여 감전될 우려도 있으므로 적합한 절연 장치로 보호하여야 한다.

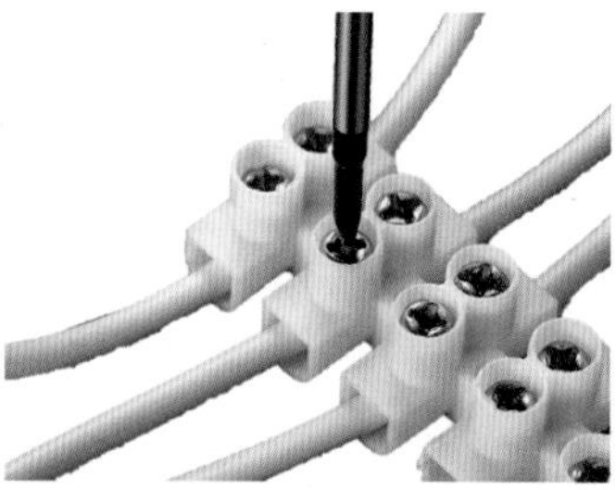

터미널 블록의 접속

고정식 터미널 블록

| 그림 1-6 | 터미널 블록

⑤ **납땜**(Solder) : 납땜은 전선을 접속하는 방법 중 가장 강력하고 비용이 저렴한 것 중의 하나이다. 납의 융점은 약 327℃로 다른 금속에 비해 상대적으로 낮아 전선이나 기타 구성 요소를 손상하지 않고 전선 사이에 강한 결합을 생성할 수 있으므로 적절한 재료로 사용된다. 그리고 납은 우수한 습윤성을 가지고 있다. 습윤성은 고체 표면이 액체와 접촉하여 축축하게 배어드는 성질을 말하는데, 납은 전선 표면에 잘 퍼지고 접착하여 균일한 연결이 가능하게 한다. 또한 연성도 매우 높은 금속으로 깨지지 않고 쉽게 모양을 만들거나 변형할 수 있어서 전선 접속부를 손상하지 않고 약간의 진동이나 움직임의 용인이 가능하다. 마지막으로 납은 내부식성이 강해 시간이 지나더라도 습기나 기타 부식성 요소에 노출된 환경에서도 전도성을 유지할 수 있다. 이런 장점을 가진 납땜 접속법은 작업 속도가 빠르고 간단하며, 부피가 심하게 증가하지 않고, 부속 공간을 거의 차지하지 않는 특징을 갖추고 있다. 단, 납땜 작업을 한 부분의 전선은 딱딱하게 고정되므로 유연성을 잃게 되는 단점이 있다. 그리고 납땜 작업이 완료되면 보통 절연테이프나 수축 튜브를 이용하여 절연성을 보장해야 한다.

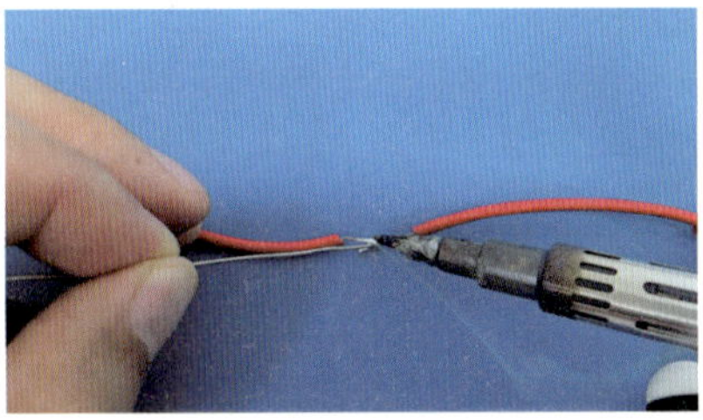

납땜을 하는 모습

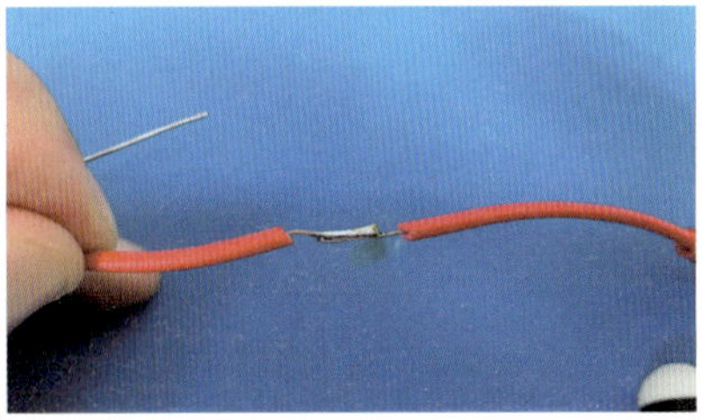

납땜으로 접속된 전선

| 그림 1-7 | 납땜의 전선 접속

2 관련 법령과 기술기준

한국전기설비기준(KEC)

123 전선의 접속

전선을 접속하는 경우에는 234.9 또는 241.14의 규정에 의하여 시설하는 경우 이외에는 전선의 전기저항을 증가시키지 아니하도록 접속하여야 하며, 또한 다음에 따라야 한다.

1. 나전선 상호 또는 나전선과 절연전선 또는 캡타이어 케이블과 접속하는 경우에는 다음에 의할 것.

가. 전선의 세기[인장하중(引張荷重)으로 표시한다. 이하 같다.]를 20% 이상 감소시키지 아니할 것. 다만, 점퍼선을 접속하는 경우와 기타 전선에 가하여지는 장력이 전선의 세기에 비하여 현저히 작을 경우에는 적용하지 않는다.

나. 접속부분은 접속관 기타의 기구를 사용할 것. 다만, 가공전선 상호, 전차선 상호 또는 광산의 갱도 안에서 전선 상호를 접속하는 경우에 기술상 곤란할 때에는 적용하지 않는다.

2. 절연전선 상호·절연전선과 코드, 캡타이어 케이블과 접속하는 경우에는 제1의 규정에 준하는 이외에 접속되는 절연전선의 절연물과 동등 이상의 절연성능이 있는 접속기를 사용하거나 접속부분을 그 부분의 절연전선의 절연물과 동등 이상의 절연성능이 있는 것으로 충분히 피복할 것.

3. 코드 상호, 캡타이어 케이블 상호 또는 이들 상호를 접속하는 경우에는 코드 접속기·접속함 기타의 기구를 사용할 것. 다만 공칭단면적이 10㎟ 이상인 캡타이어 케이블 상호를 접속하는 경우에는 접속부분을 제1 및 제2의 규정에 준하여 시설하고 또한, 절연피복을 완전히 유화(硫化)하거나 접속부분의 위에 견고한 금속제의 방호장치를 할 때 또는 금속 피복이 아닌 케이블 상호를 제1 및 제2의 규정에 준하여 접속하는 경우에는 적용하지 않는다.

4. 도체에 알루미늄(알루미늄 합금을 포함한다. 이하 같다)을 사용하는 전선과 동(동합금을 포함한다.)을 사용하는 전선을 접속하는 등 전기화학적 성질이 다른 도체를 접속하는 경우에는 접속부분에 전기적 부식(電氣的腐蝕)이 생기지 않도록 할 것.

5. 도체에 알루미늄을 사용하는 절연전선 또는 케이블을 옥내배선·옥측배선 또는 옥외배선에 사용하는 경우에 그 전선을 접속할 때에는 KS C IEC 60998-1(가정용 및 이와 유사한 용도의 저전압용 접속기구)의 "11 구조", "13 절연저항 및 내전압", "14 기계적 강도", "15 온도 상승", "16 내열성"에 적합한 기구를 사용할 것.

6. 두 개 이상의 전선을 병렬로 사용하는 경우에는 다음에 의하여 시설할 것.

가. 병렬로 사용하는 각 전선의 굵기는 동선 50㎟ 이상 또는 알루미늄 70㎟ 이상으로 하고, 전선은 같은 도체, 같은 재료, 같은 길이 및 같은 굵기의 것을 사용할 것.

나. 같은 극의 각 전선은 동일한 터미널러그에 완전히 접속할 것.

다. 같은 극인 각 전선의 터미널러그는 동일한 도체에 2개 이상의 리벳 또는 2개 이상의 나사로 접속할 것.

라. 병렬로 사용하는 전선에는 각각에 퓨즈를 설치하지 말 것.

마. 교류회로에서 병렬로 사용하는 전선은 금속관 안에 전자적 불평형이 생기지 않도록 시설할 것.

7. 밀폐된 공간에서 전선의 접속부에 사용하는 테이프 및 튜브 등 도체의 절연에 사용되는 절연 피복은 KS C IEC 60454(전기용 점착 테이프)에 적합한 것을 사용할 것.

*** 주의**

1) 234.9 옥외등

2) 241.14 비행장의 등화(燈火)배선

IEC

KS C IEC60669-1

가정용 및 이와 유사한 용도의 고정 전기 설비용 스위치
제1부 : 일반 요구사항

10. 감전에 대한 보호

10.1 스위치는 정상 사용하는 것처럼 설치하고 결선하였을 때, 공구를 사용하지 않고 뗄 수 있는 부품을 떼어낸 후라도 충전부에 접촉할 수 없도록 설계되어 있어야 한다.

ELV 이외의 전압으로 공급되는 파일럿 램프를 장치하도록 설계된 스위치는 충전부가 램프에 직접 접촉되는 것을 방지하는 장치가 설치되어 있어야 한다.

12. 단자

12.1 스위치는 나사 조임 또는 나사 없는 단자를 갖고 있어야 한다.

〈표1-1〉 동선의 정격 전류와 연결 가능 공칭 단면적

정격 전류의 범위 A	경 동선(연선 또는 단선)	
	공칭 단면적 ㎟	도체의 최대지름 ㎜
4 이하	–	–
4 초과 6 이하	0.75 ~ 1.5	1.45
6 초과 10 이하	1 ~ 2.5	2.13
10 초과 16 이하	1.5 ~ 4	2.72
16 초과 25 이하	2.5 ~ 6	3.34
25 초과 32 이하	4 ~ 10	4.34
32 초과 50 이하	6 ~ 16	5.46
50 초과 63 이하	10 ~ 25	6.85

14. 구조

14.1 스위치의 조작부는 해제되었을 때 접점 위치에 대응하는 위치를 자동으로 취하여야 한다. 다만 줄당김 스위치와 단일 푸시 버튼 스위치에 있어서 조작부는 정지 위치가 단일해도 된다.

14.2 스위치는 가동 접점이 "ON"과 "OFF" 위치에서만 정지하는 구조이어야 한다. 다만 중간 위치가 조작부의 중간 위치에 대응하는 경우로 고정 접점과 가동 접점 간의 절연이 충분한 경우에 한해 허용된다.

19. 정상동작

19.1 스위치는 과도한 마모 또는 기타 유해한 영향을 받지 않고 정상 사용 상태에서 생기는 기계적 스트레스, 전기적 스트레스 그리고 열적 스트레스를 견디어야 한다.

〈표1-2〉 통상 조작 시험 시 조작 횟수

정격 전류	조작 횟수
정격 전압이 교류 250V 이하인 스위치	40,000
정격 전압이 교류 250V 초과인 스위치	20,000
16A 초과 50A 이하(50A를 포함)	10,000
50A 초과	5,000

시공 절차와 세부 내용

피복 벗기기

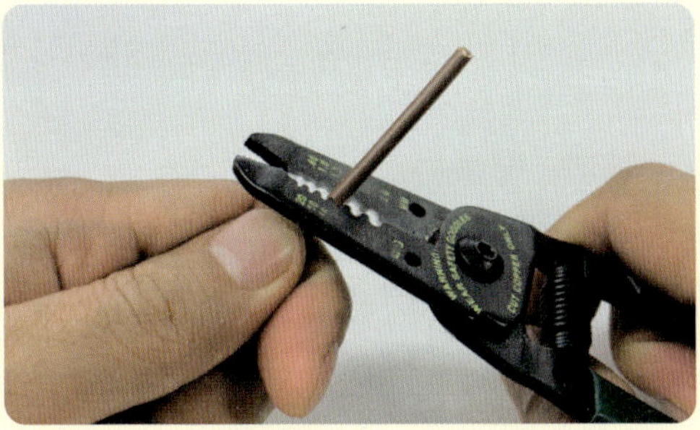

1 **피복 물리기** | 피복을 벗기기 위한 위치에 스트리퍼를 위치하고 손잡이를 눌러 피복을 자른다.

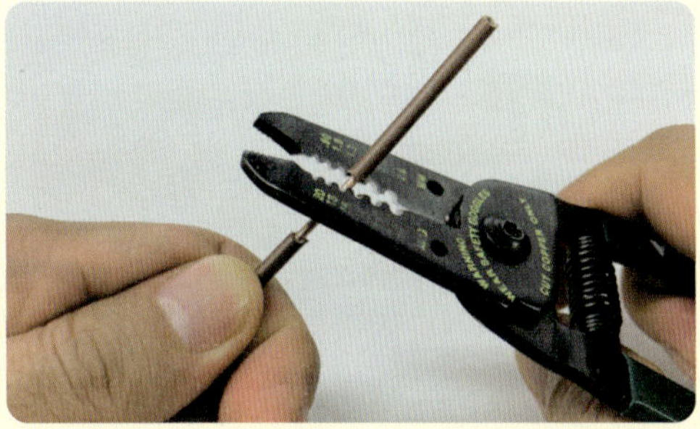

2 **피복 벗기기** | 스트리퍼를 약간 벌리고 바깥쪽을 향해 밀어내며 피복을 벗긴다.

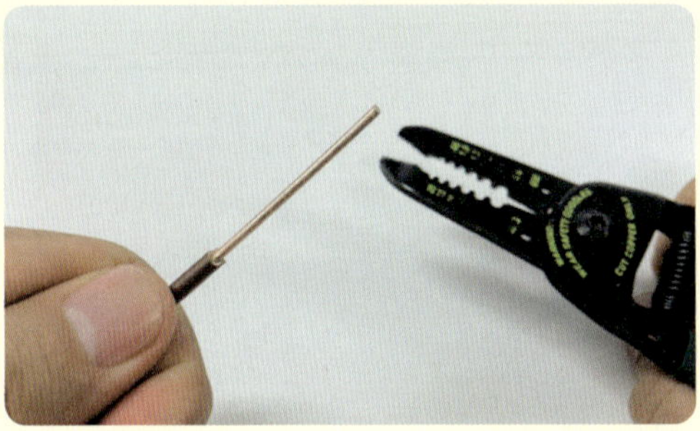

3 **완성** | 스트리퍼에 의해 전선이 긁혀 손상되지 않도록 유의한다.

쥐꼬리 접속

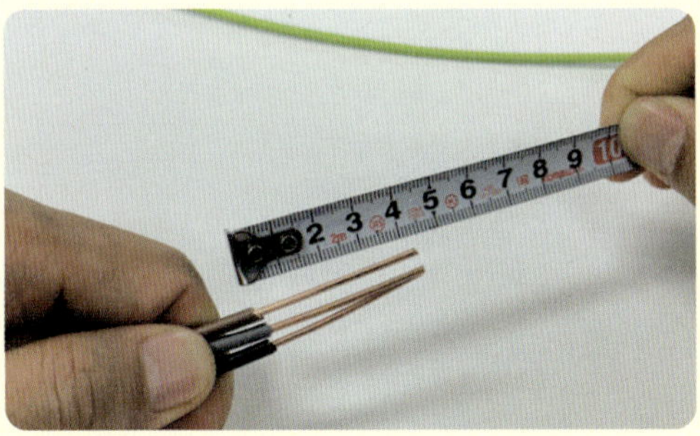

1 **피복 벗기기** | 적절한 길이(약 4㎝)로 전선의 피복을 벗기고 가지런히 배열한다.

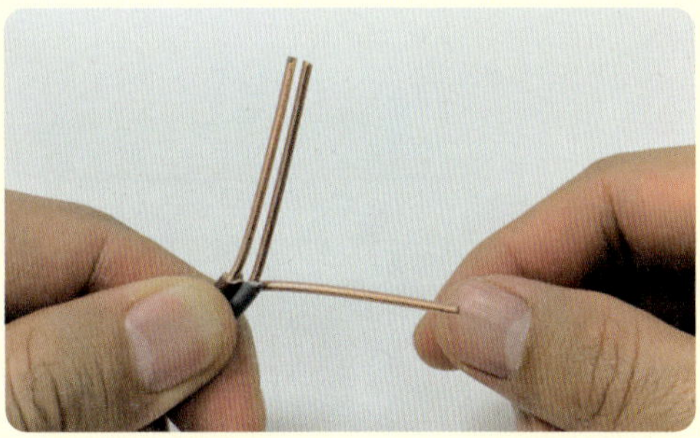

2 **90° 구부리기** | 전선을 서로 90° 각도로 벌려 비틀기 좋게 만든다.

3 **꼬기** | 전선에 골고루 힘이 가하도록 조절하며 비틀어서 꼬아준다.

4 **꼬기 완성** | 약 2~3회 전선을 꼬으면서 모양이 제대로 만들어졌는지 상태를 확인한다.

5 **자르기** | 와이어 커넥터를 삽입하기 위해서 끝부분을 잘라준다.

6 **커넥터 씌우기** | 와이어커넥터를 비틀어서 끝까지 삽입한다.

트위스트 접속

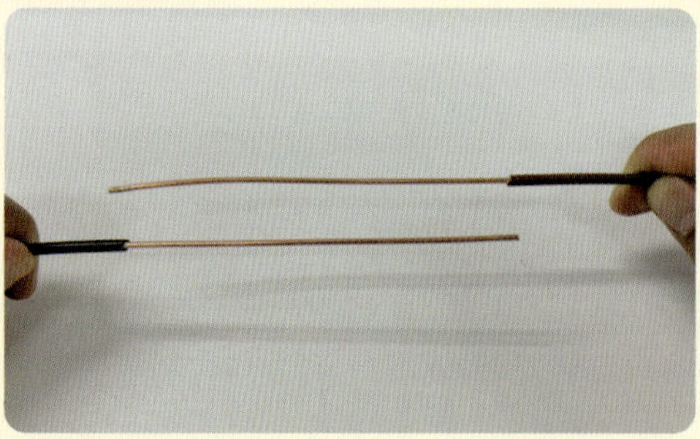

1 **피복 벗기기** | 두 가닥의 선을 약 10㎝ 이상 벗기고 맞대어 준다.

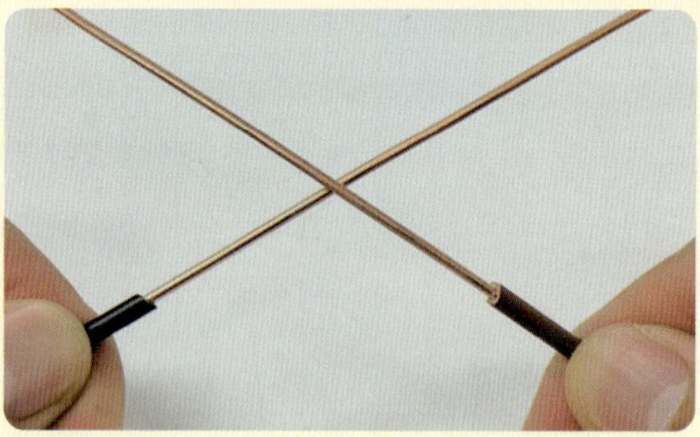

2 **90˚ 교차하기** | 두 선을 서로 90˚ 각도로 벌려 교차시킨다.

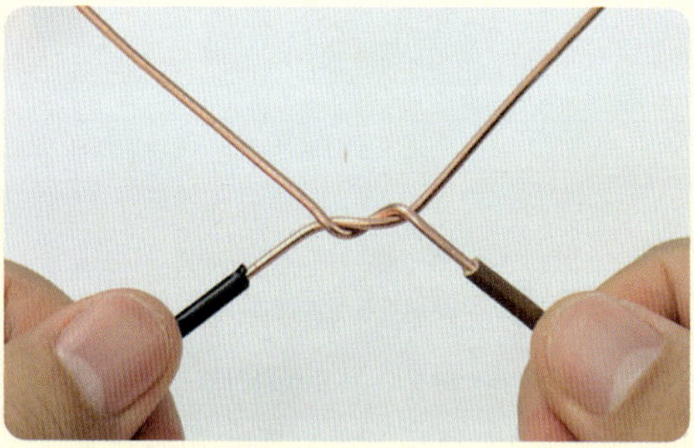

3 **중간 꼬기** | 힘이 골고루 가해지는 것을 유의하며 중간을 약 2회 꼬아준다.

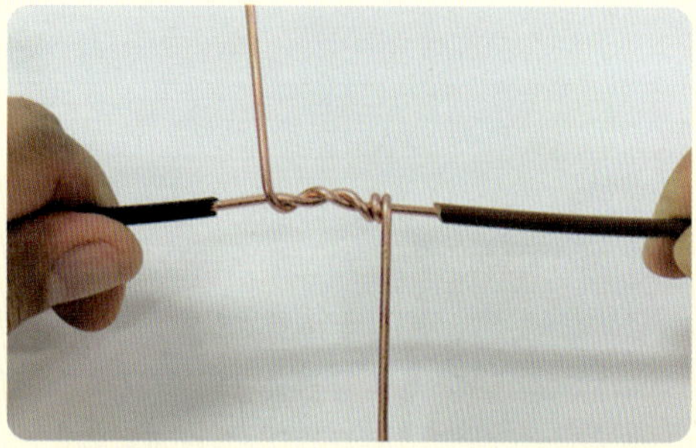

4 **나란히 놓기** | 선을 직선 모양으로 놓고 한쪽부터 다른 선을 둘러싸듯 감아준다.

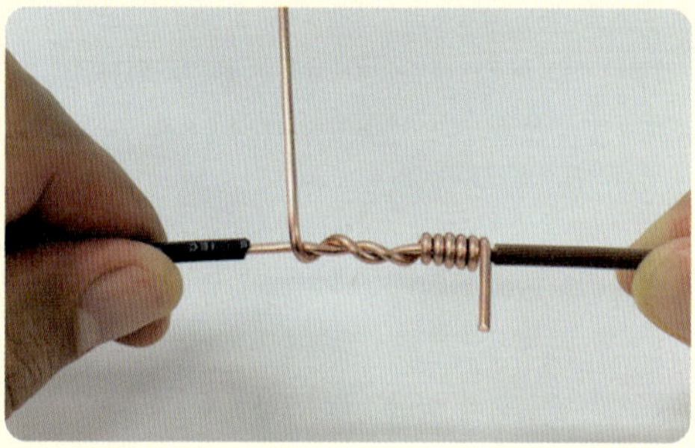

5 **한쪽 감기** | 약 4~5회 정도 감아주고 다른 한쪽도 똑같이 감는다.

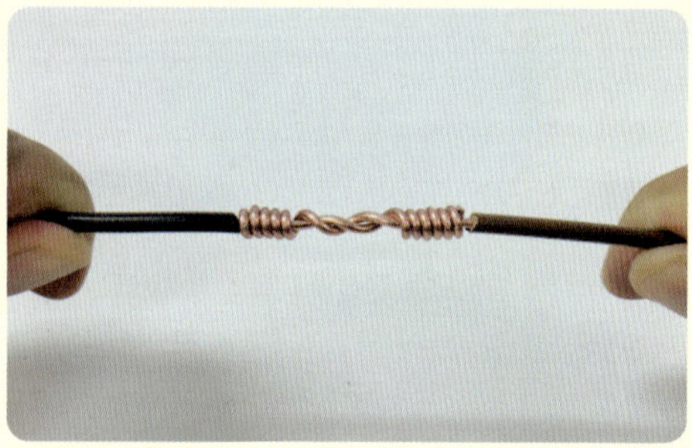

6 **완성** | 양쪽을 모두 감은 후 끝부분은 공구를 사용해서 잘라준다.

꼭 주의하세요

① 전선 도체의 절연(도체 노출 여부)을 확인하세요.

연결하는 전선의 작업이 끝난 뒤 적절하게 절연이 되었는지 확인하여야 합니다. 절연은 누설된 전류가 다른 전도성 물질과 접촉하는 것을 방지하는 중요한 작업입니다. 감전, 단락, 화재로부터 안전을 보장하려면 절연한 곳이 온전하고 손상이 없는지 검토해야 합니다. 특히, 전선이 여러 가닥인 연선의 경우에는 소선들이 외부로 노출되어 있는지 확인하여야 합니다.

② 전선 규격에 맞는 접속장치를 사용하세요.

특정한 접속기구나 장치를 사용한다면 전선의 굵기나 재료에 적합한 것을 사용하는지 확인해야 합니다. 전선의 크기에 비해 너무 작은 구조나 용량의 접속기구를 사용하면 과열로 이어져 잠재적으로 기계적 손상이나 화재로 인한 위험이 발생할 수도 있습니다. 따라서 올바른 전선의 규격에 맞는 접속기구와 장치를 사용해야 하며, 이와 관련한 전문가의 도움이나 조언이 필요할 때는 꼭 참고하시기 바랍니다.

③ 적절한 방법으로 전선의 피복을 벗기세요.

전선을 연결할 때는 가장 먼저 접속에 필요한 길이만큼 전선이 노출되도록 절연체를 적절하게 벗겨내야 합니다. 와이어스트리퍼나 날카로운 칼을 이용해서 절연체를 벗기되, 도체가 손상되지 않도록 조심스럽게 작업을 수행하십시오. 과도하게 피복을 벗기거나 너무 많은 절연체를 남기면 연결 불량의 위험이 커질 수 있으며, 특히 연선의 경우에 여러 가닥의 소선 중 일부라도 손상되어 끊어진다면 그 부분을 과감히 자르고 재작업을 통해서 소선의 손실 없이 온전한 상태에서 접속을 해야 합니다.

④ 전선 접속도 검사와 유지보수가 필요합니다.

전선 연결이 잘 이루어졌다고 하더라도 영구적으로 안전을 보장하지는 않습니다. 연결된 부분은 환경적인 요인이나 전선의 특성으로 인해 주기적으로 마모, 손상, 연결의 느슨함이 발생할 수 있습니다. 주기적인 관찰과 점검을 통해 이상 징후를 파악하여야 하며, 만일 이상이 생겼을 때는 최대한 빠르게 이 문제를 해결해야 합니다. 전선 접속 부분이 이중천장 안에 있거나 이상 여부를 관찰하기 쉽지 않을 때는 적절한 기기나 방법으로 이상 상태를 측정해야 합니다.

CHAPTER 01

02 조명회로의 기초

1 조명회로의 이해

전기와 조명회로의 기초

'내가 그의 이름을 불러주었을 때, 그는 나에게로 와서 꽃이 되었다.'

김춘수 시인의 '꽃'이라는 시의 한 구절이다. 이 시도 해석하기 나름이지만 어쨌든 우리가 지나친 무의미한 존재를 한 번 더 생각하게 된다. 우리는 전기회로에 대한 편리함과 중요함을 알고는 있지만, 그의 존재를 화려하게 보여주지는 않는다. 우리에게 전기회로는 항상 묵묵히 그 자리에서 일하고 있는 존재일 뿐, 정전이나 어떤 사고가 나고서야 비로소 전기회로의 중요성을 간과한 무의식을 아쉬워한다.

하지만 괜찮다. 지금부터 시작하면 된다. 우리가 그의 이름을 부르고 그에게 다가가 보자. 우리 집에 들어오는 전기의 전압이 220V라는 것은 아마 모두 알 것이다. 그러나 그 전기가 우리 집의 전자제품과 어떻게 연결되어 어떤 방식으로 일을 하는지 구체적으로 이해하기는 쉽지 않다. 전체 계통에 대한 이해를 쉽게 할 수 있도록 약간의 그림의 도움을 받아 보자. 너무 쉬워 보인다고 생각하지 않기를 바란다. 국가대표 수영 선수들도 처음에는 물장구부터 시작했던 것처럼, 멋진 전기 엔지니어도 여기서부터 전기를 알아간다.

콘센트에 플러그를 꽂으면 그때부터 전기를 받아서 사용할 준비가 된다. 예를 들어 선풍기나 청소기를 사용하기 위해서 무엇보다 가장 선행되어야 하는 일이 바로 콘센트에 플러그를 꽂는 일이다. 선풍기를 사용한다고 생각하고 플러그를 콘센트에 꽂아보자. 우리가 밖에서 보기에는 케이블이 한 가닥의 전선으로 되어있는 것처럼 보이지만 실제로 그 안에는 두 가닥의 전력선이 있다. 전기는 한쪽으로 들어와 다른 한쪽으로 나가야 하므로, 선풍기를 움직이기 위해서는 두 가닥의 전선이 필요하다. 편의상, 이 두 가닥을 조금 벌려서 그리면 그림 1-8과 같이 그릴 수 있다.

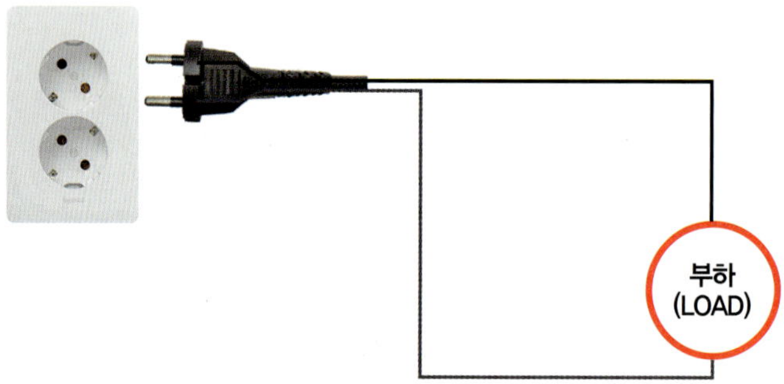

| 그림 1-8 | 전원과 부하의 직접 연결

이제 그 안에서 어떤 일이 일어나는지 지켜보자. 두 가닥의 선 사이에는 220V의 전압이 걸린다. 보통 이렇게 전압이 걸린 선 양쪽 사이에 전자제품이 있으면 그것이 동작한다. 이렇게 전기를 소모하는 것들을 보통 동그라미 모양의 기호로 나타내며, 우리나라 말로는 그것을 '부하', 영어로는 'Load(로드)'라고 한다. 전기부하는 전기회로에서 전기 에너지를 사용하는 장치나 일종의 소비자를 말하며, 어떤 일을 수행한다. 전기부하는 여러 형태가 있는데 가정에서는 전등, 에어컨, 냉장고, 컴퓨터, 전자기기 등이, 산업용으로는 전동기, 히터, 기계장치, 엘리베이터 등이 모두 이에 해당한다.

콘센트에서 시작한 전기는 한쪽 전선을 거쳐 부하를 통과하고 반대편으로 이동하여 다시 콘센트로 돌아온다. 만일 전기 에너지가 부하를 거치지 않고 바로 연결된다면, 이런 사고를 '단락(Short)'이라고 한다. 단락은 전기회로에서 전기가 일반적인 경로를 따라 흐르지 않고 비정상적인 경로를 통해서 흘러가는 상황을 말한다. 이는 전기회로에서 문제가 발생하는 특이 상황이며 이에 따라 회로의 안전과 작동에 부정적인 영향을 줄 수 있다.

정상적인 회로에서는 전기 에너지가 부하를 통과한 다음에 다시 처음 온 곳으로 돌아가며, 결국 그 원점을 찾아가면 발전소가 있다. 여기서 한 가지 생각할 것은 우리 가정에 들어오는 전기는 교류 전기이므로 한쪽으로만 전류가 흐르는 것이 아니라 왕복으로 계속 번갈아 가며 에너지를 공급한다는 것이다. 마치 더운 날 부채를 왔다갔다하며 부치는 것처럼 전기 에너지도 그렇게 전원에서 부하로 전달되는 것이다.

하지만 전기 에너지는 부채에서 만드는 바람과 결정적인 차이가 있다. 부채의 바람은 한쪽에서 다른 한쪽으로 이동하고 사라지지만, 전기 에너지는 전원에서 출발하여 전선을 따라 부하로 간 다음에 다시 전원으로 돌아와 한 바퀴로 연결된다는 것이다. 우리는 이런 개념을 확실하게 정립할 필요가 있다. 전기는 한쪽에서 만들어져서 한쪽으로 이동하고 끝나는 것이 아니라, 보내는 쪽에서 받는 쪽으로 갔다가 다시 보내는 쪽으로 이동하는 '순환구조'를 가지고 있다는 사실을 말이다. 마치 아이들이 가지고 노는 장난감 기차가 동그란 선로를 계속 돌아가는 구조인 것처럼, 전기 에너지도 그렇게 일을 한다. 그래서 이것을 전기가 돌아가는 길이라고 해서 회로(回路, Circuit)라고 한다.

| 그림 1-9 | 전기회로의 순환구조를 나타내는 장난감 기찻길

만일 이렇게 정상적으로 작동하는 전기회로의 중간에 선로가 끊기는 일이 발생하면 어떻게 될까? 철도선로의 기차가 갈 길을 잃는 것처럼, 전기로에서는 전류가 이동할 수 없게 된다. 전기 에너지는 온전히 길이 연결된 회로가 구성되어야 이동하는데, 중간에 길이 끊기면 이동할 수 없으니 당연히 전류가 흐르지 못하는 것이다. 여기서, 잘 생각해 보자. 전류가 흐르지 못하면 전자제품도 일할 수 없다. 따라서 전자제품의 동작 여부를 임의로 제어하고 싶다면 회로 일부를 고의로 끊거나 연결하여 사용자가 원하는 상태로 전자제품의 동작 변경이 가능하다. 만일 그것을 원한다면 그림 1-10처럼 해보자. 여기 전등 부하가 있는데 이 부하의 앞쪽에 회로를 끊거나 연결하는 장치인 스위치를 달았다. 스위치를 달면 회로를 여닫는 개폐를 할 수 있고, 이를 통해 전등을 켜고 끄는 것이 가능해진다. 그렇다. 여기까지 단숨에 읽어 내려간 당신은 이제 스위치를 이용한 전등 회로 제어를 이해하게 되었다.

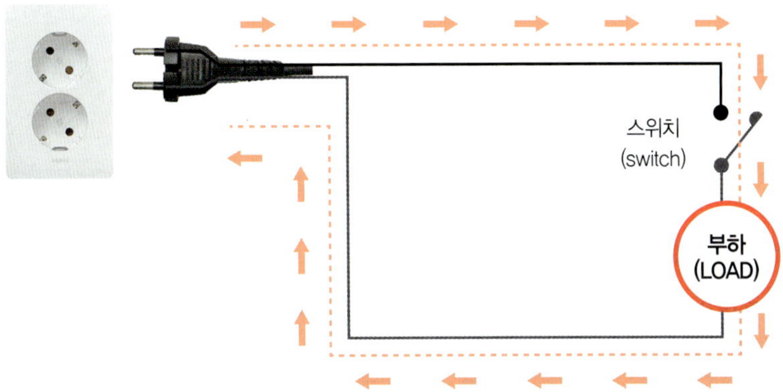

| 그림 1-10 | 스위치를 이용한 전등 제어

스위치는 어떤 역할을 할까? 위 사례처럼 스위치는 수도나 가스 배관에서 밸브를 이용해 유체의 이동을 제어하는 것과 같은 개폐 역할을 전기회로에서 한다. 여러분은 이제 전기는 전기회로를 통해 에너지를 공급하고 일하며, 스위치를 사용한다면 부하의 상태를 제어할 수 있다는 사실도 알게 되었다. 만약 스위치가 1개 있는데, 그 옆에 나란히 1개의 스위치를 더 연결하면 어떤 일이 벌어질까? 이렇게 연결된 상태를 스위치의 병렬 연결이라고 하며, 이제는 한 개의 스위치만으로 부하를 제어하는 것이 아니라 또 다른 스위치로도 부하를 제어할 수 있게 될 것이다.

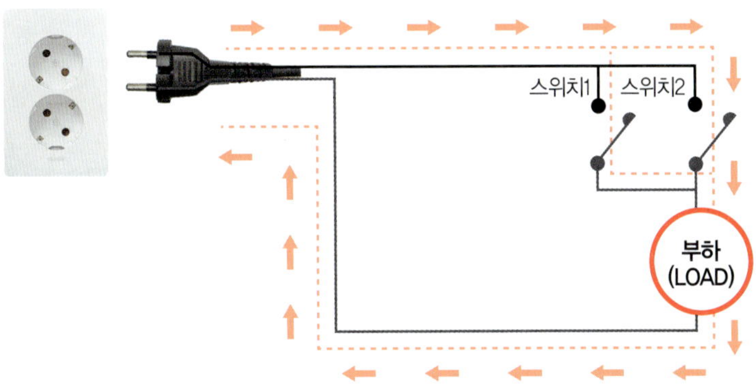

| 그림 1-11 | 2개의 스위치로 1개의 부하를 제어하는 회로

그렇다면 이제 한 개의 스위치에 2개의 부하를 병렬로 연결한다면 어떨까? 이렇게 된다면 스위치 하나로 여러 개의 부하를 제어할 수 있게 된다. 보통 거실이나 사무실에서 한 개의 스위치로 여러 개의 전등을 켜고 끄는 일이 바로 이런 회로가 내부에 구성되어 있기 때문에 가능한 것이다. 만일 부하가 2개가 아니라 10개가 된다면 이제 스위치 하나로 10개의 전등을 제어할 수 있게 되며, 이런 일들은 스위치의 용량에 따라 그 이상도 얼마든지 가능하다.

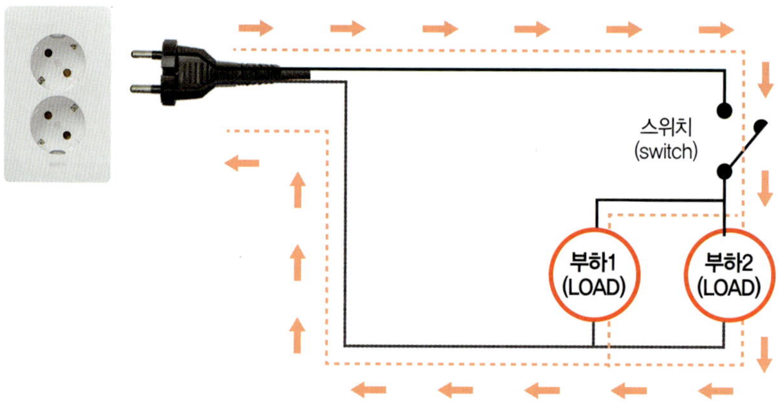

| 그림 1-12 | 1개의 스위치로 2개의 부하를 제어하는 회로

만약 일반 가정처럼 1개의 스위치로 1개의 전등을 각각 제어하는 회로가 여러 개 있다면 그림 1-13을 참고하자. 회로를 보면 각 스위치를 통해서 전등 부하를 제어할 수 있다. 일반 가정을 생각해 본다면 안방, 거실, 화장실의 전등을 각각의 스위치로 켜는 것이 바로 이런 회로도가 구성되어 가능한 것이다.

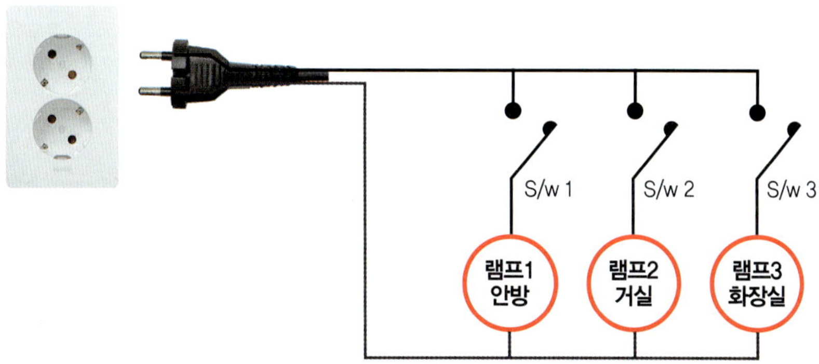

| 그림 1-13 | 여러 개의 부하를 각각의 스위치로 제어하는 회로

이제 조금 더 사실에 가까워져 보자. 가정용 전원은 분전함의 배선차단기에서 전기를 공급하므로 입력 부분에 콘센트 대신 차단기의 그림을 추가하면, 보통 사용하는 조명회로가 완성된다. 여기에 집에서 사용하는 콘센트를 한 개 넣어준다면 전기회로에 조금 더 가까이 다가간다.

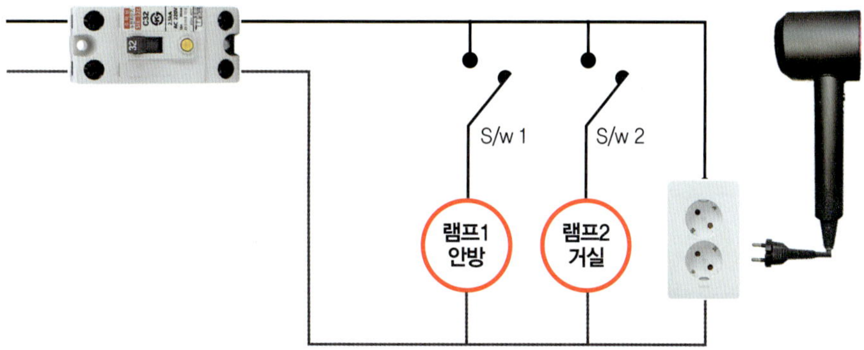

| 그림 1-14 | 전등과 콘센트가 있는 전기회로

여기까지의 회로도 훌륭하지만, 센서등을 한 개 추가해 보자. 센서등은 주로 주택의 현관에서 자주 볼 수 있는데, 항상 전기 에너지를 공급받다가 감지 범위

내에서 인체를 감지하면 그에 대한 응답으로 조명을 자동으로 켜게 된다. 전등을 켜기 위해서는 감지 기능이 항상 동작하고 있어야 하므로 전원을 상시 공급받도록 회로가 직접 전원에 연결되어야 한다. 그림 1-15처럼 센서등을 연결하면 비로소 가정에서 사용하는 콘센트가 포함된 간단한 조명제어 회로가 완성되며, 나머지는 수량의 문제다.

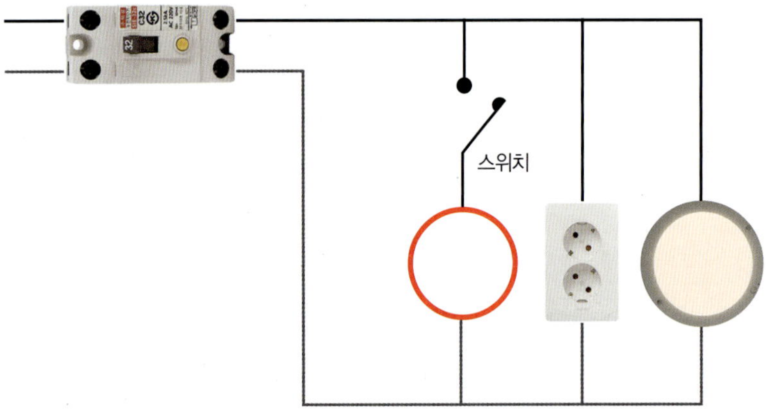

|그림 1-15 | 전등, 콘센트, 센서등이 있는 전기회로

지금까지 설명한 가정용 전기회로를 건축상의 도면으로 나타낸 것이 그림 1-16과 같은 주택 배선도이다. 이 도면은 주택 내 전기 시스템의 전선과 전기 장치들의 연결 구조를 도식화한 것으로 전력의 공급과 제어가 어떻게 되는지 이해하는 데 중요한 역할을 한다. 전기 배선도는 전기 시스템의 설계, 설치, 유지보수, 전기 고장 시의 문제 해결을 위한 중요한 도구로 활용할 수 있다. 전문적인 전기 기술자나 엔지니어가 전기 배선도를 작성하며, 전기 작업을 직접 수행하는 경우 전문가의 도움을 받는 것이 좋다.

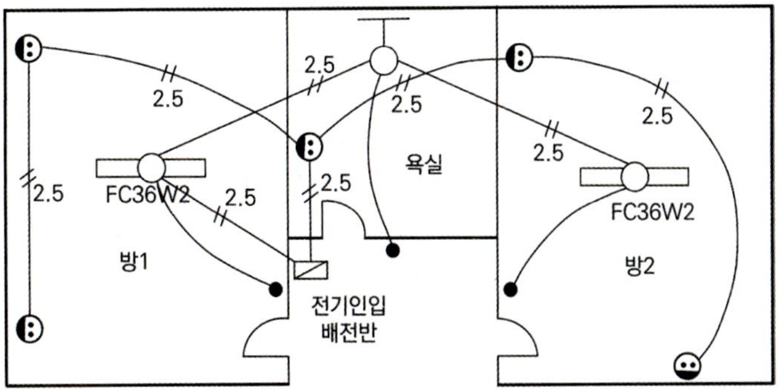

| 그림 1-16 | 주택 배선도 예시

2개의 방과 1개의 욕실을 가진 주택의 배선도이며 방에는 형광등, 욕실은 백열등을 사용하고, 전등은 각각의 스위치로 제어한다. 총 5개의 콘센트가 있으며 모두 벽붙이 형태이다.

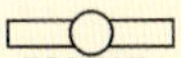 FC36W2	36W 2등용 형광등이다.		전기인입용 배전함이다.
	벽붙이 콘센트이다.		스위치이다.
 2.5	2.5㎟ 2가닥의 전선이다.		

가정용 조명의 용도

해가 서서히 지고 집안이 어두워지면 가족들이 편안한 공간에서 활동할 수 있는 조명이 필요하다. 가정용 조명은 어두운 곳에서 우리의 활동을 가능하게 만들어주는 역할을 하는 것을 넘어 휴식을 취하거나 가족과 함께 보내는 곳에서 필요한 빛과 안락함을 제공한다. 그러나, 조명이라고 모두 같은 크기와 같은 모습을 한 것은 아니다. 지금 사는 주택의 조명을 찾아서 보자. 모두 모양이 같은가? 그렇지 않다는 것을 바로 느낄 것이다. 각 방이나 가정의 곳곳에 설치된 조명은 그 공간의 분위기와 기능에 따라 그 목적을 달성하기 위해 모두 용도가 다음과 같이 차이가 있기 때문이다.

① **일반용 조명**

공간 전체에 빛을 제공하는 조명 방식이다. 주로 고정은 매립형이 사용되며 간혹 반매립형으로 벽이나 천장에 고정한다. 주로 편안하고 부드러운 분위기를 조성하는 데 많이 사용한다.

② **작업용 조명**

독서, 요리, 취미활동 등 특정 작업 활동을 수행하는 데 필요한 조명이며, 조명의 방향성이 있고 주변의 조명보다 상대적으로 더 밝다. 스탠드, 테이블 램프 등을 통해 작업 조명을 구현할 수 있다.

③ **국부 조명**

미술품, 액자, 전시물, 건축적 특징을 나타내는 곳의 영역을 강조하기 위해 사용한다. 방향성이 있으며 공간에 시각적인 흥미를 유발한다. 국부 조명은 트랙 방식, 벽걸이 방식, 고정 방식 등을 이용해 구현할 수 있다.

④ **장식 조명**

공간에 시각적인 흥미를 더해 미적인 아름다움을 추구하는 것이 목적이다. 샹들리에, 펜던트, 간접조명 등 다양한 방식으로 사용한다.

색온도와 조명

색온도(Color Temperature)는 조명에서 방출하는 빛의 색 특성을 측정한 척도이다. 공학에서는 이 색 특성을 빛의 상대적인 따뜻함이나 차가움을 나타내는 정도로 정의하며, 단위는 켈빈(K)을 사용한다. 쉽게 얘기해서 조명을 보고 얼마나 따뜻하게 느끼는지, 또는 차갑게 느끼는지 그 정도를 숫자로 표시한 것이다. 예를 들어 따뜻한 불꽃은 주로 빨간색과 주황색으로 이루어지는데, 이러한 색은 색온도가 낮은 따뜻한 색상에 해당한다. 반면, 창가로 들어오는 자연의 햇빛은 높은 색온도를 하고 있으며 이런 햇빛은 밝고 청명하며 주로 푸른색과 백색 계통에 속한다. 이런 광원의 색온도는 공간의 외관, 분위기와 기능에 상당한 영향을 미치기도 한다.

색온도는 조명의 색상과 분위기를 결정하는 데 있어서 중요한 요소이며, 조명 기구를 선택할 때 적절한 색온도를 고려하여 원하는 분위기와 기능을 조화롭게 조성할 수 있다. 만일 아늑한 분위기를 조성하려면 따뜻한 색온도, 활기차고 밝은 분위기는 높은 색온도가 어울린다. 다음은 색온도의 범위와 관련한 조명 특성이다.

따뜻한 흰색(전구색)

중성백색(주백색)

시원한 흰색(주광색)

| 그림 1-17 | 색온도에 따른 조명 색상

① 따뜻한 흰색(2700K~3000K)

따뜻한 흰색 광원은 아늑하고 매력적인 분위기를 연출하는 노란색의 따뜻한 빛을 낸다. 이런 색은 더 편안하고 안락한 환경이 요구되는 거실, 침실이나 식사 공간과 같은 주거 환경에서 자주 사용된다.

② 중성 백색(3500K~4100K)

이 색은 너무 따뜻하지도 너무 차갑지도 않은 균형 잡힌 백색광을 생성한다. 이러한 특성으로 중립적이고 편안한 조명 분위기가 필요한 사무실 공간, 소매점 및 작업 공간에 적합하다.

③ 시원한 흰색(5000K~6500K)

더 밝고 활력이 넘치는 것으로 인식되는 푸르스름한 흰색 빛을 방출한다. 주로 작업장, 차고, 주방, 욕실과 같이 가시성과 초점이 잘 맞아야 하는 작업 중심 환경에 이상적이다.

조명에서 색온도에 따라 전달되는 느낌은 따뜻함과 차가움의 범위 안에서 다양하게 나타난다. 색온도가 높은 온도는 차가운 조명으로 거의 청색에 가까우며, 색온도가 낮은 따뜻한 톤의 조명은 촛불과 같이 거의 붉은 색에 가깝다. 일상에서도 자주 사용하는 삼파장 램프는 다양한 색상과 분위기를 표현할 수 있으며 빨강, 초록, 파랑의 색을 조합해 다양한 색을 표현하고 있다.

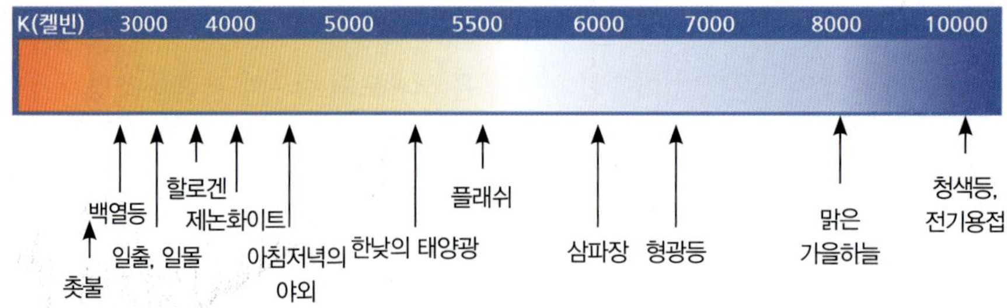

| 그림 1-18 | 색온도와 스펙트럼

가정용 조명의 조건

가정에서 사용하는 조명은 주로 밝기와 적절한 조도만 가지면 된다고 생각할 수 있다. 어떤 조명 상점에서는 방에 설치할 조명의 추천을 부탁하면 무조건 밝은 조명만을 권장하기도 한다. 그러나 가정이라고 하더라도 주방, 거실, 화장실, 베란다처럼 서로 다른 목적을 가진 공간으로 구분이 되어있으므로 각각의 용도에 맞는 적절한 조명의 기준이 있고, 그에 따라 조명을 선택해야 한다. 예를 들어 휴식을 위한 거실이나 수면을 위한 침실은 편안하고 부드러운 조명이 필요하지만, 일하는 작업 공간이나 서재에서는 밝고 균일한 조명이 필요할 것이다. 이것을 조명의 목적이라고 한다. 그리고 전기요금 절감과 환경보호를 위해서 에너지 효율성도 가정용 조명이 갖추어야 할 중요한 조건이 되었다. 가정용 조명은 초기의 백열전구 자리를 형광등이 차지하고 이제 LED 조명으로 그 주인이 바뀌고 있다. LED 조명처럼 수명이 길고 에너지 효율이 높은 조명을 채택하면 전기요금의 절감과 환경보호뿐 아니라 유지보수 비용을 감소하는 비용 절감의 효과도 얻을 수 있다.

그리고 가정용 조명이 갖추어야 할 조건에는 또 어떤 것이 있을까? 바로 유연성과 내구성이다. 조명은 켜고 끈다는 말인 점등 여부의 기능과 함께 어떨 때는 적절한 조도의 조절 기능이 필요하기도 하다. 작업을 하거나, 분위기를 만들거나,

하물며 책을 읽는 스탠드까지 조명의 밝기를 조절하거나 색온도를 조절하는 기능이 있을 때 특정 공간에서 조명에 대한 요구 사항을 만족할 수 있다. 내구성은 오랫동안 사용할 수 있는 강건함을 말한다. 조명 기구는 일상적인 사용과 함께 외부 요인이나 자연적인 영향으로부터 손상을 최소화하고 지속하여 작동할 수 있는 능력이 있어야 한다. 조명 기구 중 거실이나 방에서 쓰는 조명은 특이한 외부 요인이 없어 손상을 받을 염려가 적지만, 화장실은 습기, 주방은 고온, 건물 외등은 여러 기후 조건까지 맞이해야 하므로 이런 요소에 제각각 저항하는 능력을 갖추어야 한다. 조명 기구는 자체적으로 잘 만들어져야 하며 일상적인 사용을 견딜 수 있어야 한다.

스타일도 생각해 보자. 큰 비용을 들여 고급 벽지와 바닥 재료를 구성한 공간이 있는데 그곳에 알맞지 않은 스타일의 조명이 설치되어 있다면 생각만 해도 끔찍하다. 조명은 공간의 분위기와 느낌을 크게 바꿀 수 있는 요소 중 하나이므로 잘못된 스타일의 조명은 자칫 공간에까지 실망스러운 결과를 초래할 수 있다. 그래서 조명 하나만 제대로 바꿔도 공간이 달라 보인다는 말이 있다. 예를 들어 멋진 공간이 현대적이고 세련된 분위기를 조성하고 있는데 전통적이고 고전적인 스타일의 조명이 설치되어 있다면 이는 조화롭지 않을 것이고, 스타일의 불일치로 인해 공간의 일관성이 훼손되어 아름다움을 상실할 수 있다. 스타일의 부조화는 기능적인 측면에서도 문제를 일으킬 수 있다. 조명이 부적절하게 설치되어 만일 적절한 조도와 밝기를 제공하지 않거나 조명의 방향이 잘못되어 필요한 영역을 충분하게 비추지 못하면 조명의 기능이 떨어지는 것이다. 조명 기구에 따라 공간은 장식이나 미적인 아름다움이 향상되며, 방의 스타일이나 색에 따라서 적절한 조명을 선택하면 더 매력 있는 공간으로 꾸밀 수 있다. 언제나 조명은 공간의 아름다움을 강조하고 강화할 힘을 가지고 있다는 것을 명심해야 한다. 우스갯소리처럼 들리겠지만 오죽하면 '조명발'이라는 말이 생겼겠는가.

마지막으로 조명의 조건에서 안전을 꼽을 수 있다. 가정용 조명에서 안전은 중요한 고려사항에 해당한다. 가정의 조명은 남녀노소 다양한 이용자층이 있으므로 모든 조명 기구는 사고를 방지하고 동작에 안전성이 포함되어야 한다. 그리고 기구적으로 올바르게 고정되어야 하며 일상적인 조작에 문제가 발생해서도 안 된다. 앞서 열거한 조도, 효율성, 내구성, 스타일의 조건을 모두 갖추었다고 해도 안전상 문제가 있다면, 그 조명 기구는 절대로 선택받지 못한다. 기억하자. 전기에서 안전은 시작이며 끝이다.

|그림 1-19 | 가정용 주방 조명 예시

2 관련 법령과 기술기준

한국전기설비기준(KEC)

234.1 조명설비 - 등기구의 시설

234.1.2 설치 요구사항

등기구는 제조사의 지침과 관련 KS 표준(KS C IEC 60598) 및 아래 항목을 고려하여 설치하여야 한다.

가. 등기구는 다음을 고려하여 설치하여야 한다.

(1) 시동 전류, (2) 고조파 전류, (3) 보상, (4) 누설 전류, (5) 최초 점화 전류, (6) 전압 강하

나. 램프에서 발생되는 모든 주파수 및 과도전류에 관련된 자료를 고려하여 보호방법 및 제어장치를 선정하여야 한다.

234.1.3 열 영향에 대한 주변의 보호

등기구의 주변에 발광과 대류 에너지의 열 영향은 다음을 고려하여 선정 및 설치하여야 한다.

가. 램프의 최대 허용 소모전력

나. 인접 물질의 내열성

(1) 설치 지점, (2) 열 영향이 미치는 구역

다. 등기구 관련 표시

라. 가연성 재료로부터 적절한 간격을 유지하여야 하며, 제작자에 의해 다른 정보가 주어지지 않으면, 스포트라이트나 프로젝터는 모든 방향에서 가연성 재료로부터 다음의 최소 거리를 두고 설치하여야 한다.

(1) 정격용량 100W 이하: 0.5m

(2) 정격용량 100W 초과 300W 이하: 0.8m

(3) 정격용량 300W 초과 500W 이하: 1.0m

(4) 정격용량 500W 초과: 1.0m 초과

234.1.4 조명설비의 배선계통

1. 고정배선에 접속

가. 배선계통은 다음 중 어느 하나와 같이 단말 처리한다.

(1) KS C IEC 60670-1-A(가정용 및 이와 유사한 용도의 고정 전기 설비용 부속품의 박스와 외함-제1부 : 일반 요구사항)의 관련 표준에 따른 박스

(2) 박스에 고정된 아웃렛 등기구 접속용 장치

(3) 배선계통에 직접 접속되도록 고안된 전기기기

2. 관통 배선

가. 등기구 관통 배선의 설치는 관통 배선용으로 고안된 등기구에만 허용된다. 접속기구가 필요하지만, 관통 배선용으로 고안된 등기구에 포함되어 있지 않을 경우, 접속기구는 다음 중 어느 하나에 따른다.

(1) KS C IEC 60998-2-3(가정용 및 이와 유사한 용도의 저전압용 접속 기구-제2-3부 : 절연 관통형 전선 커넥터의 개별 요구사항)에 따른 전원 접속에 사용되는 단자

(2) 관통 배선의 접속에 사용되는 설치커플러

(3) 그 밖에 적합한 접속기구

관통 배선 케이블은 온도 정보와 등기구 또는 다음의 제조자의 설치지침이 제공된다면 그에 따라 선정하여야 한다.

(가) KS C IEC 60598(등기구)에 따른 등기구 및 LED 등기구로서 표시온도에 대한 적절한 케이블 및 온도 표시된 것을 사용

(나) KS C IEC 60598(등기구)에 따른 등기구 및 LED 등기구로서 제조자의 지침에 명확히 요구되지 않는 한 내열케이블로 온도표시가 없는 것.

(다) 정보가 없을 때, KS C IEC 60245-3(정격 전압 450/750 V 이하 고무 절연 케이블 - 제3부 : 내열 실리콘 고무 절연 전선)에 따른 내열케이블 및 절연도체, 또는 그와 동등한 형식의 것을 사용

234.1.5 등기구의 집합

하나의 공통 중성선만으로 3상회로의 3개 선도체 사이에 나뉘어진 등기구의 집합은 모든 선도체가 하나의 장치로 동시에 차단되어야 한다.

234.1.6 등기구 안의 자외선 방사의 영향과 열에 대한 보호

등기구 또는 통과 경로의 케이블 외피나 케이블의 심선은 등기구나 그 램프에 의해 발생되는 자외선 방사와 열로 인해 손상이나 악영향을 받지 않도록 선정하여야 한다.

234.1.7 보상 커패시터

총 정전용량이 0.5㎌를 초과하는 보상 커패시터는 KS C IEC 61048(램프 보조장치 - 형광 램프 및 방전 램프용 커패시터 - 일반 및 안전 요구사항)의 요구사항에 적합한 방전 저항기와 결합한 경우에 한해 사용할 수 있다.

234.1.8 조명 디스플레이 스탠드의 감전에 대한 보호

조명 디스플레이 스탠드의 감전에 대한 보호는 다음 중 어느 하나에 의해 제공하여야 한다.

가. SELV 또는 PELV 전원 공급

나. 211.2과 211.6.1에 따른 추가보호를 모두 제공

234.2 코드의 사용

1. 코드는 조명용 전원코드(KS C IEC 60598-1) 및 이동전선으로만 사용할 수 있으며, 고정배선으로 사용하여서는 안 된다. 다만, 234.8에서 규정하는 건조한 곳에 시설하고 또한 내부를 건조한 상태로 사용하는 진열장 등의 내부에 배선할 경우는 고정배선으로 사용할 수 있다.
2. 코드는 사용전압 400V 이하의 전로에 사용한다.

234.3 코드 및 이동전선

1. 조명용 전원코드 또는 이동전선은 단면적 0.75㎟ 이상의 코드 또는 캡타이어케이블을 용도에 적합하게 표 234.3-1에 따라 선정하여야 한다.
2. 조명용 전원코드를 비나 이슬에 맞지 않도록 시설하고(옥측에 시설하는 경우에 한한다) 사람이 쉽게 접촉되지 않도록 시설할 경우에는 단면적이 0.75㎟ 이상인 450/750V 내열성 에틸렌아세테이트 고무절연전선을 사용할 수 있다. 이 경우 전구수구의 리드 인출부의 전선 간격이 10㎜ 이상인 전구소켓을 사용하는 것은 0.75㎟ 이상인 450/750V 일반용 단심 비닐절연전선을 사용할 수 있다.
3. 옥내에서 조명용 전원코드 또는 이동전선을 습기가 많은 장소 또는 수분이 있는 장소에 시설할 경우에는 고무코드(사용전압이 400V 이하인 경우에 한함) 또는 0.6/1kV EP 고무 절연 클로로프렌캡타이어케이블로서 단면적이 0.75㎟ 이상인 것이어야 한다.

〈표 1-3〉 코드 또는 캡타이어케이블의 선정

종류 \ 용도		옥내		옥외 · 옥측	
		조명용 전원코드	이동전선	조명용 전원코드	이동전선
코드	비닐	×	△○	×	×
	고무	○	○	×	×
	편조 고무			●	□
	금사	×	▲	×	×
	실내장식전등 기구용		○	×	×
캡타이어 케이블	고무	◎	◎	◎	◎
	비닐	×	△◎	×	△◎

○, □, ● : 300/300V 이하에 사용한다.

◎: 0.6/1㎸ 이하에 사용한다.

×: 사용될 수 없다.

△: 다음 조건에 적합한 것에 한하여 사용할 수 있다.

- 방전등, 라디오, 텔레비전, 선풍기, 전기이발기 등 전기를 열로 사용하지 않는 소형기계기구에 사용할 경우
- 전기모포, 전기온수기 등 고온부가 노출되지 않은 것으로 이에 전선이 접촉될 우려가 없는 구조의 가열장치(가열장치와 전선과의 접속부 온도가 80℃ 이하이고 또한 전열기 외면의 온도가 100℃를 초과할 우려가 없는 것)에 사용할 경우

▲: 전기면도기, 전기이발기 등과 같은 소형 가정용 전기기계기구에 부속되고 또한 길이가 2.5m 이하이며 건조한 장소에서 사용될 경우에 한한다.

●: 사람이 쉽게 접촉할 우려가 없도록 시설하는 경우

□: 옥측에 비나 이슬에 맞지 아니하도록 시공한 경우 사용할 수 있다.

3 외형과 구조

역할에 따른 분류

조명 기구는 광원을 고정 · 보호하고 필요한 곳에 빛을 비추는 장치이다. 다양한 조명의 요구 사항과 디자인의 선호에 맞추기 위해서 시중에 판매되는 조명은 셀 수 없이 많은 여러 모양과 디자인을 하고 있다. 일반적인 유형에는 천장 고정, 벽 고정, 매립형, 트랙 조명 기구가 있으며, 기능적 목적뿐 아니라 장식적인 요소로도 사용되니 그 크기와 생김새도 다양하다. 적절한 조도와 색온도를 조합하면 미적인 매력을 높이거나 흥미로운 공간을 만들 수 있다.

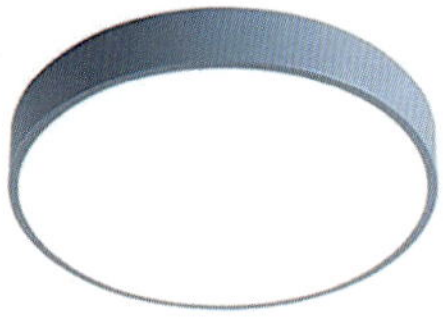

천장 고정등

벽 부착등

천장 매립형

탁상등

레일등

펜던트 조명

| 그림 1-20 | 가정용 조명의 종류

전구 소켓의 종류

백열전구는 형광등이 사용되기 전부터 조명 기구에서 중요한 역할을 하였으나, 지금은 효율, 수명, 밝기 등의 기능적 한계로 LED 조명에 그 자리를 내어주고 있다. 그러나 백열전구가 사용되지 않을 뿐 돌려서 끼우는 형식의 전구 소켓은 다양한 유형의 조명 기구를 수용할 수 있어 여러 크기로 설계 · 제작되고 있다. 소켓의 크기는 알파벳 E와 숫자를 조합하여 나타내는데 E는 백열전구의 창시자 'Edison'을 의미하며 이는 일반적으로 사용되는 나사식 베이스를, 뒤에 오는 숫자는 밀리미터(㎜) 단위로 측정된 밑면의 지름을 나타낸다.

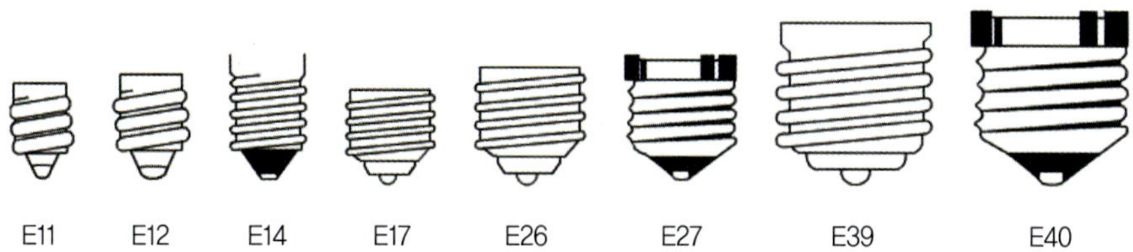

| 그림 1-21 | 전구 소켓의 규격

① **E11**
작은 촛불 형태의 전등에서 주로 사용한다. 일반적으로 장식용 조명이나 특수 응용 분야에서 사용한다.

② **E12**
주로 샹들리에, 벽 촛대와 장식용 램프에서 많이 사용한다.

③ **E14**
소형 에디슨 나사 소켓으로 유럽에서 테이블 램프나 기기 조명과 같은 작은 고정 장치에 사용한다.

④ **E17**
중간 크기이며 일반적이지는 않아 기기 조명이나 천장의 팬이나 장식용으로 사용한다.

⑤ **E26**
우리나라에서 가장 많이 사용하는 형식이다. 120V, 60㎐를 사용하는 미국의 표준베이스로 북미에서 가장 일반적인 크기이며 다양한 조명 분야에 사용되고 E27과 호환된다.

⑥ **E27**
230V, 50㎐를 사용하는 유럽의 표준베이스 형태로 E26과 1㎜의 차이만 있어 호환할 수 있다. 주로 220~240V 전기 시스템을 사용하는 유럽과 기타 국가에서 가장 일반적으로 사용한다.

⑦ **E39**
'mogul(모굴)' 베이스라고도 하는 이 소켓은 일반적으로 가로등이나 산업용 조명과 같이 더 크고 높은 전력 설비에서 사용한다.

⑧ **E40**
가장 큰 베이스 형태로 고전력의 기기를 사용하기 위한 220~240V 전기 시스템을 갖춘 유럽과 기타 국가에서 사용한다.

| 그림 1-22 | 우리나라에서 가장 많이 사용하는 E26 소켓

형광등의 종류

형광등은 다양한 유형으로 제작된다. 형광등의 모양은 단순하게 미적인 아름다움만을 추구하는 것이 아니다. 어떻게 조명을 고르게 분산시킬지에 대한 조명 분포와 공간적인 분위기와 느낌에 대한 인테리어 디자인, 그리고 광원을 효율적으로 사용하여 더 많은 빛을 제공하면서도 전력 소비를 줄일 수 있는 에너지 효율성까지 고려된 것이다. 상용화되는 형광등은 모양이나 용도에 따라 그 종류가 다양하며 일반 가정에서 볼 수 있는 형태는 크게 4가지 종류로 구분된다.

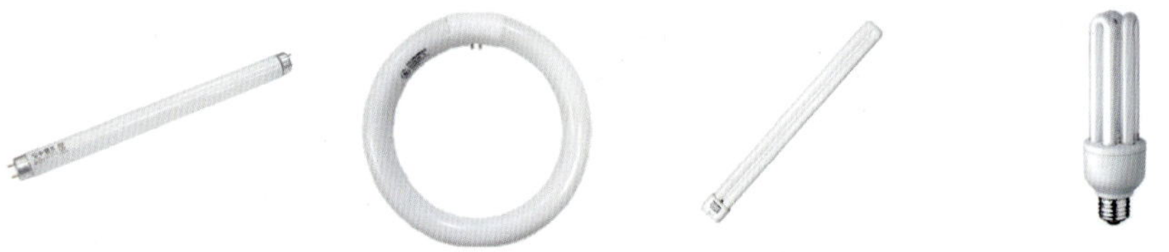

직관형 형광램프 (FL)	원형 형광램프 (FCL)	콤팩트형 형광램프 (FPL)	안정기 내장형 형광램프 (CFL)

| 그림 1-23 | 주로 사용하는 형광등의 종류

① **직관형 형광램프(FL)**

유리관이 반듯한 직관 형태로 전체 형광등에서 차지하는 비율이 가장 높고 일반 가정과 사무실, 공장, 상가 등에서 폭넓게 사용하고 있다. 규격에 따라 10W, 15W, 20W, 32W, 40W 등으로 구분한다.

② **원형(환형) 형광램프(FLC)**

이름 그대로 원형 모양을 가진 형광등이며 직관형 램프를 둥글게 구부린 구조로 가정의 거실이나 방에서 주로 사용되고 있다. 그러나 그 수요가 점차 감소하고 있다.

③ **콤팩트형 형광램프[FPL]**

한쪽 베이스를 가진 형광등으로 일반적으로 사각형의 모양을 가지고 있으며 한쪽의 소켓에 형광등을 삽입하면 고정되므로 간편하게 설치하고, 빠르게 교체할 수 있는 장점이 있다.

④ **안정기 내장형 형광램프[CFL]**

절약형 형광등으로 알려졌으며, 시동과 안정된 동작에 필요한 모든 요소를 일체화시킨 것이다. 기존의 전구와 비교해서 에너지를 효율적으로 사용하고 긴 효율을 가져 백열전구를 대체한다. 작고 휘어진 형태를 가지며 일반적으로 U자형, 나선형 모양으로 설계되어 있으며 이런 형태는 공간을 절약하고 다양한 조명 장치에 적용하기에 쉽다.

모양이 각기 다른 이유

그렇다면 왜 이렇게 모양이 다를까? 모두 똑같은 모양이라면 호환성이 좋고, 생산비용을 크게 절약할 수 있을 텐데 말이다. 이런 고민에도 불구하고 시간이 어느 정도 지나도 모양을 일체화시키기는 쉽지 않아 보인다. 왜냐하면 각 조명이 추구하는 목적에 맞게 기능과 디자인을 설계하고, 특정 요구 사항을 충족하는 형태로 외형과 구조가 발전해 왔기 때문이다.

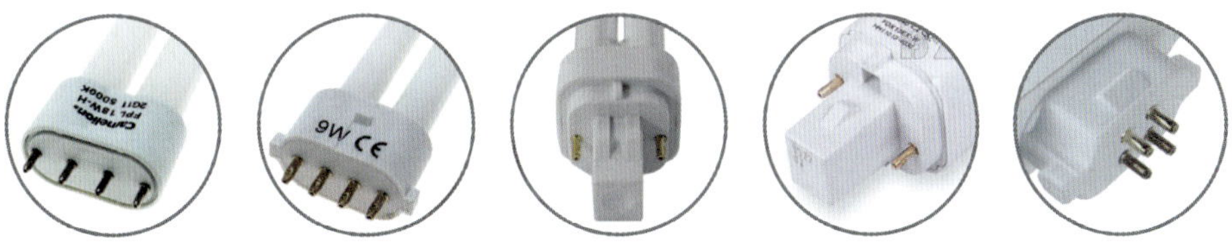

FPL 4핀용 소캣 (2G11) | 소형 FPL 4핀 (2G7) | FPX용 일자사각 2핀 (GX23) | FDX용 대각선사각 2핀 (G23d) | 스탠드용 4핀

| 그림 1-24 | 형광등 조명의 종류

구체적인 이유를 조금 더 알아보자.

① 램프 모양과 크기

형광등은 선형 튜브(T5, T8, T12), 원형 튜브, U자형 튜브 및 소형 형광 램프(CFL)를 포함하여 다양한 모양과 크기로 만들어진다. 각 램프 유형에는 적절한 설치와 기능을 보장하기 위해 모양, 크기 및 전기 연결 접점과 일치하는 특정 소켓이 필요하다.

② 핀 구성

형광등은 램프 설계와 사용되는 안정기 유형에 따라 2핀, 4핀 등 핀 구성이 다르다. 이렇게 서로 다른 핀 구성은 올바른 전기 연결을 제공하기 위해 특정 핀 배열구조에 해당하는 소켓이 필요하다.

③ 안정기 유형

형광등은 램프를 통해 흐르는 전류를 조절하기 위해 안정기가 필요하다. 소켓 설계 및 호환성에 영향을 줄 수 있는 자기식, 전자식 및 프로그래밍 가능과 같은 다양한 유형의 밸러스트가 있다.

④ 설치 및 장착

다른 소켓은 다양한 조명 기구 및 응용 프로그램의 특정 요구 사항을 충족하기 위해 스냅인, 슬라이드 온 또는 나사 고정과 같은 다양한 설치 및 장착 옵션을 제공한다. 이러한 다양성을 통해 설치자는 고정 장치 설계 및 설치 요구 사항에 따라 가장 적합한 소켓 유형을 선택할 수 있다.

⑤ 안전 및 성능

서로 다른 소켓은 푸시인 배선, 트위스트 잠금 메커니즘 또는 산산조각 방지 램프 지원과 같은 다양한 수준의 안전 및 성능 기능을 제공한다. 이러한 기능은 형광 조명 시스템의 신뢰성, 안전성 및 사용 용이성을 향상할 수 있다.

꼭 주의하세요

① 안전을 우선시하세요.

전기 작업은 지금까지도 그랬고, 앞으로도 계속 안전을 주의하라는 당부가 함께할 것입니다. 작업을 시작하기 전에 전기회로에 대한 전반적인 이해의 시간을 갖고, 앞으로 어떤 방법으로 작업을 수행할지 충분하게 검토를 해야 합니다. 그리고 작업을 시작하기 전에는 반드시 전원을 차단하고, 작업 중에는 전원이 차단된 상태를 유지하세요. 작업 시에는 절연 장갑이나 보안경 등의 보호장비를 착용하는 것도 잊으면 안 됩니다.

② 전기부하를 잘 계산하세요.

조명 회로를 설치할 때, 회로가 감당할 수 있는 전기부하를 고려해야 합니다. 회로에 연결되는 조명과 스위치 등 전기부하의 적절성을 확인하고, 배선차단기의 용량에 맞는 부하를 설정해야 합니다. 너무 많은 전기부하를 가지고 있을 때는 과부하가 발생하여 회로에 문제가 생길 수 있습니다.

③ 적절한 배선을 사용하세요.

조명 회로를 구성할 때 적절한 배선을 사용해야 합니다. 전기 작업 규정과 규칙에 따라 적절한 규격의 전선을 선택하고, 배선 시공을 할 때는 올바른 방식으로 접속하며, 충분한 절연 작업을 수행해야 합니다. 또한, 배선 경로를 잘 고려하여 노출된 배선이나 늘어난 전선이 사고를 일으키지 않도록 주의하여야 합니다.

④ 스위치의 위치를 잘 결정하세요.

조명 회로를 제어하는 스위치의 위치는 사용자의 편의성을 고려해야 합니다. 스위치는 조명을 편리하게 켜고 끌 수 있는 위치에 설치하는 것이죠. 또한, 각 방의 출입구와 조명의 위치를 고려하여 여러 개의 스위치를 설치할 수도 있는데, 이때도 사용자의 동선이나 특성을 잘 파악하여야 합니다. 모든 스위치가 출입구의 안쪽에 있는 것만은 아닙니다. 창고나, 화장실은 출입문 밖에 스위치가 있으며 이런 스위치의 배치는 안전과 효율성을 고려한 선택이라는 것도 잘 생각해 주세요.

CHAPTER 01

03 공구와 기기 사용법

미리 준비할 공구와 재료	● **공구류** 니퍼, 와이어스트리퍼, 스크루 드라이버, 롱노프 플라이어, 와이어 클림퍼, 장갑, 보안경, 멀티테스터

1 제품의 정의

공구는 마치 우리의 인생 도구와 같다. 인생의 여정을 걷는 동안 다양한 과제와 도전이 우리 앞에 펼쳐진다. 그 과제를 해결하고 잘 헤쳐나가기 위해서는 적절한 도구와 기술이 필요하다. 공구는 일종의 그런 역할을 한다. 우리의 실력과 능력을 더욱 발휘해 줄 수 있는 친절한 조력자인 셈이다. 우리의 손에서 우리의 목표와 꿈을 이루는 데 도움을 주는 공구는 단순히 소유하고 있는 것만으로 충분하지 않다. 공구를 알고, 어떤 작업에 어떻게 다루어야 하는지 방법을 배워야 한다. 마치 인생의 도전에서 우리는 어떤 도구를 사용해야 할지 알고, 그 도구를 활용하는 것처럼 말이다. 자! 집 어딘가에 박혀있는 공구를 어서 꺼내 보자.

| 그림 1-25 | 파이프렌치를 이용한 배관 연결

올바른 전기 작업을 수행하기 위해서는 다양한 공구를 적절히 사용할 수 있어야 한다. 공구는 인간의 손으로는 어려운 작업을 더 쉽고 빠르게 수행하며 더 정확하고 강력한 힘을 발휘하기도 한다. 결국 작업의 생산성이 향상하고 시간과 노력을 절약할 수 있는 것이다. 전기 작업에서도 다양한 공구와 장비들을 사용한다. 예를 들어 전선의 피복을 벗기거나, 전선을 꼬거나 자르거나, 나사를 풀거나 조이거나, 단자를 압착하는 거의 모든 활동에 공구를 사용한다. 이 과정에서 서로 다른 목적을 수행하기 위해서는 적절하게 설계되고 제작된 니퍼, 플라이어, 스트리퍼, 드라이버 등의 공구를 사용해야 하며, 적절한 공구의 선정과 활용은 작업의 안전성, 효율성, 정확성을 보장하는 데 필수이다. '03 공구와 기기 사용법'에서는 전기 작업의 효율성과 효과성을 높이기 위해 주로 사용하는 공구의 종류와 특징을 살펴보기로 한다.

수공구

① **니퍼**(Nipper) : 니퍼는 전선을 원하는 길이로 절단하는 데 주로 사용한다. 뾰족하고 각진 헤드와 손으로 잡기 쉽게 고무로 된 손잡이를 가지고 있다. 헤드는 고 탄소 강철로 만들어졌으며, 그중 일부는 니켈 도금 처리되어 내식성과 내구성을 높인다. 간단하게 전선의 피복을 벗길 수도 있지만, 주로 가는 전선이나 선 재료들을 절단할 때 사용한다. 보통 사용하는 니퍼는 가위처럼 대각선 날이 엇갈리는 대각선형 컷팅식 니퍼(Diagonal Cutting Nipper)인데, 만일 굵은 철선이나 나사 등을 자르면 날이 손상될 수도 있으니 주의해야 한다.

| 그림 1-26 | 니퍼의 종류

② **와이어 스트리퍼**(Wire Stripper) : 전선의 피복을 벗길 때 사용한다. 전기 작업이나 전선의 가공 작업 시 절연체를 제거하거나 특정 부분을 벗겨내는 데 사용하는 공구이다. 주로 전선의 단단한 외부 절연재를 제거하여 내부의 도체를 노출시키는 데 사용하며 적절한 절연체 제거를 위해 뾰족하고 날카로운 칼날을 가지고 있다. 피복을 벗기는 방법은 다양한 크기의 게이지에 전선을 넣고 피복을 자른 후 벗겨낸다. 이때 칼날에 의해서 전선의 도체가 손상되지 않도록 주의하여야 한다. 구조상 자동식과 수동식으로 나뉜다. 수동식 와이어 스트리퍼는 주로 플라이어 형태로 디자인되어 있으며, 전선을 알맞은 규격의 게이지에 넣은 다음 사용자가 스트리퍼의 손잡이에 압력을 가하고 절연을 벗겨내는 방법이다. 반면 자동식 와이어 스트리퍼는 일부 자동화된 메커니즘을 가져, 사용자가 전선을 넣은 다음 전선의 지름이나 절연 두께에 따라 일부 자동으로 절연을 적절하게 벗겨내도록 도와준다. 자동식은 작업자의 노력과 시간을 절약하는 장점이 있어 절연 제거와 반복적인 작업 시에 효율성을 높일 수 있으나, 수동식은 작업자가 직접 조절하고 제어할 수 있는 정밀성과 조작성을 제공한다는 장점도 있다.

자동식　　　　　고정 · 수동식　　　　　유연·수동식

| 그림 1-27 | 와이어스트리퍼의 종류

③ **스크루 드라이버**(Screw Driver) : 나사를 조여주거나 풀어주는 데 사용한다. 일반적으로 둥그런 손잡이, 긴 막대, 회전하는 끝부분으로 구성된다. 스크루 드라이버는 나사와 드라이버의 홀을 정확하게 맞춰 연결하여 회전력을 전달한다. 손잡이에 회전력을 가하면 힘이 전달되어 나사가 조여지거나 풀리게 된다. 가장 많이 사용하는 스크루 드라이버의 헤드로는 십(+)자와 일(−)자가 있으며, 전기 회로와 단자 등의 조립과 분해 작업에 필수적으로 다양한 크기와 모양을 가지고 있다. 수동으로 사용하는 공구이므로 일의 양이 적을 때는 사용할 수 있지만, 많은 나사는 전동식을 사용하는 것이 편리하다.

| 그림 1-28 | 스크루 드라이버

④ **롱 노즈 플라이어**(Long-nose Plier) : 긴 코 모양의 플라이어다. 일반 플라이어보다 주둥이가 훨씬 긴 구조로 되어있으며 니들 노즈 플라이어(Needle-nose Plier)라고도 한다. 전선을 끊을 수도 있고, 긴 주둥이로 가는 전선, 약한 부속, 섬세한 작업을 할 수 있다. 라디오 펜치라고도 알려져 있으며 손가락으로 처리하기 어려운 미세한 작업에 사용한다. 롱 노즈 플라이어는 전선을 단단하게 잡거나 작은 공간에서 정밀한 작업을 수행하는 데 필수적인 도구이다. 코 부분의 모양이 다양한데 가장 일반적인 형태의 직선형, 구부러진 모양, 곡선형 모양 등 특정 작업이나 사용자의 선호에 따라 다양한 디자인이 제작되고 있다.

플랫 노즈 플라이어

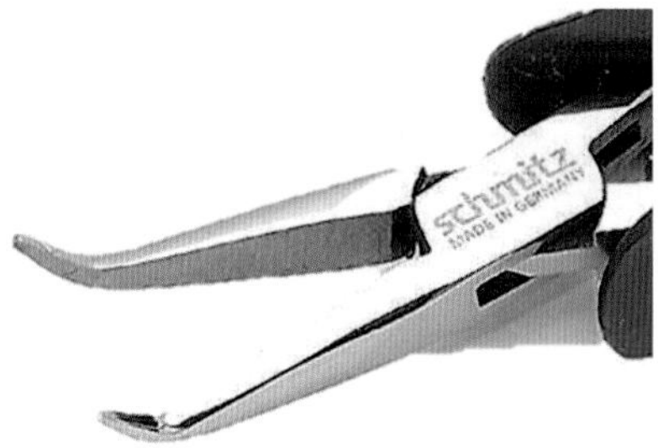

스나이프 노즈 플라이어

| 그림 1-29 | 롱 노즈 플라이어

⑤ **와이어 클림퍼**(Wire Crimper) : 전선 연결을 위한 도구이다. 전선을 안전하게 연결하고 고정하는 데 주로 사용한다. 주로 전선의 단자나 접속부를 압착하여 견고하게 연결하며 전선의 끝부분에 커넥터나 압착 부속을 부착한다. 다른 수공구보다 특수한 구조로 되어있으며 일반적으로 두 개의 압착판과 손잡이로 구성된다. 손잡이를 쥐어 압력을 가하면 압착판이 단자나 접속부에 압착력을 전달하여 다양한 유형의 압착 부속이나 전선을 압착한다. 다양한 크기와 유형의 단자를 압착할 수 있도록 설계되어 있으며 지정된 게이지를 선택하여 사용한다. 압착된

부속은 튼튼하게 고정되므로 전기 신호의 안정성과 신뢰성을 보장하여 전기 시스템의 설치, 차량 배선, 가전제품 수리 등 다양한 응용분야에서 사용한다.

소형 클림퍼

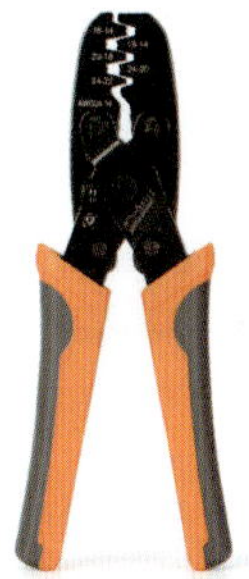

직선형 클림퍼

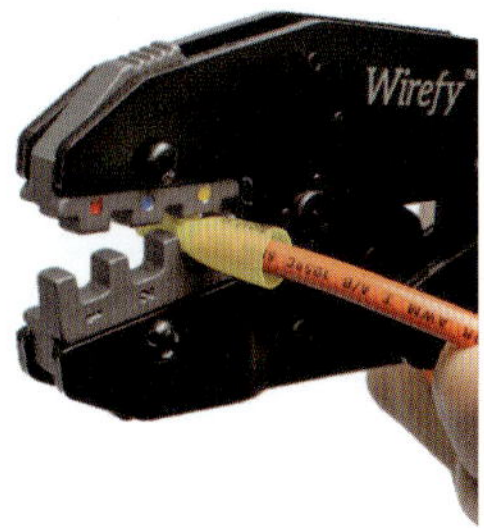

사용 예시

| 그림 1-30 | 와이어클림퍼의 종류

보호구

① **장갑**(Gloves) : 장갑은 위험물로부터 손을 보호한다. 전기 작업을 할 때 장갑을 착용하는 것은 안전을 위해 매우 중요하다. 가장 중요한 것은 날카롭거나 거친 물체와의 접촉으로부터 손을 보호한다는 것이다. 그리고 전기 작업 중에 만질 수 있는 뜨거운 부품이나 기구, 전기적인 충격으로부터도 손을 보호한다. 그러나 일반적인 장갑은 전기 사고를 완전히 예방할 수 있는 것이 아니다. 일반 작업용 장갑은 기계적인 손상으로부터 손을 보호하는 데 중점을 두었지만, 절연용 장갑은 전기 충격으로부터 보호하기 위한 절연 기능이 강화된 소재로 만들어진다. 그래서 전기를 전문적으로 다루는 기술자들은 전기적 위험이 있는 곳에서 절연장갑을 착용한다.

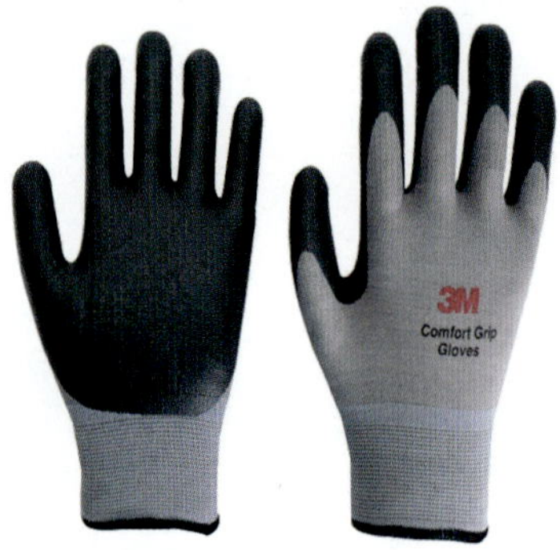

작업용 장갑

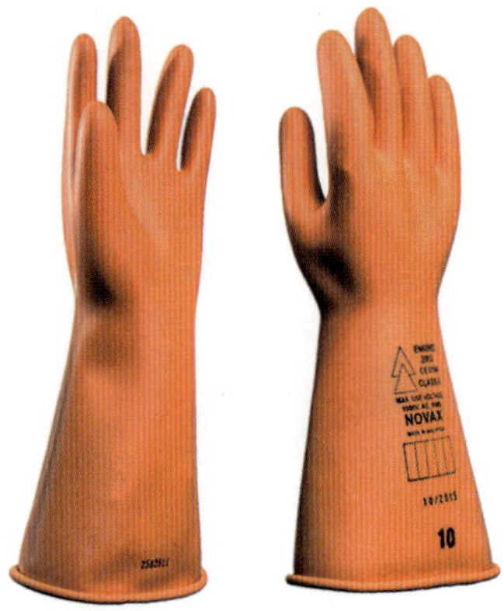

절연용 장갑

| 그림 1-31 | 작업용 장갑과 절연용 장갑

② **보안경**(Safety Goggles) : 작업 중에 발생할 수 있는 위험으로부터 눈을 보호한다. 전기 작업 중에는 전선이나 부품에서 발생하는 화재, 폭발, 불꽃 등에 의해 눈이 위험할 수 있다. 보안경은 이러한 위험으로부터 눈을 보호한다. 그리고 작업 시 발생하는 먼지, 이물질, 조각으로부터 눈을 보호하며 작업자가 안전하게 작업을 할 수 있도록 도와준다. 만일 당신이 천장을 보며 나사를 고정하거나 전선 연결을 한다면 눈에 이물질이 들어갈 위험이 증가하는데, 보안경은 특히 이런 상황에서 눈을 보호하며 위험을 방어하므로 필수적인 개인 보호 장비라고 할 수 있다.

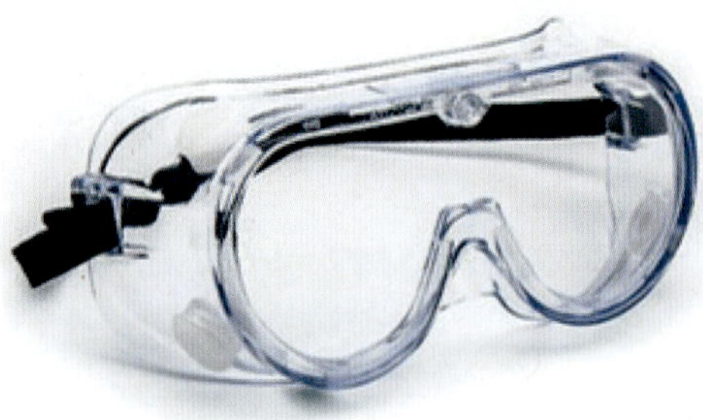

| 그림 1-32 | 보안경

2 관련 법령과 기술기준

산업안전보건기준에 관한 규칙[시행 2023. 10. 19]

제 32조(보호구의 지급 등)

① 사업주는 다음 각 호의 어느 하나에 해당하는 작업을 하는 근로자에 대해서는 다음 각 호의 구분에 따라 그 작업 조건에 맞는 보호구를 작업하는 근로자 수 이상으로 지급하고 착용하도록 하여야 한다.

작업명	보호구	보호대상
물체가 떨어지거나 날아올 위험 또는 근로자가 추락할 위험이 있는 작업	안전모	머리
높이 또는 깊이 2미터 이상의 추락할 위험이 있는 장소에서 하는 작업	안전대(安全帶)	몸
물체의 낙하 · 충격, 물체에의 끼임, 감전 또는 정전기의 대전(帶電)에 의한 위험이 있는 작업	안전화	발
물체가 흩날릴 위험이 있는 작업	보안경	눈
용접 시 불꽃이나 물체가 흩날릴 위험이 있는 작업	보안면	눈, 얼굴
감전의 위험이 있는 작업	절연용 보호구	머리, 손
고열에 의한 화상 등의 위험이 있는 작업	방열복	몸
선창 등에서 분진(粉塵)이 심하게 발생하는 하역 작업	방진마스크	호흡기
섭씨 영하 18도 이하인 급냉동어창에서 하는 하역 작업	방한모 · 방한복 · 방한화 · 방한장갑	몸

제 301조(전기 기계 · 기구 등의 충전부 방호)

① 사업주는 근로자가 작업이나 통행 등으로 인하여 전기기계, 기구 [전동기 · 변압기 · 접속기 · 개폐기 · 분전반(分電盤) · 배전반(配電盤) 등 전기를 통하는 기계 · 기구, 그 밖의 설비 중 배선 및 이동전선 외의 것을 말한다. 이하 같다)] 또는 전로 등의 충전 부분(전열기의 발열체 부분, 저항접속기의 전극 부분 등 전기기계 · 기구의 사용 목적에 따라 노출이 불가피한 충전 부분은 제외한다. 이하 같다)에 접촉(충전 부분과 연결된 도전체와의 접촉을 포함한다. 이하 이 장에서 같다)하거나 접근함으로써 감전 위험이 있는 충전 부분에 대하여 감전을 방지하기 위하여 다음 각 호의 방법 중 하나 이상의 방법으로 방호하여야 한다.

1. 충전부가 노출되지 않도록 폐쇄형 외함(外函)이 있는 구조로 할 것.
2. 충전부에 충분한 절연효과가 있는 방호망이나 절연덮개를 설치할 것.
3. 충전부는 내구성이 있는 절연물로 완전히 덮어 감쌀 것.
4. 발전소 · 변전소 및 개폐소 등 구획되어 있는 장소로서 관계 근로자가 아닌 사람의 출입이 금지되는 장소에 충전부를 설치하고, 위험표시 등의 방법으로 방호를 강화할 것.
5. 전주 위 및 철탑 위 등 격리되어 있는 장소로서 관계 근로자가 아닌 사람이 접근할 우려가 없는 장소에 충전부를 설치할 것.

② 사업주는 근로자가 노출 충전부가 있는 맨홀 또는 지하실 등의 밀폐 공간에서 작업하는 경우에는 노출 충전부와의 접촉으로 인한 전기위험을 방지하기 위하여 덮개, 울타리 또는 절연 칸막이 등을 설치하여야 한다. 〈개정 2019. 10. 15.〉

③ 사업주는 근로자의 감전 위험을 방지하기 위하여 개폐되는 문, 경첩이 있는 패널 등(분전반 또는 제어반 문)을 견고하게 고정시켜야 한다.

3 측정기

멀티테스터(Multi-Tester)의 특징

전기 작업에서 매우 유용한 도구로 전기적인 특성을 측정하고 검사하는 데 사용한다. 주로 전기 · 전자 회로의 물리량인 전압, 전류, 저항과 모델에 따라 정전용량, 주파수 등도 측정할 수 있다. 동작하는 방식에 따라 디지털과 아날로그 방식이 있다. 다양한 측정 작업을 수행하기 위해 일반적으로 디스플레이, 다이얼, 리드선, 기능 선택 스위치, 배터리 등의 구조로 되어 있다. 회로와 접촉하기 위해서 두 개의 리드선이나 프로브를 사용한다. 이런 측정을 통해 전원장치의 이상 여부, 고장 진단, 장치의 출력 상태 등을 확인할 수 있다.

아날로그 방식 디지털 방식 클램프 방식

| 그림 1-33 | 멀티테스터기의 종류

멀티테스터의 구조

테스터는 크게 표시부, 선택부, 리드선의 세 부분으로 구성된다. 기술의 발전과 함께 크기는 작아지지만 다양한 기능을 담고 있다. 작고 간단해 보이지만 그 간결함 속에는 전자 기술의 정교함과 다양한 안전 요소가 담겨 있다.

| 그림 1-34 | 멀티테스터기의 외관

① **표시부(Display)**

표시부는 측정 결과를 표시하는 역할을 한다. 디지털기기의 경우 디지털 숫자로 표현되며 측정된 값이나 모드, 단위도 표시한다. 사용자가 측정 결과를 쉽게 읽을 수 있도록 정보를 표시하며 보통 숫자와 함께 음의 부호를 표시하는 기능도 있다.

② **선택부(Selector)**

사용자가 원하는 측정 기능과 범위를 선택하는 역할이다. 일반적으로 다이얼 형태나 버튼으로 구성되어 있으며, 돌리거나 눌러서 기능과 범위를 선택한다. 전압, 전류, 저항 등의 측정 범위를 선택하고 테스트 모드로 전환하는 등의 작업을 수행할 수 있다.

③ **리드선(Lead Wire)**

테스터기와 측정 대상 회로를 연결하는 전선이다. 측정 포인트에 대한 신호를 테스터기에 전달하는 역할을 한다. 주로 접촉부는 금속으로 구성되어 있으며 손으로 잡는 부분은 절연 처리되어 안전하고 정확하게 측정할 수 있게 도와준다.

멀티테스터의 사용 방법

멀티테스터를 올바르게 사용하기 위해서는 정확한 사용 방법을 알아야 한다. 올바른 사용 방법을 통해 정확한 측정 결과를 얻을 수 있으며, 이는 측정값을 올바르게 해석할 수 있는 기초자료를 제공한다. 잘못된 순서나 방법을 사용하면 측정값에 오류가 생길 뿐 아니라 전기적인 위험 문제가 발생할 수 있고, 잘못하면 기기가 손상될 수도 있다. 올바른 사용법을 숙지하기 위해서 다음의 순서를 꼭 기억하도록 하자.

㉠ 측정 모드를 선택한다.
㉡ 측정 범위를 선정한다.
㉢ 테스트 리드를 삽입한다.
㉣ 프로브를 연결한다.
㉤ 측정값을 읽는다.
㉥ 측정값을 해석한다.
㉦ 프로브를 분리한다.

멀티테스터기 사용 시 주의사항

멀티테스터는 전기 작업에서 사용하는 도구로서 항상 전기적인 위험이 뒤따른다. 정확한 사용법을 알고 주의사항을 준수하지 않으면 전기적인 충격이나 화재 등의 위험에 노출될 수 있다. 잘못된 사용이나 부적절한 조작은 측정 결과에 오차가 생길 수 있으며, 이를 방지하기 위해 다음의 주의사항을 숙지하기로 하자.

㉠ 제품의 사용설명서를 읽고 지침을 따라야 한다.
㉡ 올바른 측정 모드와 범위를 사용한다.
㉢ 측정하기 전 회로의 전원 공급 여부를 확인한다.
㉣ 프로브가 활선회로에 연결되어 있을 때는 접촉을 주의한다.
㉤ 프로브가 멀티미터에 완전하게 접속되어 있는지 확인한다.
㉥ 멀티미터와 프로브가 물, 습기, 온도에 영향이 없도록 사용 · 보관한다.

측정 실습하기

직류전압 측정

저항 측정

| 그림 1-35 | 멀티테스터기의 측정 예시

① **측정 모드와 범위 선택 :** 테스터기는 다양한 측정 모드를 가지고 있다. 여러 물리량을 측정할 수 있는데 이들은 서로 다른 측정 방식과 원리에 기반하므로 측정하고자 하는 측정 모드를 선택해야 정확한 측정이 가능하다.

㉠ 전압, 전류, 저항 등 원하는 측정 모드를 다이얼을 돌려서 선택한다.
㉡ 예상되는 값으로 측정 범위를 선정한다. 단, 확실하지 않다면 최댓값으로 놓는다.

② **테스트 리드 삽입 :** 테스터기는 일반적으로 빨간색과 검은색의 리드가 있다. 빨간색 리드는 양극(+)을, 검은색 리드는 음극(−)을 나타내며 이 색상 구분이 표준이라고 할 수 있다.

㉠ 리드선을 테스터기에 연결한다.
㉡ 빨간색과 검은색을 구분하여 연결한다.

③ **프로브 연결 :** 정확한 측정을 위해 프로브 연결은 중요한 단계이다. 전기회로와 테스터기를 직접 연결하는 접촉 도구인 프로브는 일반적으로 길고 얇은 금속 막대로 구성된다. 이 접촉을 통해 전기 신호나 측정 신호를 테스터기로 보낸다. 프로브를 사용할 때는 잘못된 연결이나 느슨한 연결로 인해 부정확한 측정 결과를 가져오지 않도록 적절한 위치에 꽂고 테스트 리드와 회로 사이에 느슨함이 없도록 견고함이 있어야 한다.

㉠ 프로브를 측정하려는 회로나 구성요소에 접촉한다.
㉡ 전압과 저항은 측정 구성요소의 양단에 프로브를 접촉한다.
㉢ 전류를 측정할 때는 회로와 직렬로 연결하여야 한다.
㉣ 전압이나 전류를 측정할 때 프로브는 충전부에 직접 연결되어 있으므로 감전에 주의한다.

④ **측정값 읽기 :** 측정값을 읽는 것은 측정된 전압, 전류, 저항 등의 결과를 해석하는 과정을 말한다. 올바르게 측정된 값을 읽고 해석하는 것은 정확한 측정 결과를 이해하는 데 중요하다. 만일 측정값을 읽는다면 해당 값의 단위, 소수점 위치, 읽을 범위, 부호를 정확히 구분해야 한다.

㉠ 디스플레이 창을 보면서 측정값을 읽는다.
㉡ 측정값이 일정하지 않고 변화하면 '멈춤(HOLD)' 버튼을 이용하여 순간값을 읽는다.

⑤ **측정값 해석 :** 측정은 하는 것만큼이나 올바르게 해석하는 게 중요하다. 왜냐하면 이 해석된 결과를 통해 회로나 장비의 상태를 파악하기 때문이다. 측정값을 해석할 때는 단위, 범위, 정상 범위 비교를 고려해야 한다. 그리고 측정값이 예상과 다른 경우 회로의 특정한 상태와 연관이 있는지 고려해야 하며 만일의 경우

테스터가 손상되지는 않았는지 그에 대한 검토도 필요하다.

㉠ 측정하는 항목에 따라 측정값을 정해진 방식으로 해석한다.
㉡ 측정값은 예상값의 허용 여부나 단위 등을 확인하여야 한다.

⑥ **프로브 분리** : 테스터를 사용한 후에 프로브를 교체하거나 보관할 때 필요한 작업이다. 보통 프로브를 회전하거나 당기는 동작으로 분리할 수 있다. 분리할 때는 부품이 손상될 수 있으므로 강제로 당기거나 회전시키지 않고 부드럽게 작업하여야 한다. 그리고 분리한 후에는 안전하게 보관하기 위해 되도록 프로브 보관 케이스를 사용한다.

㉠ 측정이 끝나면 프로브를 분리한다.

꼭 주의하세요

① 작업 전 전원 차단과 절연을 확인합니다.

전기 작업을 시작하기 전에 작업하는 장비나 회로의 전원을 반드시 차단해야 합니다. 작업 중에는 전원이 완전하게 차단된 것을 확인해야 하며 혹시 다른 사용자가 전원을 투입하지 않도록 미리 조치하여야 합니다. 작업자는 작업하는 부분이 전기로부터 완전하게 절연되었는지 확인하기 위해 전원 여부, 접지 상태 등을 확인할 수 있습니다.

② 올바르게 공구를 사용합니다.

작업에 적합한 공구를 사용해야 합니다. 깨지거나 손상된 공구를 사용하지 말아야 하며 공구는 원래 쓰임에 맞도록 선택해야 합니다. 사용하기 전에 공구의 상태를 점검하고 조립이 필요한 공구는 올바르게 조립된 상태인지 점검해야 합니다.

③ 개인 보호 장비를 사용합니다.

전기 작업 시에는 반드시 개인 보호 장비를 착용해야 합니다. 보안경, 장갑은 필수이며 필요에 따라 안전화, 안전모를 착용해야 합니다. 개인 보호 장비는 전기적인 위험으로부터 작업자를 보호하며, 금속 조각, 날카로운 부품 등의 기계적인 위험으로부터도 사고를 예방합니다.

④ 작업 환경을 유의합니다.

작업하는 주변 환경의 특성 조건을 잘 파악하고 유의해야 합니다. 작업 공간이 청결하고 정리되어 있어야 넘어질 위험이 없습니다. 주변에 물이나 습기가 있어 전기적인 위험이 있는지 확인하고, 작업 장비와 다른 전기 장비가 충돌하거나 방해를 일으키지 않도록 미리 조처를 해야 합니다. 이 외에도 추가적인 주의사항이 필요할 수 있으므로 해당 작업에 대한 안전 가이드나 전문가의 도움을 받는 것이 중요합니다.

2장

바꾸기

CHAPTER 02

01 때묻은 스위치를 새걸로

미리 준비할 공구와 재료	
	• **공구류** 일자드라이버, 십자드라이버, 절연테이프 • **재료/부품** 2구 스위치

1 제품의 정의

스위치란?

스위치는 전기 흐름을 제어하는 마법의 버튼이다. 일반 가정에서 조명을 켜고 끄는 것을 시작으로, 가전제품을 작동하고, 각종 전자기기를 제어한다. 개인마다 다르겠지만 엘리베이터의 버튼, 자판기, 마우스나 키보드 같은 작은 스위치까지 셈을 한다면 하루에도 족히 수천 번은 스위치를 누를 것이다.

작은 크기의 스위치를 제외하고 보통의 220V 정도의 전기를 고려한다면 전기 스위치는 전기회로를 연결하거나 끊는 역할을 하는 장치이다. 초기의 스위치는 비교적 단순하고 수동으로 작동하는 것이었다. 그것들은 대부분 전기회로를 물리적으로 연결하거나 분리하는 레버나 손잡이와 같은 기계적인 메커니즘으로 구성되어 있으며, 이런 스위치는 산업환경과 초기 전기설비에서 자주 사용되었다. 이후 19세기 후반에 들어서며 푸시버튼(Push Button) 스위치가 등장하기 시작했다. 이 스위치는 스프링의 구조를 이용해서 복귀하는 기능이 있어 전기회로를 열거나 닫는 동작으로 제어의 수준을 높였다. 20세기에 들어서며 위아래나 좌우로 레버나 핸들을 돌릴 수 있는 토글 스위치가 인기를 얻었는데 이런 스위치는 가정이나 사무실의 다양한 전기 장치에서 널리 사용되었다. 이는 내구성이 뛰어나고 조작이 쉬워 다양한 응용 분야에서 표준 스위치의 역할을 충분히 해냈다.

| 그림 2-1 | 19세기 초기의 스위치 *https://rosaleneov.life

최근에는 기술이 발전함에 따라 전자 스위치가 더욱 보편화되었다. 그 유형도 다양화되어 혁신적인 디자인과 함께 터치를 감지하는 인터페이스, 무선 연결까지 응용된 제품을 이용할 수 있다. 이런 스위치는 전자 부품과 마이크로프로세서를 사용해서 전기회로를 제어하므로 원격 제어, 프로그래밍 제어, 스마트 홈 시스템과 같은 고급 기능을 제공하거나 구현할 수 있다.

보통 가정에서는 조명 제어에 사용하는 전등 스위치를 많이 볼 수 있지만, 생산 · 제조 현장에서는 다양한 기기를 제어하는 데 사용하는 대형 스위치도 있다. 전기 스위치는 사용하는 전기의 정격용량이나 용도에 따라 다양하게 종류가 나누어진다. 아래 그림은 일반 가정과 산업현장에서 자주 볼 수 있는 스위치의 종류이다. 가정용 조명에서 사용하는 텀블러 스위치와 함께 산업현장에서 기계의 제어를 위해 사용하는 다양한 스위치는 용도와 목적에 맞게 사용하기 위해서 그 특성을 알고 있어야 한다.

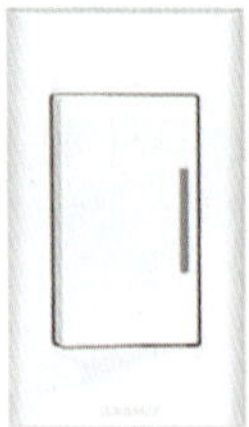

매립형 텀블러 스위치

노출형 텀블러 스위치

푸시버튼 스위치

셀렉터 스위치

마이크로 스위치

토글 스위치

| 그림 2-2 | 다양한 스위치의 종류

① 텀블러 스위치(Tumbler Switch)

텀블러 스위치는 저압 옥내배선에서 주로 사용한다. 주로 손잡이를 상 · 하, 좌 · 우로 전환하며 개폐를 하는 구조로 노출형과 매립형이 있다. 스위치의 한쪽을 누르면 스프링 기구를 갖는 접점기구에 의해 전로를 개폐하거나 전로가 전환된다. 보통 사무실과 가정에서 실내의 전등이나 소형 전기기구의 점멸에 이용한다.

② 푸시버튼 스위치(Push Button Switch)

푸시버튼 스위치는 버튼을 누름으로써 접점을 개폐하는 스위치의 총칭이다. 손으로 조작하는 개폐 스위치로 스위치의 모양에 따라 동그란 구멍에 넣는 환통 타입, 네모난 모양에 넣는 각통 타입이 있다. 버튼의 조명 여부에 따라 조광 타입, 비조광 타입으로 구분된다. 버튼을 눌렀다 떼면 원상 복귀하는 것도 있지만, 버튼을 다시 한번 누름으로써 원상태로 복귀하는 것도 있다.

③ 셀렉터 스위치(Selector Switch)

선택 스위치라고도 한다. 여러 전기회로에서 하나의 회로에 연결하도록 전기회로를 선택할 수 있는 스위치이다. 2단, 3단 등이 있으며 2단은 주로 ON/OFF, 3단은 주로 수동운전이나 자동운전을 선택하여 조작하는 기능이 있다.

④ 마이크로 스위치(Micro Switch)

마이크로 스위치는 리밋 스위치와 혼용되어 사용하고 있으나 기구 자체의 크기가 다소 작은 소형 스위치이다. 크기가 작은 것에 비해 큰 전류를 개폐할 수 있으며, 가격이 싸고, 접점의 개폐 속도가 빠르고, 수명이 길고, 신뢰성이 높으며, 비교적 작은 힘으로 동작할 수 있다. 주로 기계 또는 장치의 운동에 따라 움직여지는 부분으로 접점이 동작한다.

⑤ 토글 스위치(Toggle Switch)

토글이라는 말은 원래 구멍이나 고리를 통해 무언가를 고정하는 데 사용되는 나무나 플라스틱의 작은 막대를 말한다. 주변에서 보면 외투와 같은 곳에 달린 짧은 막대 모양의 단추가 바로 토글이다. 이런 토글 스위치는 스냅 스위치(Snap Switch)라고도 한다. 배트 모양의 레버로 개폐 조작을 하면 스프링이 그 동작을 가속하는 구조로 되어 있다. 크기는 소형이며 주로 ON/OFF 동작을 할 때 사용한다.

가정에서 많이 사용하는 스위치의 종류

가정의 실내에서 조명 제어용으로 사용하는 스위치는 주로 매립형을 사용한다. 매립형은 건축 과정에서 미리 벽 속에 스위치 박스를 설치하여 스위치가 노출되지 않도록 전기적 안전성과 미관을 고려한 방식이다. 스위치는 제어하는 회로의 수에 따라 1구~6구 등 다양한 종류가 있다. 기능별로는 타임 스위치, 리모컨 스위치, 방우 스위치 등이 사용된다.

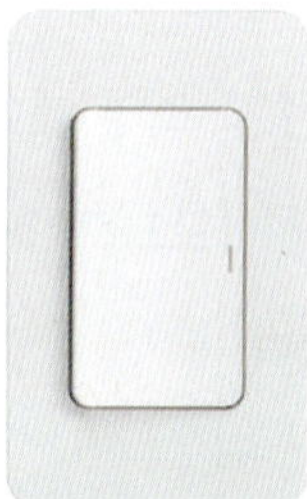

1구 스위치

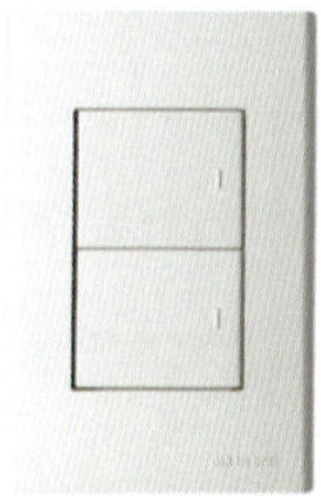

2구 스위치

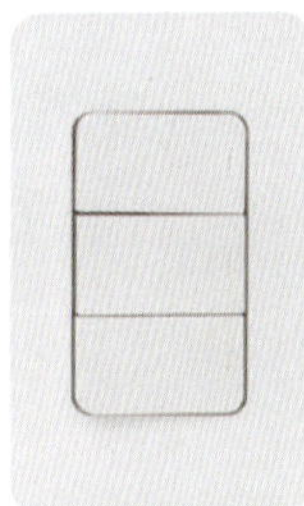

3구 스위치

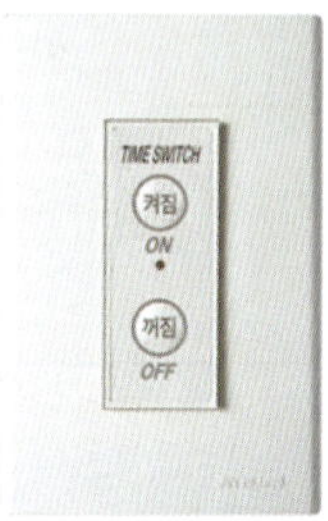

타임 스위치

리모컨 스위치

방우 스위치

| 그림 2-3 | 가정용 스위치의 종류

① **타임 스위치(Time Switch)**

스위치의 개폐가 수동으로도 이루어지지만, 시간 동작에 의해 자동으로 제어되는 장치이다. 스위치가 켜진 후 일정 시간 후에 꺼지는 기본동작을 가지고 있으며, 제품에 따라 특정 시간에 켜지거나 꺼지는 기능을 가지는 것도 있다. 조명, 난방, 냉방 등의 전기 장치를 제어하는 데 사용하며, 최근에는 기능이 복잡해짐에 따라 특정 요일, 특정 시간에 따라 자동으로 반복 동작하도록 설정할 수 있는 제품도 있다.

② **리모컨 스위치(Remote Control Switch)**

리모컨을 이용해 켜거나 끌 수 있는 전기 스위치를 말한다. 리모컨 스위치는 스위치를 직접 누르지 않고 원격으로 제어가 가능하므로 넓거나 높은 공간에 스위치가 이용될 때 사용하면 편리하다. 그뿐만 아니라 일반가정에서는 장애인이나 노인 등 거동이 불편한 이용자를 위해 사용할 수 있다.

③ **방우 스위치(Rain Protection Switch)**

욕실, 주방이나 실외와 같이 습하거나 물이 들어갈 우려가 있는 곳에 사용하는 스위치이다. 보통 방수형 스위치와는 구분되는데, 방수형은 완전밀폐 구조를 가졌지만 방우형은 수직으로 낙하하는 물로부터 전기적인 구성요소를 손상시키지 않도록 보호하는 기능을 가지고 있다. 가정에서는 세탁실, 화장실, 실외에 설치하여 사용할 수 있다.

스위치의 유형

가정에서 사용하는 보통의 텀블러 스위치는 크게 단로 스위치(Single-pole Switch)와 3로 스위치(Three-pole Switch)가 있다. 주로 조명 제어로 사용하는 이 스위치는 외관은 비슷하지만 서로 동작하는 특성이 다르므로 용도에 맞는 스위치를 선택하고 사용해야 원하는 동작을 수행할 수 있다.

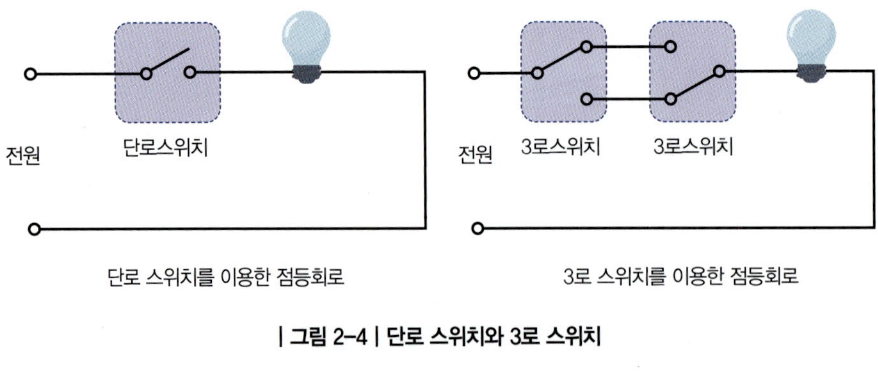

| 그림 2-4 | 단로 스위치와 3로 스위치

① **단로 스위치**

단로 스위치(1 way electric switch)는 한 위치에서 조명이나 전기 장치를 켜거나 끌 수 있는 스위치의 유형이다. 일반적으로 전원 측과 부하 측의 두 단자가 있으며 스위치가 켜질 때는 두 단자를 이어주고, 꺼질 때는 두 단자를 끊어주는 동작을 한다. 단순한 ON/OFF 동작을 하며 일반적으로 가장 많이 사용한다.

② **3로 스위치**

3로 스위치(3 way switch)는 두 개의 다른 위치에서 한 개의 전기 장치를 켜거나 끌 수 있는 스위치의 유형이다. 2개의 연결선과 1개의 공통선으로 구성되어 있는데, 이 스위치 2개를 이용하면 한 개의 장치를 두 곳에서 켜거나 끌 수 있다. 계단의 상하, 긴 복도의 입출구에서 응용하여 사용할 수 있다.

2 관련 법령과 기술기준

한국전기설비기준(KEC)

234.6 점멸기의 시설

점멸기는 다음에 의하여 설치하여야 한다.

1. 점멸기는 전로의 비접지 측에 시설하고 분기개폐기에 배선차단기를 사용하는 경우는 이것을 점멸기로 대용할 수 있다.
2. 노출형의 점멸기는 기둥 등의 내구성이 있는 조영재에 견고하게 설치할 것.
3. 점멸기를 조영재에 매입할 경우는 다음 중 어느 하나에 의할 것.
   가. 매입형 점멸기는 금속제 또는 난연성 절연물의 박스에 넣어 시설할 것.
   나. 점멸기 자체가 그 단자 부분 등의 충전부가 노출되지 않도록 견고한 난연성 절연물로 덮여 있는 것은 이것을 벽 등에 견고하게 설치하고 방호 커버를 설치한 경우에 한하여 "가"에 관계없이 박스 사용을 생략할 수 있다. 다만, 방호 커버는 벽 내의 충진재가 접촉할 우려가 있는 경우를 제외하고는 생략할 수 있다.
4. 욕실 내는 점멸기를 시설하지 말 것. 다만 241.14의 규정에 따라 시설하는 경우에는 적용하지 않는다.
5. 가정용 전등은 매 등기구마다 점멸이 가능하도록 할 것. 다만, 장식용 등기구(상들리에, 스포트라이트, 간접조명등, 보조등기구 등) 및 발코니 등기구는 예외로 할 수 있다.
6. 공장·사무실·학교·상점 및 기타 이와 유사한 장소의 옥내에 시설하는 전체 조명용 전등은 부분조명이 가능하도록 전등군으로 구분하여 전등군마다 점멸이 가능하도록 하되, 태양광선이 들어오는 창과 가장 가까운 전등은 따로 점멸이 가능하도록 할 것. 다만, 다음의 경우는 적용하지 않는다.
   가. 자동조명제어장치가 설치된 장소

나. 극장, 영화관, 강당, 대합실, 주차장 기타 이와 유사한 장소로 동시에 많은 인원을 수용하여야 하는 특수장소

다. 등기구수가 1열로 되어 있고 그 열이 창의 면과 평행이 되는 경우에 창과 가장 가까운 전등

라. 광 천장 조명 또는 간접조명을 위하여 전등을 격등 회로로 시설하는 경우

마. 건물 구조가 창문(태양광선이 들어오는 창문을 말한다)이 없거나 공장의 경우 제품의 생산 공정이 연속으로 되는 곳에 설치되어 있는 전등

7. 여인숙을 제외한 객실 수가 30실 이상(「관광 진흥법」 또는 「공중위생법」에 의한 관광숙박업 또는 숙박업)인 호텔이나 여관의 각 객실의 조명용 전원에는 출입문 개폐용 기구 또는 집중제어 방식을 이용한 자동 또는 반자동의 점멸이 가능한 장치를 할 것. 다만, 타임스위치를 설치한 입구등의 조명용 전원은 적용받지 않는다.

8. 다음의 경우에는 센서등(타임스위치 포함)을 시설하여야 한다.

가. 「관광 진흥법」과 「공중위생관리법」에 의한 관광숙박업 또는 숙박업(여인숙업을 제외한다)에 이용되는 객실의 입구등은 1분 이내에 소등되는 것.

나. 일반주택 및 아파트 각 호실의 현관등은 3분 이내에 소등되는 것.

IEC

KS C IEC60669-1

가정용 및 이와 유사한 용도의 고정 전기 설비용 스위치
제1부 : 일반 요구사항

10. 감전에 대한 보호

10.1 스위치는 정상 사용하는 것처럼 설치하고 결선하였을 때, 공구를 사용하지 않고 뗄 수 있는 부품을 떼어낸 후라도 충전부에 접촉할 수 없도록 설계되어 있어야 한다.

ELV 이외의 전압으로 공급되는 파일럿 램프를 장치하도록 설계된 스위치는 충전부가 램프에 직접 접촉되는 것을 방지하는 장치가 설치되어 있어야 한다.

12. 단자

12.1 스위치는 나사 조임 또는 나사 없는 단자를 갖고 있어야 한다.

비록 단자를 소정의 위치에 보유하거나 또는 단자의 회전을 방지한다고 하더라도 단자 내에서 도체를 조이는 도구를 기타 구성 부품을 고정하는 데 사용하면 안 된다.

〈표 2-1〉 동선의 정격 전류와 연결 가능 공칭 단면적

정격 전류의 범위 A	경 동선(연선 또는 단선)	
	공칭 단면적 ㎟	도체의 최대 지름 ㎜
4 이하	–	–
4 초과 6 이하	0.75 ~ 1.5	1.45
6 초과 10 이하	1 ~ 2.5	2.13
10 초과 16 이하	1.5 ~ 4	2.72
16 초과 25 이하	2.5 ~ 6	3.34
25 초과 32 이하	4 ~ 10	4.34
32 초과 50 이하	6 ~ 16	5.46
50 초과 63 이하	10 ~ 25	6.85

14. 구조

14.1 스위치의 조작부는 해제되었을 때 접점 위치에 대응하는 위치를 자동으로 취하여야 한다. 다만 줄 당김 스위치와 단일 푸시 버튼 스위치에 있어서 조작부는 정지 위치가 단일해도 된다.

14.2 스위치는 가동 접점이 "ON"과 "OFF" 위치에서만 정지하는 구조이어야 한다. 다만 중간 위치가 조작부의 중간 위치에 대응하는 경우로 고정 접점과 가동 접점 간의 절연이 충분한 경우에 한해 허용된다.

19. 정상동작

19.1 스위치는 과도한 마모 또는 기타 유해한 영향을 받지 않고 정상 사용 상태에서 생기는 기계적 스트레스, 전기적 스트레스 그리고 열적 스트레스를 견디어야 한다.

〈표 2-2〉 통상 조작 시험 시 조작 횟수

정격 전류	조작 횟수
정격 전압이 교류 250V 이하인 스위치	40,000
정격 전압이 교류 250V 초과인 스위치	20,000
16A 초과 50A 이하(50A를 포함)	10,000
50A 초과	5,000

3 외형과 구조

제조사에 따른 분류

스위치는 제조사에 따라 다양한 색깔, 모양을 가지고 있다. 설치하는 환경이나 조건에 따라 적절한 스위치를 선택할 수 있으며, 미관과 기능을 고려하여 최근에는 터치식 스위치도 많이 사용되고 있다.

1구 스위치

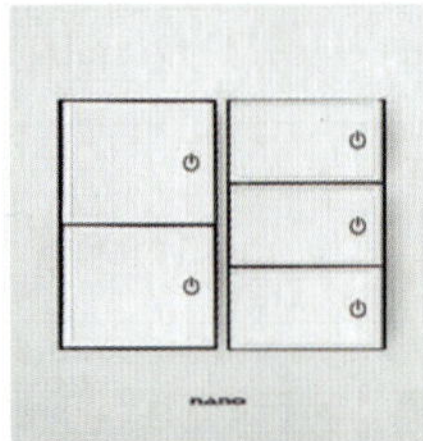

5구 백색 스위치

남색 스위치

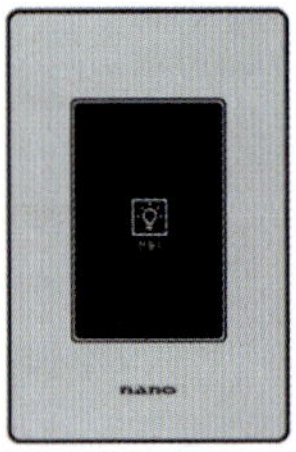

터치식 1구 스위치

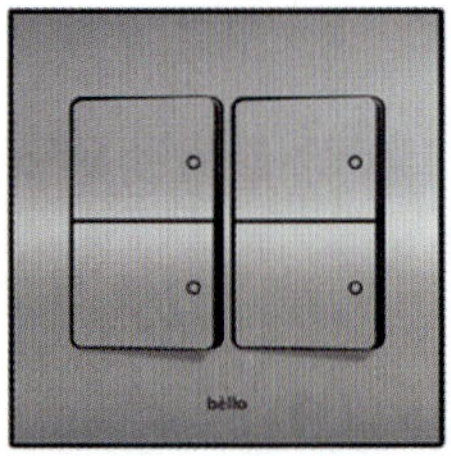

4구 은색 스위치

터치식 2구 스위치

| 그림 2-5 | 제조사별 다양한 스위치

세부 구조

스위치는 외부 모양이 거의 같더라도 내부 회로의 결선이 다를 수 있다. 아래 그림처럼 단로 스위치와 3로 스위치는 외형이 거의 같지만 스위치 내부의 결선 구조가 달라서 구매 · 설치 시 주의하여야 한다.

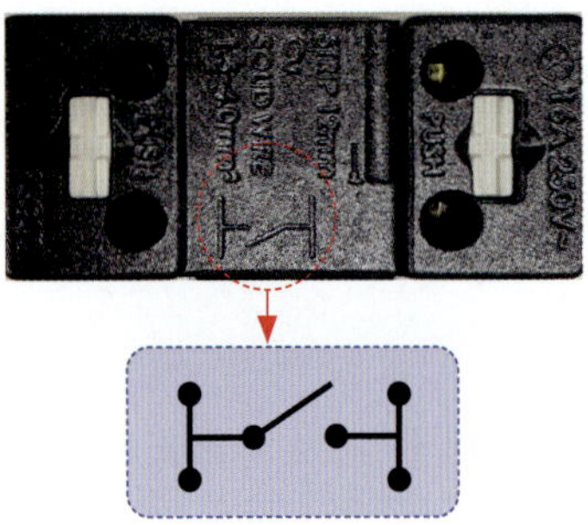

단로 스위치의 내부 결선도

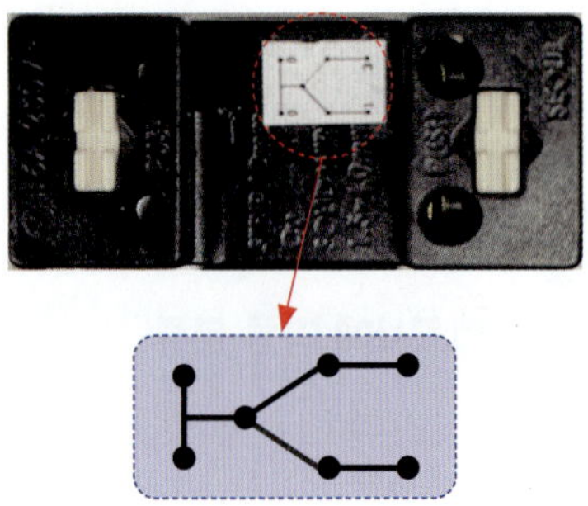

3로 스위치의 내부 결선도

| 그림 2-6 | 단로 스위치와 3로 스위치의 내부 결선도

시공 절차와 세부 내용

시공 준비(재료 준비)를 한다

1 차단기의 전원을 내리고 안정된 상태에서 작업을 준비합니다. 바닥면의 청결이 필요할 때는 비닐이나 신문지를 아래에 깔고 작업을 하셔도 좋습니다.

2 스위치 커버의 아랫면이나 윗면에는 작은 홈이 있습니다. 일자드라이버를 홈에 넣고 살짝 비틀어 돌리면 커버가 벗겨집니다. 이때 벽이나 커버가 손상되지 않도록 주의하세요.

커버를 분리한다

3 커버와 본체의 결합 부속은 강도가 약한 편입니다. 교체하는 스위치가 필요 없을 때는 커버가 손상되어도 상관없지만, 재사용의 계획이 있다면 가급적 주의해서 작업해 주세요.

4 스위치의 본체는 윗면과 아랫면에 있는 2개의 나사로 벽체와 고정되어 있습니다. 수동드라이버나 전동드라이버를 이용해서 반시계 방향으로 나사를 돌려 분리해 줍니다. 이 나사의 길이는 비교적 긴 편입니다.

스위치를 꺼낸다.

5 기구의 손상을 유의하며 길이가 긴 나사를 분리합니다.

6 나사를 2개 모두 분리하면 벽에 있는 스위치 박스와 기구의 분리가 이루어집니다.

7 스위치의 본체를 손으로 잡고 밖으로 꺼냅니다. 때에 따라서는 선의 길이가 짧아 충분히 밖으로 나오지 않을 때도 있습니다. 배선의 손상 여부를 확인합니다.

8 결선의 모양을 기억합니다. 이때 기억하기 쉽지 않다면 결선 모양이 잘 보이도록 사진을 찍어둡니다.

결선 상태를 확인한다.

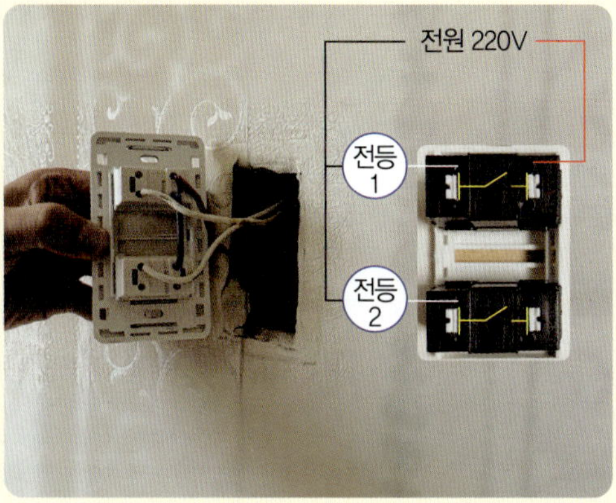

9 이 스위치의 결선 구조는 그림과 같습니다. 단상 전원 2가닥이 스위치와 전등에 각각 연결되고 전원 측 전선은 파란색으로 연결된 공통선을 통해 각각의 스위치로 분배됩니다.

10 새로운 스위치를 준비하고 결선을 준비합니다. 스위치는 오른쪽을 눌렀을 때 켜지는 방향이 올바른 방향입니다.

스위치 방향을 확인한다.

11 스위치를 결선하기 전에 스위치 뒷면의 회로도를 보고 기존의 스위치와 교체하려는 스위치가 같은 구조인지 다시 살펴봅니다.

12 점프선의 연결이 필요할 때는 작은 선을 준비하여 연결합니다. 최근에는 스위치를 구매하면 그 안에 구성품으로 점프선이 포함되어 있습니다.

13 점프선은 충분한 힘을 주어 되도록 끝까지 삽입합니다.

14 기존 스위치의 선을 분리하려면 일자드라이버를 준비해야 합니다. 일자드라이버로 스위치의 분리 버튼을 누른 다음 선을 빼면 됩니다.

선을 제거한다.

15 일자드라이버를 잘못 사용하면 손이 다칠 수도 있습니다. 너무 무리한 힘을 주지 않으며 정확한 방향으로 누를 수 있도록 주의해야 합니다.

16 스위치를 벽 쪽으로 고정하여 누르면 손이 다칠 위험을 줄일 수 있습니다. 선은 똑바른 방향으로 뽑거나 돌리면 수월하게 빼낼 수 있습니다.

17 벽에서 나온 선은 모두 스위치와 분리합니다. 선의 길이가 짧을 때는 이 작업이 예상했던 것보다 어려울 수 있습니다.

18 스위치에서 분리한 선은 색깔이 같아 다소 헷갈릴 수 있습니다. 따라서 선을 사방으로 분리하여 구분하거나 이름표를 붙여 구분해야 합니다.

새 스위치에 선을 삽입한다.

19 새 스위치를 준비한 후에 원래의 회로에 맞게 선을 다시 꽂아줍니다. 이때 선은 되도록 깊숙이 꽂아줍니다.

20 서두를 필요가 없습니다. 한 가닥 한 가닥씩 확실하게 결선이 되는 것을 확인하며 선을 연결합니다. 여기서 잘못되면 선을 빼고 다시 연결해야 하는 수고로움이 반복됩니다.

스위치를 고정한다.

21 선의 결선이 완료되면 배선 상태를 다시 확인합니다. 결선에 의심이 든다면 커버를 완전히 덮기 전에 잠시 배선차단기의 전원을 올리고 동작 검사를 미리 해 볼 수도 있습니다.

22 스위치를 고정하기 전에 방향을 다시 확인합니다. 오른쪽으로 눌렀을 때 동작이 되도록 방향을 확인하고 수직 상태도 검토합니다.

23 나사를 다시 삽입합니다. 나사가 길어 자칫 잘못하면 스위치 박스 안의 전선과 접촉될 수도 있습니다. 따라서 우려스럽다면 스위치 박스 안의 전선 상태를 확인한 다음 나사를 고정합니다.

24 두 번째 나사를 고정할 때는 스위치의 온전한 수직 상태를 확인하며 나사를 끝까지 조입니다.

커버를 덮는다.

25 커버를 씌워줍니다. 커버는 제조사의 이름이나 상표가 올바르게 표시되는 방향이 정방향입니다.

26 스위치 모서리 네 곳을 손으로 꼭꼭 눌러가며 온전하게 커버가 덮이는 것을 확인합니다.

마무리를 한다.

27 차단기의 교체 과정은 마무리되었습니다. 동작 검사를 위해서 배선차단기의 전원을 투입하여 정상동작 여부를 확인합니다.

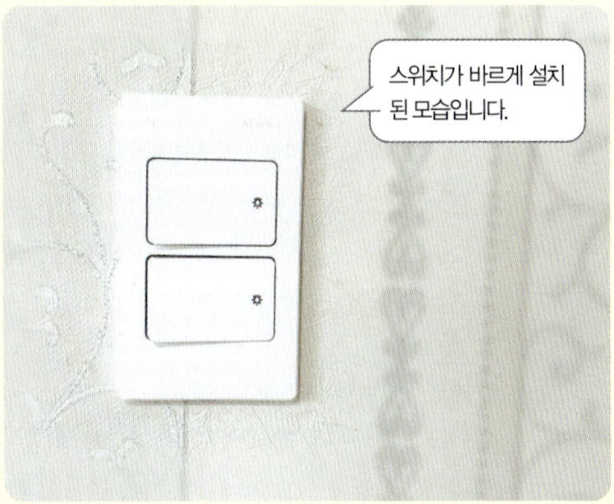

28 이제 올바르게 설치된 스위치를 안전하게 사용하면 됩니다.

꼭 주의하세요

① 차단기는 내리고(OFF) 작업해야 합니다.

작업 전에 차단기를 끄는 것은 감전, 화상, 부상을 방지하기 위한 기본적인 안전 조치입니다. 차단기가 켜져 있으면 전기회로에는 전류가 흐르게 되어 단순한 작업이라고 하더라도 전기 작업을 수행하는 동안 큰 위험에 노출됩니다. 또한 인적 위험뿐만 아니라 작업 중 누전, 아크 등에 의한 화재나 기구 파손도 발생할 수 있는데 이를 예방할 수 있습니다. 감전의 위험이나 기기의 손상을 방지하기 위해서 꼭 차단기를 내린 다음 배선 작업을 수행해 주세요.

② 스위치 커버나 플레이트는 깨질 수 있으니 과도한 힘을 주지 마세요.

가정 내에서 사용하는 전기기구들은 대부분 절연 등의 특성으로 플라스틱 소재를 많이 사용하고 있습니다. 그러나 분리나 조립의 과정에서 과도한 힘을 가하면 재료의 강도 한계를 초과하여 균열, 구부러짐, 파손 등이 발생할 수 있습니다. 기구의 손상은 단순한 외형의 변형도 있지만, 전기적인 부속의 문제는 오동작, 누전 등 비교적 심각한 문제로 확대될 수 있습니다. 따라서 기기나 기구를 조심스럽게 취급하고 적절한 힘을 가해 손상되지 않도록 주의해야 합니다. 특히, 전동 공구를 사용할 때는 이 점을 더 주의하여야 합니다.

③ 스위치의 종류(단로, 3로, 4로)를 확인하세요.

매립형 스위치는 외형은 거의 같아 보여도 스위치의 뒷면 회로도를 보면 동작이 완전히 다른 것을 확인할 수 있습니다. 특히 단로, 3로, 4로 스위치는 동작 특성이 완전히 다르지만, 스위치 뒷면의 전선 연결 부분까지 거의 모양이 같으므로 교체 시에는 현재 사용 중인 것이 어떤 종류인지 꼭 확인해야 합니다. 2개소 점멸이나 특이한 동작이 있는 스위치는 새로운 스위치를 구매하기 전에 스위치 커버를 분리하여 뒷면의 회로 결선도를 확인하는 것이 수고로움을 줄이는 방법입니다.

④ 스위치의 켜는 방향을 확인하세요.

전기 스위치가 작동하는 방향(위, 아래, 오른쪽, 왼쪽)이 하나로 규정된 것은 아닙니다. 그렇지만, 대부분 기계·기구는 의도된 사용과 작동 용이성에 따라 특정 방향으로 작동하도록 설계될 수 있습니다. 스위치도 일반적으로 오른쪽을 눌렀을 때 조명을 켜는 활성화 과정을 거치게 되며, 이는 대부분 적용되고 있습니다. 간혹, 스위치를 왼쪽으로 눌렀을 때 켜지는 경우를 볼 수 있는데 이는 사용자를 온전하게 고려하지 않았거나 실수로 스위치를 거꾸로 설치한 사례입니다. 스위치를 설치할 때는 스위치의 방향이 올바르게 되어 있어야 하며, 동작 검사를 할 때 이를 꼭 확인하여야 합니다.

CHAPTER 02

02 현관 센서등 교체

미리 준비할 공구와 재료	
	● **공구류** 십자드라이버, 와이어스트리퍼
	● **재료/부품** 센서 등기구, 등기구 브래킷, 고정용 나사, 커넥터, 절연테이프

1 제품의 정의

흥인지문(동대문), 돈의문(서대문), 숭례문(남대문), 숙정문(북대문), 옛 조선 시대 한양을 둘러싼 도성의 4대 문은 사람이 드나드는 성문이면서 수도와 외곽을 가르는 경계선 역할을 했다. 그 문을 지키는 수문장은 왕이 거주하는 궁궐의 수비를 담당하는 국가 안위와 직결되는 책임자이다. 시작이 다소 거창하기는 하나 우리 가정에도 이런 수문장이 있다. 그 사실을 생각하며 아래 내용을 읽어나가면 흥미롭게 다가올 것이다.

집에는 현관이 있다. 집의 입구로서, 집 안에 들어가는 문과 그 주변을 의미하는데 외부와 집 안을 분리하는 역할도 한다. 주로 현관문, 신발장, 분전함, 수납공간, 거울 등이 있으며 손님을 배웅하거나 마중하는 역할의 공간이기도 하다. 그리고 그 현관에도 수문장이 있다. 여기서 감이 온다면, 맞다. 현관의 센서등이 수문장이라고 막, 말하려던 참이다.

집 현관에 설치된 전등은 주로 센서등을 사용한다. 센서등은 주변 환경의 조도나 움직임을 감지하여 동작하기 때문에 어둡고 사람이 있을 때만 켜지고 그렇지 않을 때는 꺼진다. 이를 통해 에너지를 절약할 수 있는데, 불필요한 시간 동안 전등이 계속 켜져 있는 것을 피할 수 있기 때문이다. 또한, 외부에서 집으로 들어올 때 센서등이 자동으로 켜지면 편리하다. 손에 물건을 들고 있는 상황에서도 별도로 전등을 켜지 않아도 되니 편리함과 동시에 안전성도 높일 수 있는 것이다. 게다가 보안성도 있다. 센서등은 주변의 움직임을 감지하여 동작하므로 혹시 현관에 누군가가 있다면 우리는 그 상태를 빠르게 감지할 수 있다. 이를 통해 불법 침입이나 이상한 동작을 금세 알아차릴 수 있다. 이렇게 집의 입구를 지켜주는 수문장인 센서등이 혹시 고장나거나, 성능이 낮아지거나, 업그레이드가 필요할 때 앞으로 소개할 내용을 꼭 기억해 보자. 간단해 보이지만, 알수록 매력이 있다는 것을 깨달을 것이다.

먼저 구체적으로 센서등을 교체해야 할 때는 다음과 같으니 이 내용을 알고 계속 학습을 이어나가자.

① 고장

센서등이 제대로 동작하지 않거나 불량 신호를 내는 경우 교체가 필요하다. 예를 들어 센서가 움직임을 감지하지 않거나 불필요한 때에도 계속 켜져 있다면, 센서 관련 부품이 고장난 것일 수 있다. 이때는 새로운 센서등으로 교체해서 기능을 복구할 수 있다.

② 수명

센서등은 사용 시간이나 조도에 따라 점차 성능이 저하될 수 있다. 센서등의 수명이 다해서 광도가 약하거나 동작이 불안정해지면 새로운 센서등으로 교체해야 한다.

③ 업그레이드

기술의 발달이나 현관의 미관을 위해서 교체가 필요할 수 있다. 기능적으로는 더 넓은 감지 범위, 조도 조절 기능, 에너지 절약의 개선 제품이 필요할 수 있다. 미적인 이유로는 새로운 디자인이나 현관 환경에 맞는 형식이 필요할 때 새로운 전등으로 교체할 수 있다.

센서등이란?

센서등이란 무엇인가? 일상에서 이것이 사용되는 예는 흔히 주택의 현관에서 볼 수 있다. 현관에 있는 센서등은 빛의 양과 사람의 움직임을 감지하는 기능이 혼합되어 있다. 그래서 어두울 때 사람이 현관에 위치하면 센서가 이를 감지하여 일정 시간 램프를 켜게 된다. 이런 원리로 센서등은 아파트나 주택의 현관뿐만 아니라 복도나 실외 공간과 같이 사람이 항상 머물러 있지 않을 수 있는 공간에서 조명을 효율적으로 제어하기 위해 사용된다. 특히 어두운 밤에 일시적으로 공간에 진입할 때 사람들에게 큰 편의를 제공한다.

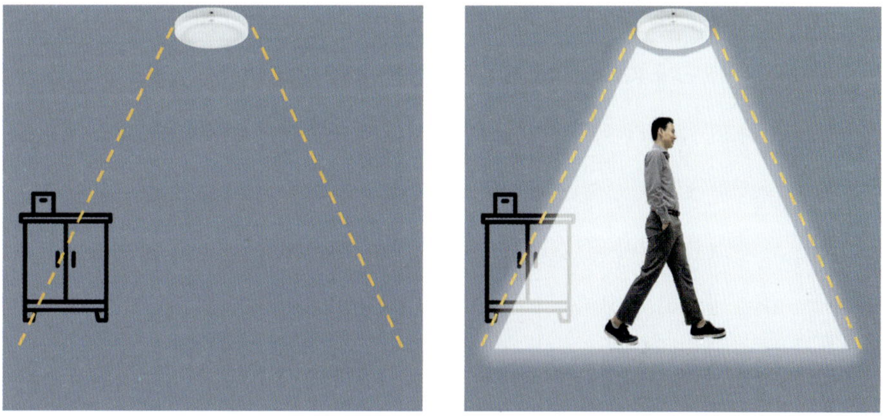

조명이 꺼졌을 때(Light off)　　　조명이 켜졌을 때(Light on)

| 그림 2-7 | 인체 감지 센서등의 동작

센서등은 움직임, 소리, 빛 등을 감지할 수 있는 센서가 장착된 조명 기구의 한 종류이다. 센서가 물리적인 상태를 전기신호로 변환하면 센서의 유형에 따라 램프가 자동으로 켜지거나 꺼진다. 그중 우리가 일상생활에 사용하는 센서등은 주로 빛과 사람의 움직임을 감지한다. 예를 들어 빛의 양을 감지하는 광전식 램프는 주변의 조도가 일정 수준 이하로 내려가면 이를 광전도 소자(CdS)가 감지하여 전기적 신호로 변환한다. 센서와 함께 연결된 장치를 통해 전기적 신호는 전기회로의 스위치를 동작시키고 램프를 켜게 된다. 또 다른 종류로 동작 감지 센서등은 일정한 범위 안에서 사람이나 사물의 움직임을 감지하면 램프를 켜고, 추가적인 움직임이 없으면 설정된 시간 후에 꺼진다. 이렇게 센서등의 종류는 동작 원리에 따라 다양하다.

① **조도 센서의 원리** : 조도 센서는 주변 밝기를 측정하여 이를 전기적인 신호로 보내는 역할을 한다. 빛의 양을 측정하므로 빛 센서라고도 부르며 조도에 따라 저항의 값이 변화하는 특징을 이용하여 다양한 응용 제품을 만들고 있다. 조도 센서는 조도에 따라 저항값이 변화하는데 주위가 밝으면 조도 센서의 저항값이 감소하고, 주위가 어두우면 조도 센서의 저항값이 증가하는 특징을 가지고 있다.

② CdS **셀이란?** : CdS 셀은 카드뮴-황화물(CdS) 광 저항기이며 빛의 강도에 따라 저항이 변화하는 장치이다. 빛에 반응하는 속도가 빠르고 민감하여 오랜 시간 동안 사용되어 왔다. 사용하기가 간단하여 기본적인 조도 센서로 이용되고 있으며 크기가 작고, 저렴하며, 저전력을 사용하고, 수명이 길다.

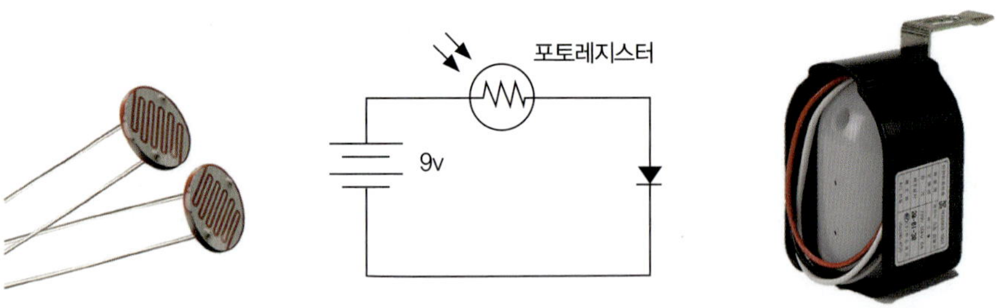

CdS 모듈 CdS 모듈을 이용한 회로 CdS 모듈을 사용한 썬스위치

| 그림 2-8 | CdS 셀과 응용 기구

③ **조도 센서와 감지 센서를 이용한 현관 센서등 :** 조도 센서는 램프의 점등에도 사용할 수 있지만, 주변에서 다양한 전자기기에도 이용된다. 휴대전화나 노트북 컴퓨터에 설치된 조도 센서는 주변의 밝기를 감지해 화면의 밝기를 조절하는 역할을 한다. 자동차에 있는 센서는 해가 저물거나 터널에 진입하는 것을 감지하여 미등이나 전조등을 자동으로 점등하고, 도로의 가로등은 어두워짐을 감지하여 가로등을 켜게 된다. 그리고 스마트팜과 같은 현대화된 농장에서는 빛의 유무나 밝기에 따라 물을 뿌리거나 가림막을 동작하는 기능을 이용하고 있다. 가정의 현관에서 주로 사용하는 센서등은 주변의 밝기를 감지하는 조도 센서와 주변의 움직임을 감지하는 인체 감지 센서가 조합된 기능이 주를 이룬다. 즉, 에너지 절약을 위해 어두운 상태로 있다가 사람을 감지했을 때만 점등한다.

덮개가 덮인 상태 / 덮개를 푼 상태 / 덮개를 제거한 상태

| 그림 2-9 | 센서등의 덮개 분리

가정에서 많이 사용하는 현관 센서등의 종류

가정에서 사용하는 센서등의 종류는 다양하다. 일반적인 종류는 다음과 같다. 먼저 동작 센서등이 있다. 보통 주변의 움직임을 감지하여 자동으로 불을 켜고 끄는 기능이 있으며, 주로 현관이나 외부 출입구에 설치되어 보안과 편의성을 제공한다. 조도 센서등은 주변의 밝기를 감지한다. 주변 환경에 따라 자동으로 조명을 조절하는 기능이 있으며 주로 실내 조명이나 야외 조명에서 사용되고, 해가 진 후 가로등이 자동으로 점등하는 데 사용하기도 한다. 무선 센서등은 최근 충전식이나 배터리를 이용해 상용전원의 직접 연결 없이 사용하는 전등이다. 전원 연결의

편의성으로 복도, 신발장, 캐비닛, 욕실, 주방, 창고 등 용도와 공간의 제약 없이 다양하게 사용할 수 있다. 그러나 배터리가 소모되면 교체하거나 충전해야 하는 번거로움이 있다.

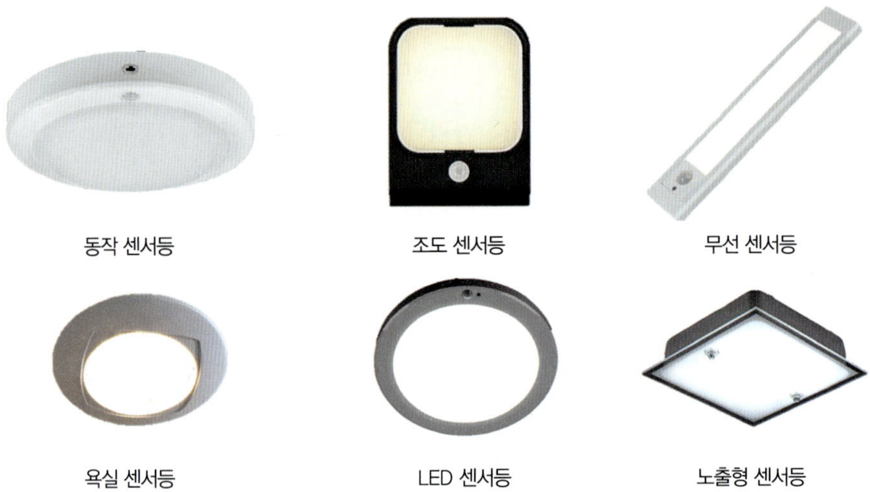

| 그림 2-10 | 센서등의 종류

센서등 고장의 전조 증상

모든 제품에는 수명이 있다. 센서등도 이상이 없을 때는 맡은 역할을 충실하게 수행하지만, 고장이 날 때가 있다. 사람도 큰 병이 생기기 전에 몸에 이상 신호가 있는 것처럼 센서등도 다음과 같은 수명 이상의 전조 증상이 나타날 수 있다. 첫째는 오작동이다. 현관 센서가 정상 동작하지 않거나 예상되는 동작을 수행하지 않는 것이 오작동이다. 센서등이 불규칙하게 동작하거나 예상치 못한 시간적 동작을 나타낸다면 센서나 어떤 내부 구성요소가 점검이 필요하거나 손상되었다는 신호이다. 둘째는 반응 지연이다. 현관 센서의 반응 속도가 평소보다 느리거나 동작이 지연된다면 이것도 감지 시스템이나 신호 전달 시스템에 무엇인가 문제가 생긴 것이라고 할 수 있다. 마지막으로 물리적인 손상이다. 물이나 습기의 침투 또는 외부적인 요인에 의해서 손상되면 부분이나 전체적인 기능에 장애가 발생할 수 있다. 위와 같이 센서등은 주로 센서의 이상에 의해서 문제가 발생하기 쉬운 전기적 · 물리적 구조이므로 이러한 증상을 주시하고, 필요한 경우에 수리나 교체를 통해 문제를 해결해야 한다.

수명에 영향을 미치는 요인

센서등의 수명을 늘리고 싶다면 잘 사용해야 하지만, 사실 이를 알아도 사용자가 특별하게 신경을 쓸 게 없다고 고백한다. 아래와 같은 사항들이 센서등의 수명과 연관이 있다는 것만 인지하고 있도록 한다.

① 제조 품질
가장 영향을 크게 미치는 요인이다. 좋은 제품은 수명이 길다. 따라서 기술인증을 받은 믿음직한 제품을 사용하자.

② 작동 환경
일반 아파트의 현관은 환경이 크게 다르지 않지만, 주택은 여러 환경적인 조건이 사용에 영향을 미칠 수 있다. 만일 외부에 노출된다면 날씨 조건, 온도 변화, 습도, 진동 등이 센서와 등기구의 수명을 감소시킬 수 있다.

③ 사용 빈도
센서등은 조도와 사람의 움직임을 감지하므로 사용 빈도가 높을수록 수명이 줄어들 수 있다.

2 관련 법령과 기술기준

LH 전문시방서(2014)

2.6 센서등

2.6.1 세대 현관 센서등

가. LED 센서 등기구를 사용하여야 한다.

나. 전원 노이즈를 차단하는 제품을 사용한다.

다. 감지 방식: 마이크로파 인체 감지 방식(10.525Ghz/방송통신기가재적합인증 대상)

라. 정격 전압: 220V

마. 감지(동작) 거리: 센서등 직하지점 바닥을 중심으로 반경 2.5m 이내(좌우 120°, 상하 90° 이내로 감지범위를 조절할 수 있는 별도의 탭 설치)

바. 조도 감지: 1~1,500lx

사. 특정 시간(23시~06시)에는 평상시(06시~23시)의 20% 밝기로 동작하며, 거실 조도에 따라 센서등의 조도가 자동으로 조절(20~100%)되는 기능이 있어야 한다.

아. 출입문 입구에서 사람의 움직임에 의하여 동작하되, 거실쪽 인체 움직임에 의하여는 동작하지 않도록 감지 범위를 조정할 수 있어야 한다.

자. 점등 지속 시간 : 인체가 감지 범위 내에 움직임이 있는 동안에는 소등되지 않으며 감지 범위를 벗어났을 경우 20~30초

한국산업표준(KS)

KS C 7657 LED 센서 등기구

1. 적용 범위

이 표준은 AC 220V, 60㎐에서 일체형 또는 내장형 LED 모듈 및 LED 소자를 광원으로 사용하는 일반 조명용 LED 센서 등기구(이하 "LED 등기구"라 한다.)의 안전과 성능에 관한 요구사항에 대하여 규정한다.

2. 인용표준

── 중략 ──

3. 용어와 정의

이 표준의 목적을 위하여 KS C IEC60598-1의 제1절과 KS C IEC 62031의 3절에 규정된 용어와 정의 및 다음을 적용한다.

3.1 LED 센서 등기구(LED sensor luminaire)

적외선, 초음파, 조도 등의 센서를 사용하는 LED 등기구

3.2 적외선 인체 감지형 센서(pyro-infrared ray sensor)

일정한 적외선을 띤 물체가 움직이는 것을 감지하는 센서

3.3 초음파 물체 감지형 센서(ultrasonic sensor)

압전현상을 이용한 초음파 센서

3.4 조도 감지형 센서(illuminance sensor)

등기구 주위 조도에 의해 동작을 제어하는 조도 감지 자동기능 센서

3.5 복합 감지형 센서 등기구(complex illuminance sensor illuminator)

적외선, 초음파, 조도 감지형 및 기타 센서류의 일부 또는 전부로 구성된 복합형 등기구

3.6 LED 등기구(LED luminaire)

하나 이상의 LED 모듈에서 나오는 빛을 퍼뜨리고 이를 지지 및 고정, 보호하는 데 필요한 모든 부분 및 LED 모듈 혹은 LED 램프와 전원장치 및 전원에 연결하는 데 필요한 부속 회로를 포함하는 기기

3.7 LED 모듈(LED module)

적어도 한 개의 캡 또는 캡이 없는 인쇄회로기판(PCB)을 가지며, 적어도 한 개의 LED 패키지를 갖는 LED 광원

4. 종류(형식)

LED 등기구의 종류는 형식 및 정격전력에 따라 다음과 같이 구분한다.

〈표 2-3〉 LED 등기구의 종류 구분

구분	종류
형식	적외선 인체 감지형
	초음파 물체 감지형
	조도 감지형
	복합 감지형
정격전력 W	10 이하
	10 초과 20 이하
	20 초과 30 이하
	30 초과

3 외형과 구조

상품의 특징

센서등은 자체가 완성품으로 출시되고 있어서 구조가 간단하며 내부구조를 크게 신경쓰지 않아도 된다. 특히, LED 등을 사용하기 이전에는 전구를 끼우기 위한 소켓이 있어 기구의 두께도 두꺼웠으나 최근에는 광원으로 LED를 이용하여 두께가 크게 얇아졌다. 그림 2-11은 LED를 광원으로 하는 센서등의 전면과 후면 사진이다.

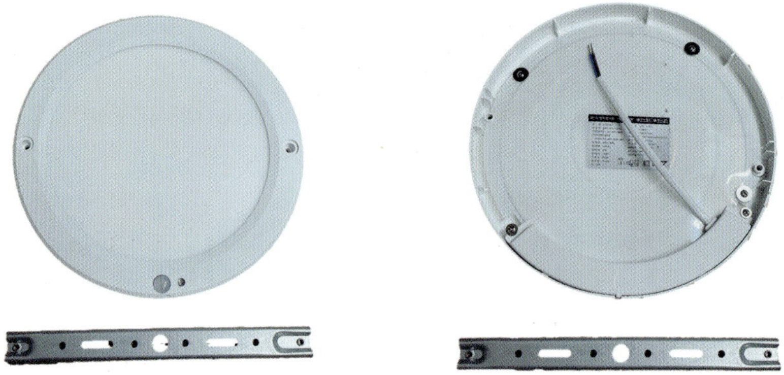

센서등의 전면　　　　센서등의 후면

| 그림 2-11 | LED 센서등의 전면과 후면

세부 구조

센서등의 외형에는 목적한 동작을 하기 위한 세부 구성 부품이 있다. 센서 유닛은 보통 두 가지 종류로 적외선 인체 감지 센서와 조도 감지 센서가 있다. 그리고 주간/야간 동작 전환 버튼이 있는데, 일반적인 센서등은 야간에만 동작하게 설정되어 있어 이 버튼이 없는 제품도 자주 찾아볼 수 있다.

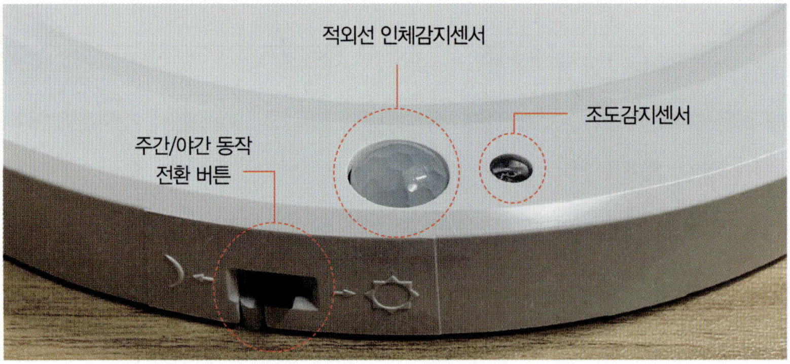

| 그림 2-12 | 센서등의 전면부 주요 구성

① **조도 감지 센서**

CdS 모듈을 이용하여 조도를 감지하고 주간과 야간을 판단한다.

② **적외선 인체 감지 센서**

인체가 방출하는 열을 기반으로 인체의 접근 여부를 감지한다.

③ **주간/야간 동작 전환 버튼**

주간으로 전환하면 밝고 어두움과 관계없이 인체가 감지될 때마다 동작하지만, 야간으로 전환하면 조도가 낮은 밤에만 동작한다. 에너지 절약을 위해서는 야간 동작 상태로 설정하는 것이 유리하다.

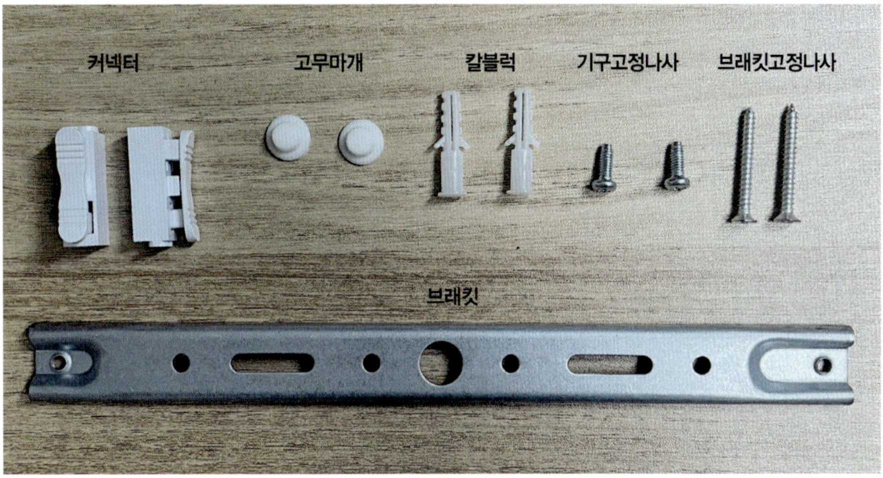

| 그림 2-13 | 센서등 시공을 위한 세부 구성 물품

시공 절차와 세부 내용

시공 준비(재료 준비)를 한다.

1 배선차단기의 전원을 내리고, 높은 전등의 작업을 위해 의자나 사다리를 준비합니다.

2 유리구 커버를 반시계 방향으로 돌려 등기구에서 분리합니다.

등기구를 천장에서 분리한다.

3 등기구 안에 있는 전구를 분리합니다. 센서등이 사용된 직후라면 전구가 뜨거울 수 있으므로 주의합니다.

4 전동공구나 드라이버를 이용해서 천장과 고정된 등기구를 분리합니다.

5 등기구를 분리할 때 배선이 빠지거나 이물질이 아래로 떨어지지 않는지 유의하며 천천히 작업합니다.

6 천장에서 나오는 전력선의 여유 선이 충분하다면 등기구에서 최대한 가까운 쪽으로 전선을 자릅니다. 만일 여유 선이 충분하지 않다면 접속된 부분의 매듭을 풀어 여유 선을 확보합니다.

재접속을 위한 준비를 한다.

7 전선의 굵힘, 찍힘 여부를 확인합니다. 전선의 끝부분이 구부러져 있다면 반듯하게 펴 줍니다.

8 전선의 끝부분을 재접속을 위해 와이어 스트리퍼로 약 2㎝ 정도 벗겨줍니다.

새 등기구를 부착한다.

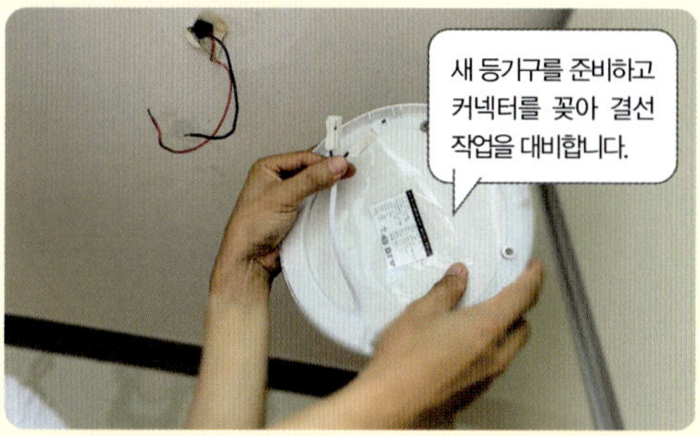

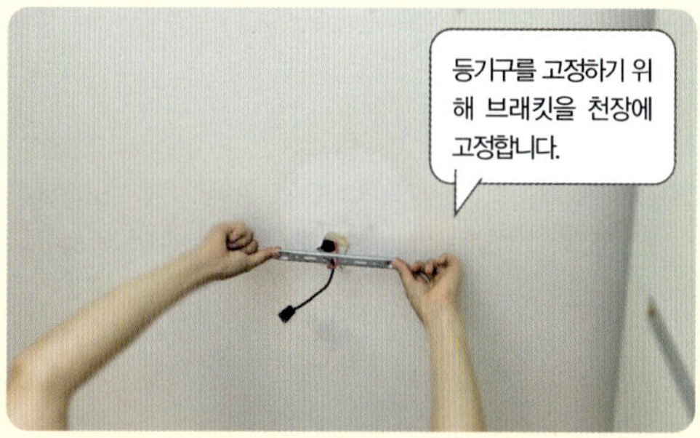

9 새로운 등기구의 방향이나 고정될 위치를 다시 확인하고 등기구의 전선에 커넥터를 연결하여 접속을 준비합니다.

10 등기구를 고정하기 위한 브래킷을 천장에 고정합니다.

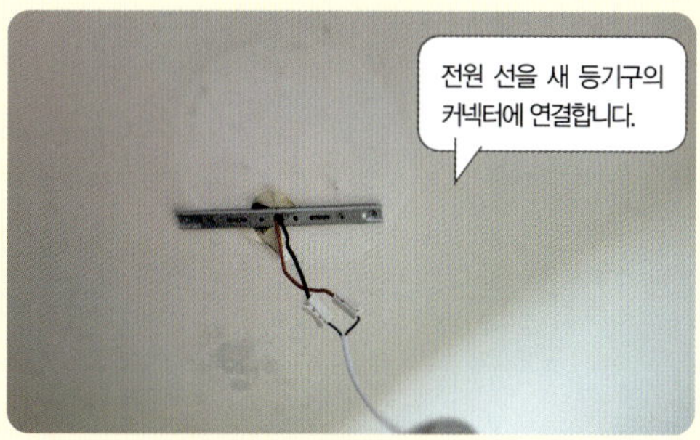

11 브래킷을 고정할 때는 브래킷 가운데 큰 구멍을 통해 전원 선이 밖으로 나오도록 자리를 잡습니다.

12 전원 선을 등기구의 커넥터와 연결합니다. 연결할 때는 충분히 단단하고 깊숙이 고정합니다.

정상 동작 여부를 확인한다.

13 등기구를 천장에 고정하되, 이때 전선이 눌리거나 등기구 밖으로 빠져나오지 않는지 확인하며 작업을 수행합니다.

14 배선차단기의 전원을 올리고 동작을 확인합니다.

15 센서등이 올바르게 설치된 것을 확인하면, 주변을 정리하고 설치를 마칩니다.

꼭 주의하세요

① 견고한 사다리나 의자를 사용하세요.

현관 센서등은 높은 곳에 있으며, 건축 구조상 현관의 바닥은 주로 타일 등의 딱딱한 자재로 마감되어 있습니다. 따라서 낙상의 위험이 있으며, 공구나 자재가 떨어지더라도 파손이 될 우려가 많이 있습니다.

작업하는 동안에는 안정된 사다리나 의자를 사용해야 하며, 보조 작업자의 도움을 통해 최대한 흔들리거나 불안정함에서 벗어나도록 노력해야 합니다.

② 적절한 장비를 사용하세요.

작업을 수행할 때는 해당 작업에 적합한 도구와 장비를 사용해야 합니다. 나사를 풀거나 조일 때 사용하는 드라이버, 전선을 자르는 니퍼, 전선을 벗기는 스트리퍼, 전선을 접속하는 커넥터 등은 작업 유형과 단계에 따라 적절하게 준비되어야 하고 충분하게 사용해야 합니다. 만일 커넥터의 접속이 원활하지 않다면 절연테이프와 같이 절연을 보강해 줄 보조 재료를 이용할 수도 있습니다. 안전을 해칠 수 있는 임시 재료나 적절하지 않은 기구의 사용은 자제합니다.

③ 개인 보호구를 착용하세요.

천장 작업은 먼지나 천장 재료의 가루가 낙하하면서 눈이나 호흡기에 들어갈 우려가 있습니다. 따라서 이로부터 인체를 보호하기 위하여 보안경이나 마스크를 착용할 필요가 있습니다. 만일 사다리나 의자를 잡는 보조 작업자가 있다면 공중에서 떨어지는 공구나 재료로부터 머리를 보호하기 위해서 안전모나 모자 등의 머리 보호 장치를 준비하는 것도 고려하기 바랍니다. 아울러 사다리에서 미끄러짐을 방지하기 위해서 접지력이 좋은 신발을 신는 것도 고려하십시오.

④ 교체 부품과 기존 부품과의 호환성을 확인하세요.

조명 장치의 기술이 발달하면서 다양한 제품이 시중에 출시되고 있습니다. 그래서 기구를 교체할 때는 기존 배선 상태나 물리적인 구조가 호환되는지 미리 검토해야 합니다. 각기 다른 디자인은 구멍 뚫음의 크기나 위치를 고려해야 하고, 센서등은 센서의 위치에 따라 감지되는 구역이 달라 다르게 동작할 수 있으니 이를 확인하시기 바랍니다. 경제적인 교체를 위해서는 등기구 전체를 교체하는 것보다 기구 내부의 이상 부품만을 수리하거나 바꾸는 것도 좋은 방법입니다만, 그렇게 하기 위해서는 오히려 더 시간과 경제적 비용이 크게 발생할 수도 있습니다. 오래된 등기구라면 안전을 위해서도 전체 교체를 검토하여야 합니다.

CHAPTER 02

03 주방의 식탁 조명 교체

미리 준비할 공구와 재료	● **공구류** 일자드라이버, 십자드라이버, 절연테이프, 줄자 ● **재료/부품** 전선, 와이어커넥터

1 제품의 정의

주방의 전기 설비

또각또각 나무 도마 위에서 음식들이 잘려 나가는 소리가 음악처럼 들려오던 때가 있다. 어머니는 항상 그곳에서 무엇인가 썰고, 자르고, 볶으셨고 그런 모습을 보면서 나도 자랐다. 주방은 맛있는 음식을 만들고 늘 새로운 것이 창조되는 마법과 같은 공간이다. 그 주방의 공간에도 전기 시설이 빼곡히 들어서 있다. 주방은 요리와 음식을 준비하는 데 편리함과 효율성을 제공하기 위해 전기 설비를 많이 사용하고 있으며, 이러한 전기 설비의 이용은 현재 주방에서 빼놓을 수 없는 부분이 되었다.

| 그림 2-14 | 주방의 모습

만일 주방에서 전기 시설을 사용하지 못한다면 어떤 모습이 될까? 아마도 과거의 전통적인 조리 방식을 피할 수 없을 것이다. 캠핑처럼 나무를 이용한 불로 고기를 굽거나 물을 끓여야 한다. 그것이 간단한 일처럼 보이지만 이런 방식의 조리법은 온도 조절이 어렵고, 조리 시간에 더 많은 시간과 노력을 들여야 한다. 그리고 전기 오븐이나 전자레인지가 없으니 빵, 케이크, 구이 등 특정 요리를 할 수 없고, 전기믹서, 전기주전자, 전기밥솥처럼 편의성 높은 기기를 사용하지 못하면서 불편함은 커질 것이다. 무엇보다 냉장고를 쓸 수 없다면 식품의 보존과 저장이 어려워지므로 식품을 신선하게 유지하지 못한다. 사실 이런 상상은 생각만 해도 등짝이 오싹해진다. 그만큼 전기가 중요하다는 것을 넘어서 우리 생활에서 함께 갈 수밖에 없는 에너지가 되었기 때문이다. 현대의 주방에서 자주 볼 수 있는 전기 제품을 나열하면 아래와 같다.

| 그림 2-15 | 주방용 전자제품

① **냉장고** : 냉장고는 음식을 저장하는 전기 기구로 음식 재료를 신선하게 유지하는 데 필수적인 가전제품이다. 차가운 온도를 유지하여 부패하기 쉬운 음식이나 재료를 오랫동안 보관할 수 있다.

② **전기밥솥** : 전기밥솥은 전기를 이용해서 밥을 짓는 주방용 전자제품이다. 불편한 온도 조절이나 사용자의 조작 없이 쉽게 밥을 지을 수 있고 다양한 음식의 조리 기능까지 추가된 기능도 제공한다. 전기밥솥은 밥을 짓는 것뿐만 아니라 밥의 온도를 일정하게 유지하는 보온 기능을 가지고 있어, 언제든지 따뜻한 밥을 먹을 수 있도록 도와준다.

③ **전자레인지** : 전자레인지는 마이크로주파수의 전자파 복사를 이용하여 음식을 조리하거나 데우는 전기 기구이다. 음식을 빠르고 효율적으로 가열할 수 있으며 사용이 쉽고 편리하다. 현대의 전자레인지는 열을 발생시키는 기능을 응용하여 해동, 제빵 등 다양한 음식을 조리하는 기능을 하고 있다.

④ **식기세척기** : 식기세척기는 전기를 사용하여 식기를 세척하고 소독하는 데 사용하는 전기 기구이다. 다양한 형태의 그릇, 냄비, 프라이팬, 수저, 젓가락 등을 물, 세제, 열을 이용해 씻을 수 있어 손 설거지보다 시간과 노력을 절약할 수 있다.

⑤ **믹서기** : 믹서기는 모터로 동작하는 고속 회전 칼날을 이용해 음식 재료를 잘게 썰거나 갈아내는 전기 기구이다. 음식 재료를 빠르고 효율적으로 혼합하거나 갈아낼 수 있으며, 간단한 조작과 세척의 편리함으로 사용과 유지가 간편하다. 또 주방용 전자제품 중 크기가 작은 편이라 보관과 공간 활용에 유리하다.

⑥ **전기주전자** : 전기주전자는 전기를 이용해 물을 빠르고 효율적으로 데우는 주방 기구이다. 주로 스테인리스 스틸이나 플라스틱으로 만들어지며 물을 데우기 위해 내부에 전기 히터를 내장하고 있다. 쉽고 빠르게 열을 발생시키므로 전통적인 주전자보다 훨씬 빠르게 물을 끓이거나 데울 수 있으며 간편하게 조작할 수 있고, 과열되면 자동으로 보호 기능을 갖추어 사용도 안전한 편이다.

주방 조명의 특징

앞에서 설명한 전자제품은 각각의 역할과 용도가 음식을 저장하고, 조리하는 데 더 편리한 기능을 제공하도록 만들어졌다. 그리고 부각되지는 않지만, 여기서 강조하고 싶은 한 가지가 있다. 바로 주방의 전기 조명이다. 주방에 전기가 없다면 조명은 더욱 중요한 요소로서 필요성을 느끼게 할 것이다. 조명은 주방에서 작업하는 동안 안전하고 효과적으로 조리를 할 수 있도록 도와준다. 우리가 손쉽고 정확하게 재료를 다듬고 도구를 다룰 수 있게 하며, 만일 조명이 없다면 예리한 칼을 다루거나 뜨거운 요리를 할 때 큰 위험에 노출될 수도 있다. 조명은 조리하는 과정에서만 필요한 것은 아니다. 가족과 함께 식사할 때도 편안한 분위기와 느낌을 만들어 주는 것이 바로 조명이기 때문에, 조리하는 공간의 조명만큼 식탁의 조명도 세심하게 살펴보아야 한다.

그렇다면 주방의 조명은 어떤 조건을 갖추어야 본래의 목적을 달성할 수 있을까? 주방의 전기 조명은 요리와 음식 준비뿐만 아니라 청소 같은 다양한 활동의 수행에 적합한 조명이 제공될 수 있도록 설계되어야 한다. 다음은 주방 조명에서 고려해야 할 몇 가지 특성이다.

| 그림 2-16 | 주방의 다양한 조명

① **밝기** : 주방 조명은 주방의 모든 영역을 쉽게 볼 수 있어야 하므로 충분한 밝기가 보장되어야 한다. 적절한 조명의 밝기는 사고를 예방할 뿐만 아니라 음식을 취급할 때 위생을 보장할 수 있으므로 적절한 밝기의 조명 기구가 설치되어야 한다.

② **색상 온도** : 주방 조명의 색온도(색상)는 음식의 외관 상태와 주방의 전반적인 분위기에 영향을 미칠 수 있는 중요한 고려사항이다. 특히 주백색이나 파란색과 같이 차가운 색 온도는 주방을 더 활기차고 깨끗하게 보일 수 있는 밝은 분위기를 제공한다. 반면, 노란색이나 주황색 같은 붉은 계열의 색상은 주방을 조금 더 따뜻하고 편안하며 아늑한 환경으로 만들 수 있다. 주방 조명 중에서 특히 식탁 조명의 색온도가 중요한 이유는 주방에서 음식의 색깔과 맛을 잘 볼 수 있도록 하기 위함이다. 일반적으로 주광색(6,500K)이나 주백색(4,000K)이 주방 조명에 적합하다고 알려져 있는데 이 색깔은 음식을 먹음직스럽게 보이게 하고 전반적으로

청결하고 깔끔하게 보이게 할 수 있다. 반면 전구색(2,700K)은 주황빛이 강해서 음식의 색깔을 잘 보여주지 못하지만, 특정 음식은 더 맛있게 보여주고 분위기를 편하게 만들어 준다는 장점도 있다.

③ **국부 조명** : 국부 조명은 작업이 수행되는 특정한 영역에 초점을 맞춘 조명이다. 예를 들어 음식을 보관하는 특정 장소나, 가스레인지 위의 조명, 특정 조리 작업을 수행하는 곳을 비추는 조명도 이러한 국부 조명에 해당한다. 또 음식을 보관하거나 조리하는 곳뿐 아니라 음식을 먹는 식탁이나 식사의 공간에 설치하는 조명도 특정한 목적을 가진 조명이라고 할 수 있다.

④ **주변 조명** : 주방의 주변 조명은 조리나 음식 보관의 용도라기보다는 주방의 전반적인 분위기를 조성하고, 적절한 조리 작업 환경을 만드는 데 필요한 조명이다. 주로 천장이나 벽에 부착하여 사용하며 주방 전체에 빛의 영향을 미치게 된다.

식탁 조명 선정 시 고려사항

여러 조명 중에서 식탁 조명은 특히 중요한 조명 요소 중 하나이다. 식탁은 가족과 친구들이 함께 식사하고 대화하는 공간이기 때문에 이곳의 분위기는 곧 음식을 더욱 맛있게 하고 포근한 분위기를 만드는 열쇠라고 할 수 있다. 또한, 식탁은 식사만을 위한 공간을 넘어 종종 가족들이 회의하거나, 숙제하거나, 다른 작업 활동을 수행하는 공간이기도 하다. 따라서 작업을 위한 적절한 조명의 역할도 필요하다. 미적인 관점에서 식탁은 가정의 중심 공간에 자리를 잡고 있어서 주방의 디자인적 중심 역할을 하고, 적절한 식탁 조명을 선택하면 주방 공간에 시선을 집중시키고 전반적인 인테리어 디자인에 독특한 요소를 더할 수 있다. 이처럼 적절한 식탁 조명을 선택하면 식사 시간을 더욱 특별하게 만들어 주고, 주방 공간의 디자인과 기능을 향상할 수 있다.

이러한 식탁 조명의 디자인, 기능, 안전성 등을 고려해서 식탁 조명을 선택할 때는 다음과 같은 사항을 염두에 두어야 한다.

① **크기** : 식탁 조명의 크기는 식탁과 주방의 크기에 적합해야 한다. 너무 작은 조명은 충분한 조도를 제공할 수 없고, 너무 큰 조명은 식탁을 넘어서기 때문에 식탁 위의 식기와 기구를 보기 어렵게 만들 수도 있다. 일반적인 조명은 식탁의 가로 길이의 1/2~1/3 정도가 적당하다고 알려져 있다.

② **디자인** : 조명의 디자인은 주방의 전반적인 분위기와 어울려야 한다. 전통적이거나, 현대적이거나, 단순한 모양 등 주방의 전체적인 분위기에 따라 식탁 조명을 선택해야 조화롭게 공간이 구성된다. 또 식탁의 모양에 따라 디자인을 선택할 수도 있는데 보통 식탁이 원형이라면 구형의 식탁 조명이, 사각형의 식탁이라면 사각형의 식탁 조명이 어울린다.

③ **밝기** : 식탁 조명의 밝기는 식탁을 충분히 비추되 너무 밝지 않아야 한다. 조명의 밝기를 미리 고려하여 빛이 너무 강하거나 어둡지 않도록 주의하여야 한다. 만일 조명을 선택한 후에 밝기를 조절하고 싶다면 식탁과 조명의 거리를 적절하게 조절할 수도 있다. 그러나 이때 조명의 높이가 너무 낮으면 이용자의 머리가 부딪치거나 시야를 가릴 수도 있고, 너무 높으면 조명 효과가 약해지므로 이를 고려하여 적절히 배치하여야 한다.

④ **조명의 조절성** : 일부 조명은 빛의 방향, 각도, 높이, 조도를 조절할 수 있게 설계되어 있다. 식탁 조명을 설치한 후에 이처럼 유연한 조명의 사용이 필요하다면 조명 기구의 선정 시 해당 기능을 구현할 수 있도록 설계된 조명을 골라야 한다. 예를 들어 식탁을 설치하여 사용하며 시간이 지난 후에 식탁의 이동이 필요

하거나, 식탁의 크기가 바뀌었을 때도 효과적인 조명을 공급하려 한다면 앞에서 설명한 유연성 있는 조명 기구를 사용해야 한다.

식탁 조명의 종류

식탁 조명은 목적과 분위기에 따라 다양한 디자인과 기능을 하고 있다. 각각 고유한 특징과 이점을 가지고 있으므로 조명의 기능, 디자인, 크기를 고려하여 사용자의 요구에 만족하는 조명을 선택하여 시공하도록 한다.

| 그림 2-17 | 식탁 조명의 종류

① **펜던트 조명** : 펜던트 조명은 주방의 식탁 조명으로 가장 인기 있는 유형이다. 이 조명은 천장에 매달려 있고 집중적인 조명이 가능하여 높낮이를 조절할 수 있으며, 주변의 환경과 다른 분위기를 연출할 수 있다. 다양한 디자인과 모양이 출시되고 있으며 현재 가장 많이 사용하는 방식의 식탁 조명 유형이다.

② **샹들리에** : 샹들리에는 주방 식탁 조명을 보다 우아하고 세련되게 만들어 줄 수 있는 조명 유형이다. 일반적으로 여러 개의 전구가 조명 기구에 달려 있으며 식탁 위뿐만 아니라 주변까지도 모두 충분한 밝기를 제공할 수 있다. 다양한 모양과 전구의 유형에 따라 여러 가지 특색을 나타낼 수 있으며, 다른 조명에 비해 비교적 가격이 비싸고, 무게가 무거워서 설치하는 데 고려할 사항이 더 많이 있다.

③ **레일 조명** : 레일 조명은 주방의 식탁 등뿐만 아니라 주방 환경의 다양한 변화를 지원하는 유형의 조명 기구이다. 레일에 장착된 조명은 각도를 조절할 수 있고, 추가로 장착할 수 있어서 유연한 조명 환경을 구성할 수 있는 장점이 있다. 또한 특정한 위치를 강조하거나 색감을 다르게 만들어줄 수도 있다.

④ **언더캐비닛 조명** : 주로 주방의 테이블 아래에 설치하는 조명으로 공간이 좁은 곳에서도 사용할 수 있는 장점이 있다. 보통 주방의 작업공간 위쪽인 수납장 아래에 고정으로 설치하며 LED나 형광등을 사용하는 방식이 자주 이용된다. 이러한 방식은 주방의 작업 공간뿐만 아니라 식탁 조명에 활용할 때는 식탁 아래에 설치하여 분위기를 은은하게 만들어 주는 역할을 한다.

⑤ **테이블 조명** : 테이블 조명은 보통 선반이나 책상 위에 올려놓아 사용하지만, 식탁 조명으로도 활용할 수 있다. 천장에서 전원을 찾을 수 없는 환경이거나 실외의 식탁 조명으로 이용할 수 있지만, 보통 실내에서 이러한 조명은 식사를 위한 가시성을 제공하는 목적보다 미적인 아름다움을 위한 용도로 사용한다.

2 관련 법령과 기술기준

LH 전문시방서(2014)

16.1 품질 조건

가. LED 조명 기구, LED 램프, LED 센서등 기구는 국토해양부 고시 "건축물의 에너지 절약 설계 기준"에서 정하는 고효율 에너지 기자재, 조도 자동 조절 조명 기구를 사용하여야 한다.

나. LED 조명 기구는 다음 기준을 따른다.

① 상세도면에 별도 표기가 없는 경우에는 LED 조명 기구의 광효율(lm/W), 초기 광속, 광속 유지율, 연색성은 산업통상자원부 고시 "고효율 에너지 기자재 보급 촉진에 관한 규정"에 따른다.

② 조명 기구는 KS 및 고효율 인증 제품이어야 하며 성능은 KS 및 고효율 인증 기준 이상이어야 한다.

③ LED 모듈 전원 공급용 컨버터는 LED 전용의 것을 사용하여야 한다.

④ LED 조명 기구는 하자 보증 기간을 3년으로 한다.

⑤ 점멸회로가 2회로 이상인 경우 회로별 점등 시 균등한 조도 확보가 가능하도록 LED 칩을 배열, 제작하여야 한다.

⑥ LED 실내 조명 기구 중 주요 조명 기구(거실, 침실, 주방, 식탁)는 사용자 보호를 위하여 깜빡거림(퍼센트 플리커 5% 이하)이 없어야 한다.

⑦ LED 패키지는 LM80 인증 제품을 사용하여야 한다.

⑧ 색온도는 4000K~5700K이어야 한다.

2.3.2 기구

가. LED 등기구의 색온도는 4000K ~ 5700K이어야 한다.

나. 기구는 안전하게 내부 점검, 청소 및 모듈(램프) 교환이 가능한 구조로 하며 감전의 위험을 방지하기 위하여 충전부가 노출되지 않아야 한다.

다. 기구에 사용하는 자재는 용융, 변형, 변색되기 쉬운 재료를 사용하지 말아야 한다.

라. 기구의 제작은 나사 조립 또는 용접 등으로 하여야 한다.

마. 기구에는 통풍구, 방열판 등을 설치하여 발생하는 열을 배기할 수 있는 구조로 하여야 하고 벌레 등이 침입하지 못하도록 하여야 한다.

바. 기구 내에서 전선 접속을 최소화하여야 하며 접속 부위에는 절연튜브 및 전선 접속용 단자대를 설치하여야 한다.

사. 기구내 배선이 점등 시 보이거나 램프에 닿지 않도록 처리해야 한다.

아. 리셉터클에 Plug body 마감인 경우는 목대 또는 PVC대에 조명 기구 취부용 고리를 설치하여야 한다.

자. 방폭형은 기구 컨버터함을 별도로 설치하여야 한다.

차. 기구에서 전선 인출 부위는 전선 피복을 보호하기 위하여 고무패킹을 부착한다.

카. 기구에 컨버터 취부 시 고무패킹을 설치하여야 한다.

타. 화장실 등 습기가 있는 장소에 설치하는 등기구는 고무패킹으로 마감처리 등 방습 조치를 하고, 접지단자를 설치하도록 한다.

파. 등기구에 사용되는 강판은 KSD3501(열간 압연 연강판 및 강대) 또는 KSD3512(냉간 압연 강판 및 강대)에 규정된 것 또는 동등 이상의 성능을 가진 것으로 한다.

3.4 설치

가. 기구의 설치 위치 및 높이는 설계도면에 따른다.

나. 기구 몸체의 교체 및 철거가 용이하도록 하고, 전구의 교체 등 유지관리가 쉽도록 설치하여야 한다.

다. 조명 기구는 부착 전에 자재, 구조 및 배선 상태 등을 점검한 후 정격 전압을 인가하여 이상이 없는 제품만을 취부하여야 한다.

라. 조명 기구의 취부 시에는 건축 마감재, 조명 기구 형태 등을 고려하여 기구가 추락하지 아니하도록 박스 또는 천정틀 보강대, 인서트 연결 환봉 등에 견고하게 부착하여야 하며, 필요한 경우 PVC 받침대 또는 목대를 사용하여야 한다.

마. 이중천장의 경우 슬래브 매입 박스와 기구와의 접속은 케이블 배선 또는 금속제 가요전선관 배선으로 하는 것을 원칙으로 한다.

① 아웃렛박스에서 기구 전원 인입 부분에 이르는 배선의 길이가 30㎝ 이하이고 배선이 직접 조영재에 접촉될 우려가 없도록 시설하는 경우에는 절연전선으로 시공한다.

② 배선 접속은 아웃렛박스 또는 기구 내부에서 한다.

바. 연용 스위치의 점멸 순서는 설계도면상에 표시한 배열에 따라 점등되도록 시공하여야 한다.

사. 세대현관 등의 설치는 센서의 감지 범위를 감안 평형에 따라 작은방 출입 등의 경우에 점등되지 않도록 센서 부착 방향을 유의하여 설치하여야 한다.

아. 전선이 금속 부분을 관통하는 경우 전선의 피복이 손상되지 않도록 유의하며, 보호부싱 기타 적당한 보호장치를 하여야 한다.

자. 박스에 직접 부착하는 조명 기구는 나사 2개 이상으로 고정한다.

차. 동지하 등 공용 부위에 설치하는 등기구는 기계배관 등 다른 설비와 중복되어 필요한 밝기를 확보할 수 없는 경우는 설치 위치를 변경 시공하여야 하며 사전에 시공상세도면을 감독자에게 제출하여 승인을 득하여야 한다.

3 외형과 구조

식탁등의 교체

그림 2-18의 왼쪽은 기존에 사용된 식탁등으로 형광등을 이용한 제품이다. 색은 주백색에 가까우며 주방의 크기에 비해 식탁등의 물리적인 크기가 커서 주방에 다소 좁은 느낌을 준다. 이와 같은 식탁등을 오른쪽 그림처럼 LED 식탁등으로 교체하였다. 슬림형 구조로 되어 있어 물리적인 공간을 크게 차지하지 않고 전구색 빛으로 더 따뜻한 느낌을 주었다. 조명은 펜던트 방식으로 양쪽의 와이어를 이용해 조명의 높이를 자유롭게 조절할 수 있으므로 원하는 조도를 얻도록 조절할 수 있다.

교체 전 식탁등

교체 후 식탁등

| 그림 2-18 | 식탁등의 교체

식탁등의 세부 구성 부품

그림 2-18의 교체에 사용한 식탁등의 세부 구성품은 그림 2-19와 같다. 식탁등은 크게 3가지로 구분되는데 LED 광원이 있는 본체, 전원 컨버터가 있는 브래킷 커버, 그리고 기구를 천장에 고정하는 브래킷이다. 물리적인 고정은 브래킷을 천장에 고정하고 브래킷 커버를 붙인 다음, 와이어를 이용해 조명 기구 본체를 매다는 방식이다. 전기적인 연결은 천장에서 인출된 전원선을 전원 컨버터 입력 측에 연결한 후 전원 컨버터를 거쳐서 나온 DC 전원이 본체 DC 커넥터를 통해 조명 기구 본체의 LED 광원으로 전달되는 방식이다. 식탁등은 제조사에 따라 다양한 구조로 판매되므로 아래 제품 이외에 다른 제품을 사용한다면 꼭 제품의 설명서를 참조해야 한다.

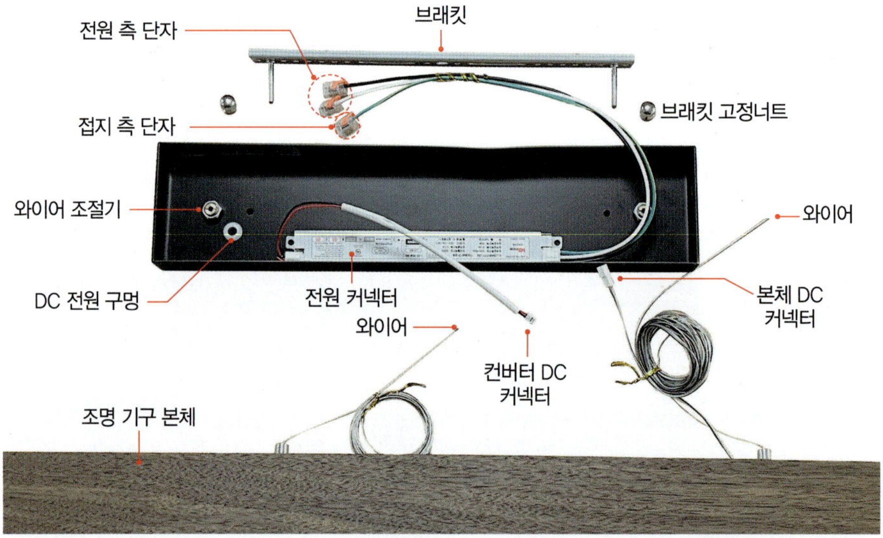

| 그림 2-19 | LED 식탁등의 세부 구조

시공 절차와 세부 내용

시공 준비(재료 준비)를 한다.

1 기존 조명 기구의 설치 상태와 높이를 확인합니다.

2 배선차단기의 전원을 내리고 설치를 준비합니다. 설치 중 공구나 재료가 식탁으로 떨어져 식탁이 파손되지 않도록 박스나 신문지 등으로 보호합니다.

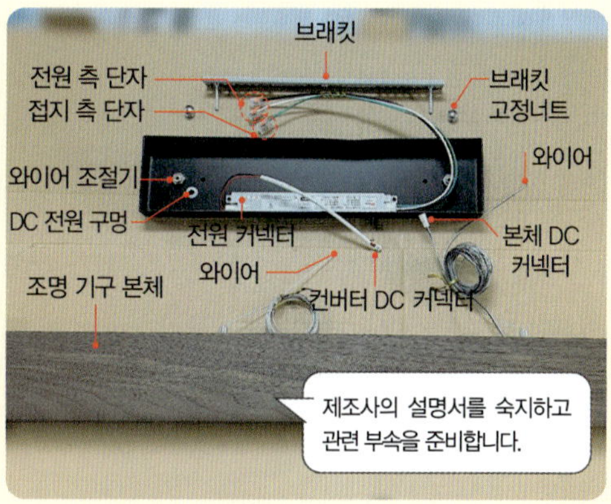

3 기존 조명 기구의 브래킷 커버의 조립 상태를 확인합니다. 새로 설치할 브래킷이 크기가 더 커서 벽지를 덧대거나 보수하는 추가 작업은 필요 없어 보입니다.

4 새로 설치할 부품을 바닥에 놓고 미리 조립의 방향과 방법을 숙지합니다. 제조사마다 등기구의 구성과 조립 방법이 모두 다르니, 제조사의 설명서를 꼭 확인해야 합니다.

기존 조명 기구를 철거한다.

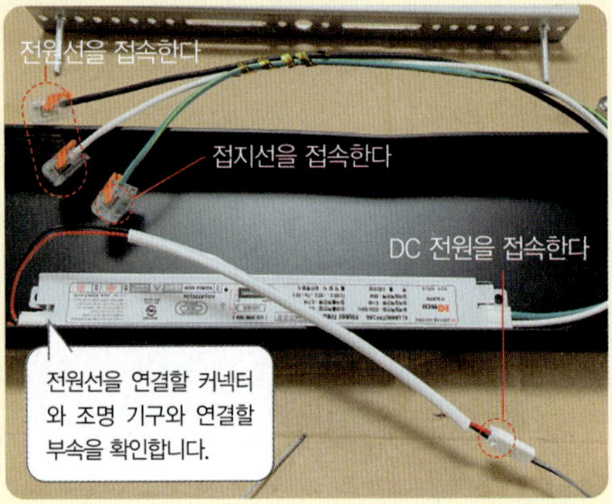

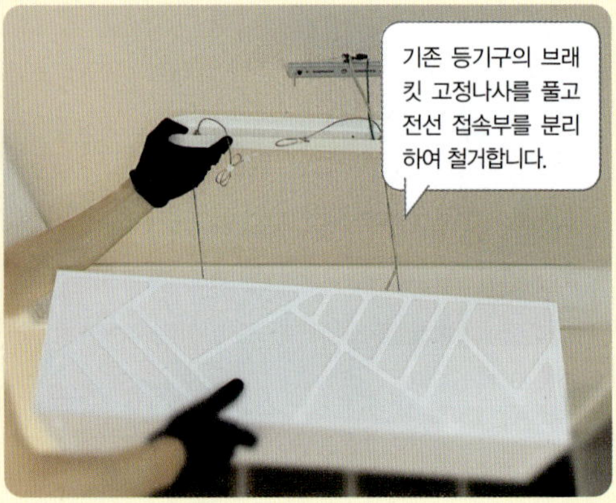

5 등기구의 전원선과 접지선에 커넥터를 연결합니다. DC 컨버터와 조명 기구가 접속하는 커넥터도 미리 접속하여 연결 방향을 확인합니다.

6 기존에 설치된 등기구의 브래킷 고정나사를 풀어 등기구 브래킷을 천장에서 분리합니다. 등기구는 연결된 상태이고 무게가 무거워서 보조 작업자의 도움이 있으면 편리합니다.

커버를 분리한다

7 기존 등기구의 브래킷을 드라이버를 이용해서 천장에서 분리하고, 전원선과 접지선만을 천장에서 빼내어 놓습니다.

8 새로운 등기구의 브래킷을 천장에 설치합니다. 이때 브래킷이 전선을 누르거나 물리적으로 영향을 주지 않도록 유의합니다.

새 조명 기구를 설치한다.

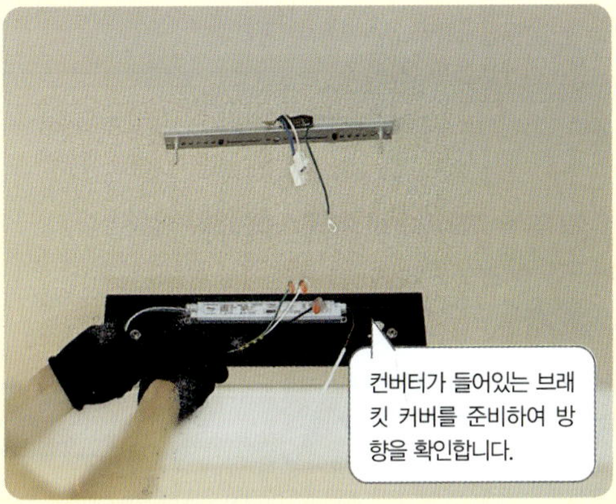

9 컨버터가 들어있는 브래킷 커버의 방향을 미리 확인해 봅니다. 와이어는 양쪽이 같게 내려가지만 한쪽은 전원선이 조명 기구로 연결되어야 하므로 그 방향을 확인합니다.

10 기존 전원선에 연결되어 있던 커넥터를 분리합니다.

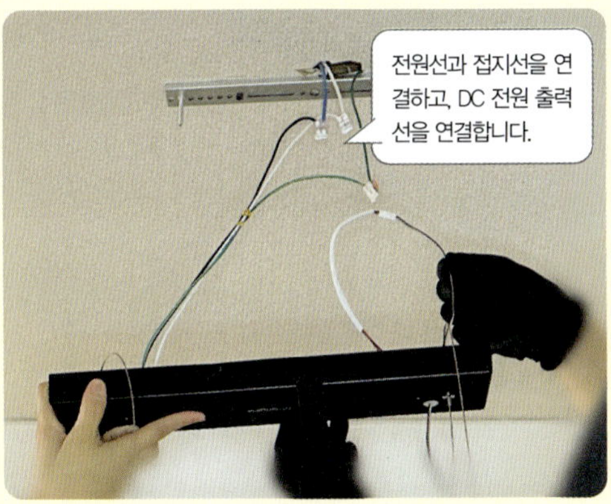

11 전원선 2가닥과 접지선 1가닥을 컨버터의 선과 커넥터를 이용해서 연결합니다. 브래킷 안에 있는 컨버터의 DC 전원 출력선을 조명 기구와 접속합니다.

12 브래킷 고정너트를 이용해서 브래킷을 천장에 밀착하여 확실하게 고정합니다. 이때 방향이 바르게 설치되는지 확인하여야 합니다.

13 조명 기구의 높이는 와이어를 브래킷에 밀어 넣으면 됩니다. 와이어를 양쪽에서 일정하게 밀어 넣으며 적절한 조명 기구의 높이를 맞춥니다.

14 적절한 높이는 사용자의 머리에 닿지 않고 식탁의 중앙에 오며 적절한 조도가 만들어져야 합니다.

15 배선차단기의 전원을 투입하고 동작을 확인합니다.

16 마지막으로 수평이나 설치된 다른 사항을 최종 점검한 뒤 이상이 없으면 뒷정리를 하고 작업을 마칩니다.

꼭 주의하세요

① 차단기는 내리고(OFF) 작업해야 합니다.

작업 전에 차단기를 끄는 것은 감전, 화상, 부상을 방지하기 위한 기본적인 안전 조치입니다. 차단기가 켜져 있으면 전기회로에는 전류가 흐르게 되어 단순한 작업이라고 하더라도 전기 작업을 수행하는 동안 큰 위험에 노출됩니다. 인적 위험뿐만 아니라 작업 중 누전, 아크 등에 의한 화재나 기구 파손도 발생할 수 있는데 이를 예방할 수 있습니다. 감전의 위험이나 기기의 손상을 방지하기 위해서 꼭 차단기를 내린 후 배선 작업을 수행해 주세요.

② 기존 식탁등을 철거할 때 주의하세요.

새로운 식탁등을 설치하기 전에 기존의 식탁등을 철거해야 합니다. 이 과정에서 식탁등의 구성 부품이나 공구가 식탁으로 떨어지지 않게 주의해야 합니다. 간혹 식탁등을 교체하면서 공구가 식탁으로 떨어져 식탁이 파손되는 사례를 접하게 됩니다. 되도록 철거 작업을 할 때 식탁을 안전한 곳으로 옮기거나 식탁위에 충분히 충격을 감소할만한 보호 재료를 덮은 후에 작업을 진행해 주세요.

③ 식탁등 고정의 안정성을 확인해 주세요.

식탁등을 교체할 때 새로운 고정 방식이 사용될 수도 있습니다. 식탁등은 제조사와 디자인에 따라서 서로 다른 고정 방식을 사용해서 기존의 식탁등과 다른 방식의 고정 장치나 기술이 필요할 수 있습니다. 따라서 고정의 안정성을 위해 올바르게 부품이 조립되고 온전하게 고정되었는지 확인해야 합니다. 불안정한 식탁등은 사고를 유발할 수 있다는 것을 기억하면서 신중하게 처리해야 합니다.

④ 청결한 외관을 신경 써 주세요.

식탁등은 위치상 음식물의 위쪽에 자리를 잡게 됩니다. 따라서 식탁등에 먼지가 쌓이거나 분진이 발생하는 구조라면 위생상 좋지 않은 것은 당연한 일입니다. 식탁등을 시공한 후에 등 위에 먼지가 완전히 제거되었는지 확인해 주시고, 사용하는 중간중간에도 청소를 통해서 청결성을 유지해야 합니다. 청결한 상태로 작업을 마무리하고 외관을 깨끗하게 유지해서 주방을 더 아름답게 만들어 주세요.

CHAPTER 02

04 형광등을 LED로

미리 준비할 공구와 재료	
	● **공구류** 십자드라이버, 와이어스트리퍼, 절연테이프
	● **재료/부품** LED 등기구, 커넥터

1 제품의 정의

LED란?

백열전구와 형광등이 지배한 조명 광원의 시대가 이제 저물고 있으며, 이제는 LED 조명이 그 자리를 이어받았다. LED는 'Light Emitting Diode'의 약자로 우리말로는 발광다이오드라고 부른다. 발광다이오드는 전기 에너지를 빛 에너지로 변환시켜주는 반도체로서 순수한 파장의 빛을 가지는 단색 광원체이다. 지금은 여러 대역의 빛을 낼 수 있지만, 초기만 하더라도 붉은 계열의 빛만 낼 수 있었다.

LED 조명은 다른 조명 기술과 차별화되는 몇 가지 독특한 특성이 있으며 대표적인 내용은 다음과 같다.

첫째, 에너지 효율이 높다. LED 조명은 매우 효율적인 방법으로 전통적인 백열전구나 형광등보다 훨씬 적은 에너지를 사용한다. 같은 밝기라면 백열전구보다 약 1/5, 형광등보다 약 1/2의 에너지를 소비하며, 이러한 소비에너지의 절감은 전체 에너지 사용을 줄여준다.
둘째, 수명이 길다. LED 조명은 다른 조명 기술보다 수명이 길어서 자주 교체하지 않아도 된다. 이는 교체에 따른 비용인 재료비와 인건비를 줄일 수 있으며 백열전구보다 평균 약 80~100배, 형광등보다 약 10배 이상 수명이 긴 것으로 알려져 있다.

셋째, 내구성이 좋다. LED 조명은 내구성이 뛰어나다. 조명 내부의 구조적 특징이 진동으로 인한 파손의 영향이 적어서 비교적 거칠게 취급하거나 충격 또는 진동에도 잘 견딜 수 있다. 이런 내구성으로 인해 자동차, 기차, 비행기 등의 운송장치나 건설장비, 광산 차량과 같은 중장비에서도 이용된다. 또한 바람, 온도, 눈과 비처럼 날씨의 영향에 노출되는 실외 조명에도 이용된다.

넷째, 점등 속도가 빠르다. LED는 예열 시간이 필요 없이 즉시 켜질 수 있다. 형광등이나 전구는 조명 방식의 구조상 특징으로 약간의 예열 시간이 필요하고, 꺼지는 시간도 완전한 소등까지는 일정한 시간이 필요하다. 그러나 LED 조명은 반도체 소자이므로 응답 속도가 아주 빨라 고속도의 점등과 소등이 이루어져야 하는 디스플레이와 같은 분야에서 충분한 역할을 할 수 있다.

다섯째, 유연성이 좋다. 조명의 모양과 구조를 다양화할 수 있으므로 주거용, 상업용, 산업용 등에서 다양한 용도의 조명으로 사용할 수 있다. 이와 같은 유연성은 조명의 배치와 구조를 변경하여 조도와 조명 모양을 다양하게 만들 수 있다.

여섯째, 열 방출이 낮다. LED 조명은 다른 조명에 비해 열을 거의 방출하지 않는다. 평균적인 LED는 소비하는 전기 에너지의 약 80%를 빛으로 변환하고 나머지 20%를 열로 변환한다. 이는 대부분을 열로 변환하는 전통적인 조명 기구인 백열전구보다 훨씬 높은 효율이며, 열 손실 비율이 다른 조명 방식보다 상대적으로 낮아 비교적 효율적인 조명 기구에 속한다.

일곱째, 친환경적이다. LED 조명은 독성 화학물질이 없으며 100% 재활용할 수 있으므로 환경친화적인 조명 기구라고 할 수 있다.

LED 조명의 종류

형광등이나 전구의 종류가 다양했던 것과 같이 LED의 조명도 공간과 기능의 목적이나 요구 조건에 따라 다양한 종류가 사용되고 있다.

전구형 LED

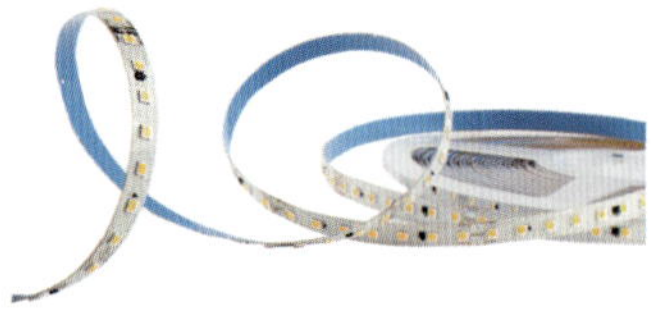

스트립형

패널형

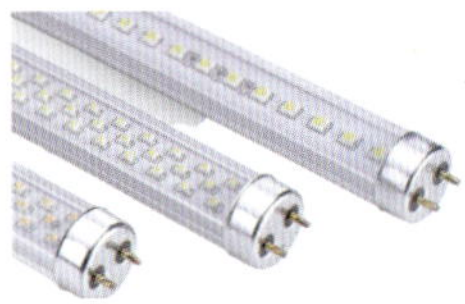

튜브형

스포트라이트

| 그림 2-20 | LED 조명의 종류

① 전구형

LED 전구는 기존의 백열전구를 대체하고 훨씬 적은 에너지를 사용하면서도 유사하거나 더 나은 조명 품질을 제공한다. 기존의 백열전구와 외형은 비슷하지만, 에너지는 최대 80% 적게 사용하므로 시간이 지남에 따라 큰 에너지 절감 효과를 얻을 수 있다. 색상도 다양하여, 따뜻한 붉은 계열이나 시원한 흰색을 표현할 수 있다.

② 스트립형

LED 스트립은 작은 LED 조명이 있는 유연한 회로 기판이다. 주로 상자형이나 장식형 조명과 같이 기능적인 용도로 사용한다. 스트립형의 LED 조명은 유연하여 곡선의 표현이 가능하고 모서리와 같이 다양한 형태에 맞게 구부리는 것이 가능하다. 또한 특정한 길이에 맞게 절단하여 사용할 수 있고 다양한 색상을 이용하여 여러 표시 장치나 장식을 할 수 있다. 조광 장치를 설치하면 빛의 양을 비교적 정밀하게 제어할 수 있으며, 접착제나 장착용 클립 등을 이용하면 간편하게 설치할 수 있다.

③ 패널형

LED 패널은 가정, 사무실 및 기타 환경에서 일반 조명으로 사용할 수 있는 얇고 평평한 형태의 조명 기구이다. 주로 면 발광 형태로서 다양한 면적의 조명으로 사용할 수 있으며, 다른 조명에 비해 얇고 가벼워 설치가 쉽고 다양한 용도로 이용한다. LED 조명 패널은 표면 전체에 걸쳐 균일하게 빛을 방출하므로 눈부심을 줄일 수 있고 일관된 조명을 발산할 수 있다.

④ **튜브형**

LED 튜브는 형광등과 유사한 외형을 가지고 있어 사무실, 학교 및 병원과 같은 상업적 환경에서 형광등을 대체하도록 설계되었다. 기존 형광등의 안정기를 그대로 사용하는 형태와 직접 전원을 받는 형태로 구분할 수 있으며 기존 형광등과 비교해 최대 50% 적은 에너지를 사용하여 에너지 절감 효과가 우수하고 기존의 형광등 기구를 그대로 사용할 수 있어 교체 비용도 저렴한 편이다.

⑤ **스포트라이트**

LED 스포트라이트는 미술품이나 야외 조경과 같이 특정 영역 또는 물체를 강조하는 데 사용할 수 있는 방향성 조명이다. 기존의 스포트라이트 조명은 주로 할로겐 램프가 사용되었으나 안정기(Stabilizer)가 필요하고 열이 많이 발생하는 단점이 있다. LED 스포트라이트는 안정기가 필요하지 않으며, 비교적 낮은 열을 발생하므로 기존의 스포트라이트에 비해 안전하고 에너지 효율이 높다.

LED의 색온도

LED 색온도는 LED 전구, 패널, 기타 조명 기구에서 방출되는 빛의 색상을 말한다. 색온도는 켈빈(K) 단위로 측정되며 따뜻한 흰색(2,700~3,000K)부터 시원한 흰색(5,000~6,500K), 주광색(6,500~7,000K)까지 다양하게 사용되고 있다. 따뜻한 흰색은 주로 전통적인 백열전구와 유사한 노란색의 호박색 빛을, 시원한 흰색은 자연광과 비슷한 푸르스름한 흰색 빛을 발산한다.

LED 색온도 스펙트럼은 LED 조명의 색상 특성을 설명하는 데 사용하는 개념이다. 따뜻한 빛에서부터 차가운 빛까지의 범위를 나타내며 색상의 채도, 색상 색인 등을 나타내는 중요한 요소이다.

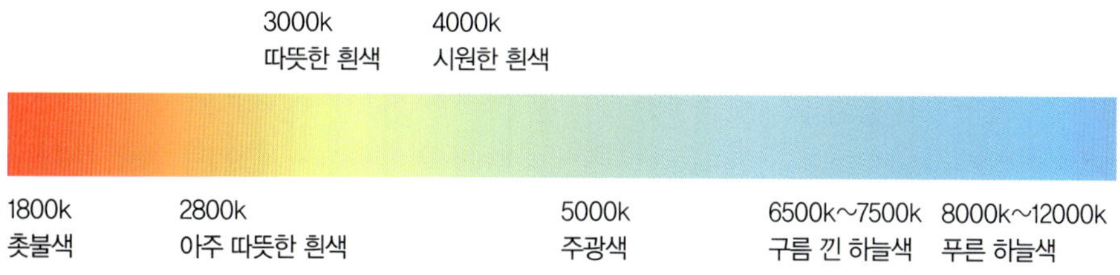

| 그림 2-21 | 색온도 스펙트럼

이렇게 LED의 색온도는 실내나 주변 환경에서 색이 나타나는 방식에 영향을 미칠 수 있으며 공간의 분위기에도 영향을 미칠 수 있다. 일반적으로 거실이나 침실 등 주거환경에서는 따뜻한 흰색 LED를 사용하여 포근하고 편안한 분위기를 연출하는 것이 좋지만, 시원한 흰색 또는 주광색은 사무실이나 병원 등 상업지와 산업현장에서 밝고 선명한 조명을 제공하여 생산성과 집중력을 높이는 데 사용한다. LED 조명을 선택할 때는 조명 기구의 모양이나 밝기도 중요하지만 이처럼 색상 온도를 고려하여 용도와 환경에 가장 적합한 제품을 선택하는 것이 중요하다.

일반적으로 상업용과 주거용 조명은 다른 색온도가 필요하며 공간과 목적에 따라서도 다르게 이용된다.

웜 화이트 내추럴 화이트 콜드 화이트

| 그림 2-22 | 색온도에 따른 분위기 차이

① **웜 화이트(Worm White)**
따뜻하고 부드러운 화이트 레인지로, 휴식을 취하거나 엔터테인먼트를 즐기고 싶은 가정에 최적이다(3000K 색온도 라이트 등).

② **내추럴 화이트(Nature White)**
이것은 더 중성적인 화이트 라이트 레인지로, 따뜻한 색채와 부드러운 색채의 균형을 실현한다(4000K 색온도 라이트 등).

③ **콜드 화이트(Cold White)**
이 일광 색온도는 사무실, 작업장, 욕실 또는 기타 세부 가시성이 중요한 지역에 적합하다(5700K 색온도 라이트 등).

생활 공간과 색온도

생활 공간에 따라 색온도를 다르게 하는 것은 시각적인 경험과 감정에 영향을 줄 뿐 아니라 기능성을 개선하는 데 도움을 준다. 특히, 다른 공간에서 시각적인 편안함을 제공하기 위한 적절한 색온도가 필요하며 활동성이 높은 곳에서는 기능적인 이유로 더 선명하고 명확한 조명이 필요하다. 정리하자면 생활 공간에 따라 색온도를 다르게 하는 것은 시각적인 편안함, 활동성과 기능성의 강화, 분위기 조성에 효과적이며 아래 내용은 각 생활 공간에 따라 권장하는 조명의 조건을 설명한다.

① **욕실** : 일반적으로 색온도가 5,000~6,500K인 시원한 흰색이나 주광색을 사용하는 것이 좋다. 욕실에서는 주로 거울을 보며 화장을 하거나 면도와 같이 섬세한 작업에 도움을 주는 밝고 맑은 빛이 필요하다. 또한, 시원한 흰색은 화장실에서 밝고 상쾌한 분위기를 연출하는 데 도움이 되며 청결한 모습을 보여줄 수도 있다.

② **주방** : 주방용은 따뜻하고 자연스러운 흰색이 포함되는 2,700~5,000K를 주로 사용하는 것이 좋다. 이 색은 따뜻한 느낌을 줄 수 있는 것뿐만 아니라 요리와 음식 준비와 같은 작업을 하는 데 충분한 밝기를 제공한다. 만일 색온도를 2,700~3,000K로 정한다면 주방을 아늑하고 따뜻한 느낌이 날 수 있도록 연출할 수 있으며, 이보다 높은 4,000~5,000K의 시원한 흰색은 조리 작업을 하는 데 더 좋은 환경을 만들어 준다.

③ **거실과 침실** : 거실이나 침실 조명은 비교적 따뜻한 흰색으로 색온도는 2,700~3,000K를 권장할 수 있다. 침실은 수면을 위한 공간이므로 하루의 긴장을 풀고자 아늑하고 편안한 분위기를 연출하기 위해 적절한 색온도로 이용할 수

있다. 그러나 거실은 가족 구성원이 다양한 활동을 하는 곳이므로 이보다 더 높은 색온도의 조명을 사용해서 충분히 밝은 빛을 제공하는 것이 일반적이다.

④ **사무실** : 사무실은 일반적으로 시원한 흰색이나 주광색인 5,000~6,500K의 색온도를 사용하는 것이 좋다. 이 색온도는 생산성을 높이고 업무에 집중할 수 있게 도와준다. 그리고 전문적이고 활기찬 분위기를 만들 수 있으며 문서를 읽거나 쓰는 작업, 컴퓨터와 같은 사무기기를 다루는 작업에서 특히 유용하게 사용된다. 그러나 너무 밝은 빛은 눈의 피로를 가져올 수 있으며, 업무의 내용과 환경에 따라 어떤 경우는 더 따뜻하고 부드러운 빛을 선호할 수도 있다.

LED 모듈

① LED **모듈이란?** : LED 모듈은 회로 기판이나 기판에 장착된 하나 이상의 발광다이오드(LED)로 구성된 전기 장치의 하나이다. 충분한 빛이 필요한 곳에 사용하는 LED 모듈은 조명뿐만 아니라, 디스플레이나 여러 표시 장치에 응용되어 사용한다.

LED 모듈은 다양한 모양과 크기로 제조 · 유통되고 있으며, 특정한 사용자나 용도에 맞추어 제작도 가능하다. 부가 장치를 연결하여 빛의 색깔이나 밝기도 조절할 수 있으며 동적 효과와 높은 수준의 동작을 만들어 내기 위해서 마이크로컨트롤러나 다양한 전자 장치와 연결하여 사용하기도 한다.

일반가정에서는 주로 LED 모듈을 조명용으로 사용하고 있으며, 천장에 고정하여 사용하는 것이 일반적이다.

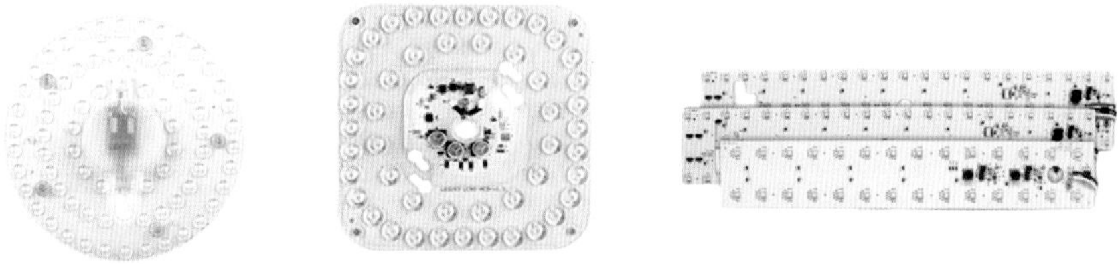

원형 LED 모듈 사각형 LED 모듈 막대형 LED 모듈

| 그림 2-23 | 가정용 조명으로 사용하는 LED 모듈의 종류

② **LED를 사용할 때 주의할 사항 :** LED 조명은 다른 조명 방식에 비해 에너지 절감과 사용이 간편하지만 몇 가지 주의사항을 기억해야 한다.

㉠ **전압과 전류** : LED 조명은 특정한 전압과 안정적인 전류가 있어야 한다. 따라서 LED 모듈이 손상되지 않도록 성능과 품질이 인정된 전원공급장치나 드라이버를 사용하는 것이 좋다.

㉡ **방열** : LED 모듈은 열이 많이 발생하지는 않지만 특정한 부위에서 높은 열이 발생할 수 있다. 따라서 과열을 방지하는 구조적인 고려가 필요하며 이를 통해 LED 모듈의 수명을 연장할 수 있다. 방열판이 있거나 방열 구조로 되어있는 조명 장치는 열이 흩어지는 데 방해되는 요소가 없도록 하여야 한다.

㉢ **설치** : LED 모듈을 설치할 때 기판이 손상되거나 꺾이는 등의 문제가 발생하면 동작이 되지 않거나 성능이 저하될 수 있다. 따라서 설치할 때는 제조사의 설치 지침을 반드시 따라야 한다.

㉣ **호환성** : 기존에 사용하는 전구나 형광램프를 LED로 교체할 때는 호환성을 살펴보아야 한다. 특히 빛의 세기를 조절하는 조광 장치가 설치되면 LED 조명이 호환되지 않을 수 있어서 사전에 충분히 검토하여야 한다.

㉤ **사용 환경** : LED 모듈은 일종의 전자부품이라고 할 수 있으므로 전자 장치의 동작에 장애가 있는 장소에서는 사용을 주의하여야 한다. 특히, 습

기가 많거나 화학적 주의가 필요한 장소에서는 조명 기구에 미칠 영향을 고려해야 한다.

ⓑ **색온도** : LED 조명은 다양한 색온도로 제품이 판매되고 있다. 용도와 목적에 맞는 적합한 색상 온도를 선택하는 것은 조명의 목적을 달성하는 데 꼭 필요한 요소이다.

ⓢ **품질** : 저품질의 LED 조명은 충분한 조도를 얻을 수 없거나 빛이 깜빡거리는 플리커 현상이 발생하기도 한다. 또는 수명이 기대한 것보다 짧아 전통적인 조명 방식보다 더 큰 교체 비용이 들기도 한다. 따라서 제품의 가격 비교 이전에 정식 사용의 기준에 맞는 인증 제품인지 확인해야 한다.

ⓞ **유지보수** : LED 모듈은 사실상 유지보수가 거의 필요하지 않으나 빛의 출력을 감소시킬 수 있는 글로브(조명 기구 덮개)에 부착된 이물질이나 먼지는 정기적으로 제거하여야 한다. 그리고 조명의 색상 변화, 깜빡거림, 빛의 감소를 주기적으로 점검하여 이상 발생 시 교체나 보수 등의 적절한 대응을 해야 한다.

2 관련 법령과 기술기준

전기용품안전기준(KC 10030)

LED 조명 시스템

1. 적용 범위

이 기준은 1000W 이하의 하나의 구동장치(제어장치)로 LED 광원을 사용하는 두 개 이상의 시스템 등 기구를 제어하는 실내용 LED 조명 시스템의 안전 요구 사항에 대하여 규정한다.

시스템 제어 방식으로는 ON/OFF 및 감지 센서, 네트워크 접속, 그리고 디밍제어 등이 조합된 시스템이 조명 기구 광출력 변화가 가능하도록 하는 네트워크 조명 제어 시스템도 포함한다.

2. 정의 KC 60598

2.1 LED 조명 시스템

LED 광원을 사용하는 두 개 이상의 조명 기구에 센서, 유무선 네트워크 접속, 그리고 디밍제어 등으로 구성된 시스템

2.2 시스템 등기구

LED 조명 시스템의 구동장치 출력을 통해 DC 전원을 공급받는 조명기기

3. 표시 KC 60598-1의 표시와 함께 다음을 적용한다.

다음 정보는 분명하고 내구성 있게 시스템 등기구 위에 표시하여야 한다.

3.1 결선도 및 표시사항

LED 조명 시스템의 정격, 결선도 및 시스템 등기구의 개수는 구동장치와 시스템 등기구에 표시하여야 한다.

다음의 내용은 시스템 등기구에 적용한다.

1) LED 조명 시스템의 정격전압, 전력
2) 개별 시스템 등기구 정격(예: DC 48V, 1A, 48W)
3) 시스템 등기구에 연결되는 배선의 배열
4) 시스템 등기구의 식별번호(예: 1/10, 2/8)

3.2 사용상 주의사항

LED 조명 시스템의 설치 및 사용 시 주의사항은 사용자가 쉽게 볼 수 있도록 제품, 포장박스 또는 사용설명서 등에 명기하여야 한다.

시스템 등기구의 교체 시 볼 수 있는 부분에 다음의 사항을 표시하여야 한다.

경고 : 다른 시스템 등기구와 혼용하지 말 것.

주의 : 시스템 등기구를 교체할 경우 위험이 생기지 않도록 하기 위하여 제조자나 그 대리점 또는 유자격기술자에 의해 교체할 것.

3.3 표시의 내구성 및 식별의 용이성

표시는 내구성이 있어야 하며 쉽게 읽을 수 있어야 한다. 적합성 여부는 물에 적신 천 조각으로 15초 동안 가볍게 문질러보고 판정한다. 시험 후 표시된 글자는 쉽게 읽을 수 있어야 하고, 표시 라벨은 쉽게 제거되지 않아야 한다.

4. 구조 KC 60598-1의 구조와 함께 다음을 적용한다.

4.1 LED 조명 시스템 일반구조

LED 조명 시스템을 구성하는 기기 및 네트워크 구성 요소는 관제기능 장치, 내부 네트워크, 스마트게이트웨이 장치, 입력기능 장치, 센싱기능 장치 및 LED 조명 기구를 포함한다.

LED 조명 시스템은 통상 사용 시 안전하게 동작하고 사람과 주변 환경에 어떠한 위험도 주지 않도록 설계, 제조되어야 한다. 적합성은 육안 또는 이 기준에 규정된 모든 시험을 통해서 판단한다.

4.2 구동장치

구동장치로 개별 혹은 그룹으로 시스템 등기구를 제어하는 경우 KC 61347-2-13에 적합한 독립형 SELV 컨버터이어야 한다. 출력선은 (+)는 붉은색, (-)는 검은색으로 하며, 커넥터의 경우 반대로 끼울 수 없는 구조이어야 한다.

비고 1 PSE(Power Sourcing Equipment)의 경우 K 60950-1에 적합한 KC 인증품이여야 한다.

4.3 시스템 등기구 입력 전압

구동장치(제어장치)를 제외한 시스템 등기구의 입력 전압은 아래표의 제시된 값 이하이어야 한다.

〈표 2-4〉 시스템 등기구 입력 전압 제한값

파형 유형	최대 전압
DC	60 V

효율관리기자재 운용규정(2022. 4. 27. 일부개정)

형광등, 2027년까지 LED로 전환!

- 산업통상자원부는 '27년까지 형광램프를 LED 조명으로 전환하기 위해 형광램프 최저소비효율기준을 단계적으로 상향하는 「효율관리기자재 운용규정」 고시 개정안을 '23. 2. 21.(화)부터 행정예고 한다.
  - 최저소비효율기준의 단계적 상향을 통해 2028년부터는 기준에 미달되는 형광램프의 국내 제조 및 수입 금지됨으로써 사실상 시장에서 퇴출될 전망이다.
  - 이번 개정을 통해 향후 10년간('24~'33) 기존 형광램프가 약 1,300만 개의 LED 조명으로 교체될 것으로 예상되며, 4,925GWh(424천TOE)의 에너지 절감과 2,249천tCO_2 온실가스 저감 효과가 있을 것으로 전망된다.

    * 석탄화력발전소 3기의 연간 발전량과 동등한 수준
  - 또한 소비자도 형광램프를 LED 조명으로 교체할 시 형광램프 대비 약 50% 높은 효율, 3배의 수명 연장 등을 고려한 비용 절감을 계산하면, 약 2년 후부터 교체 비용 회수가 예상된다.
- 이번 행정예고는 형광램프 유형을 판매량 기준으로 3개 군으로 분류하고, 판매량이 적은 제품군부터 최저소비효율기준을 기술적 한계치까지 2차례 상향하는 것을 내용으로 한다.
  - 우선 올해 12월부터 둥근형(32W, 40W), 콤팩트형(FPL 27W) 두 종류의 형광램프 최저소비효율기준이 상향 조정되고,
  - 2024년 12월부터는 동 제품의 기준이 기술적 한계치까지 상향되는 동시에 적용되는 제품의 범위도 확대된다.

〈형광램프 최저소비효율기준 상향 로드맵〉

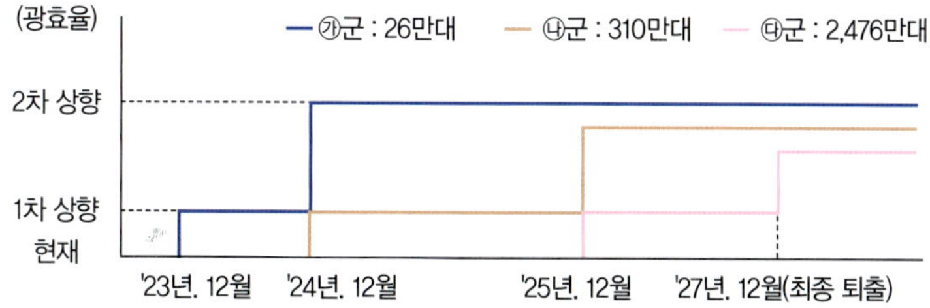

구분	대상 제품(판매량 順)
㉮군	둥근형(32W, 40W), 콤팩트형(FPL 27W)
㉯군	콤팩트형(FPX 13W, FDX 26W, FPL 45W), 직관형(20W, 28W)
㉰군	콤팩트형(FPL 32W, FPL 36W, FPL 55W), 직관형(32W, 40W)

• 현재 시장에서는 기존 등기구 교체 없이 바로 사용 가능한 형광램프 대체형 LED 램프*가 유통되고 있어 소비자의 직접적인 불편은 적을 것으로 예상된다.

* 형광램프 대체형 LED 램프 : 기존 형광등기구 전체를 교체하지 않고도 간편하게 램프만 LED 램프로 교체 가능한 제품

3 외형과 구조

LED 모듈의 전 · 후면부

LED 모듈의 전면부는 조명이 방출되는 부분이다. 이 부분은 일반적으로 LED 칩이 있으며 빛을 방출하는 주요 부위이다. LED 칩은 다양한 형태를 갖출 수 있는데 작은 패키지에 들어갈 수도 있고 캡슐 안에 들어간 형태도 있으며 칩 보호와 열 관리를 위해 투명한 렌즈나 커버로 덮여 있을 수도 있다. 렌즈나 커버는 LED 조명의 빛을 조절하고 방향성을 부여하는 역할을 하며 향상된 기능을 가진 것은 조명의 분포, 산란 등을 제어할 수 있다.

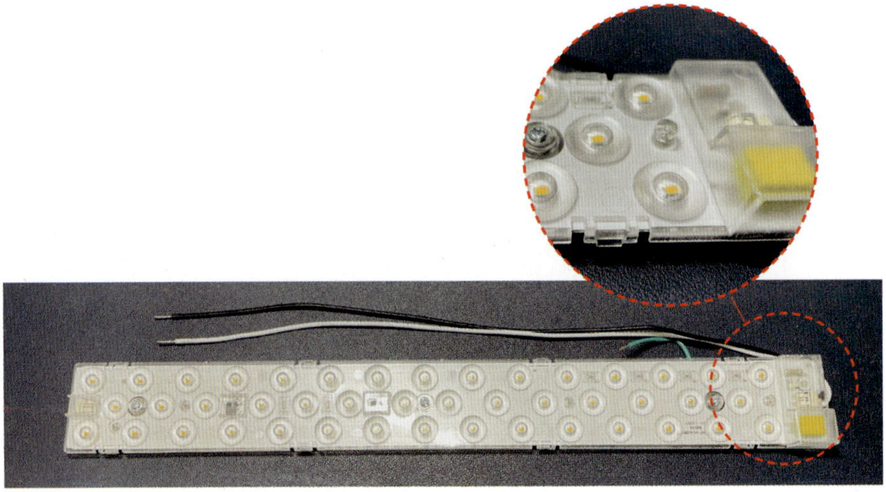

| 그림 2-24 | LED 모듈의 전면부

LED 모듈의 후면부는 일반적으로 전기적 연결을 제공하는 주요 요소로 되어 있다. LED 칩과 전기적 회로를 연결하는 플랫폼 역할을 하며 특히 열을 관리하는 요소가 포함되어 있다. LED는 작동 중에 지속해서 열을 발생하는데, 후면부는 열을 분산시키고 모듈 내부의 LED 칩과 전자부품 온도를 안정화하기 위해 넓은 방열판 구조로 되어있다. 특수한 경우에는 외부 요인으로부터 모듈을 보호하고 먼지, 습기, 충격 등으로 내부 부품을 보호하는 역할이 강조되기도 한다.

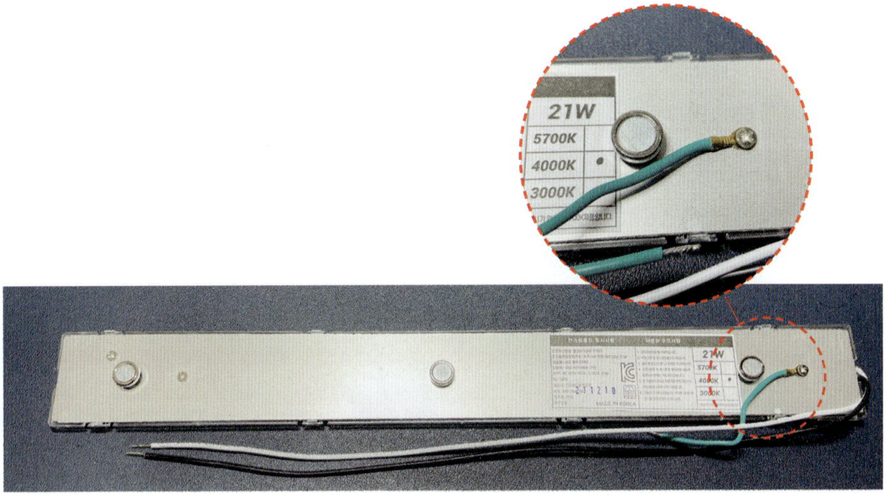

| 그림 2-25 | LED 모듈의 후면부

LED 조명의 내부 배선

LED 조명 기구의 내부 배선은 크게 조명 모듈, 전선, 커넥터로 구성된다. 일반적으로 조명 기구까지 인출된 전원선은 LED 조명 모듈과 커넥터를 통해서 연결된다. 여기서 내부 배선은 전기적으로 절연된 상태여야 하며 전기적인 접촉이나 기계적인 압력을 받을 우려가 없어야 한다.

LED 모듈은 전원과 연결될 때 접속단자대, 커넥터, 소켓 등을 사용할 수 있으나 신속하고 안전한 연결과 함께 추후 유지보수의 편리성을 위해서 주로 나사형 단자를 사용한다. 전기적 접속은 전력선과 함께 안전을 위한 접지선도 반드시 연결해야 한다.

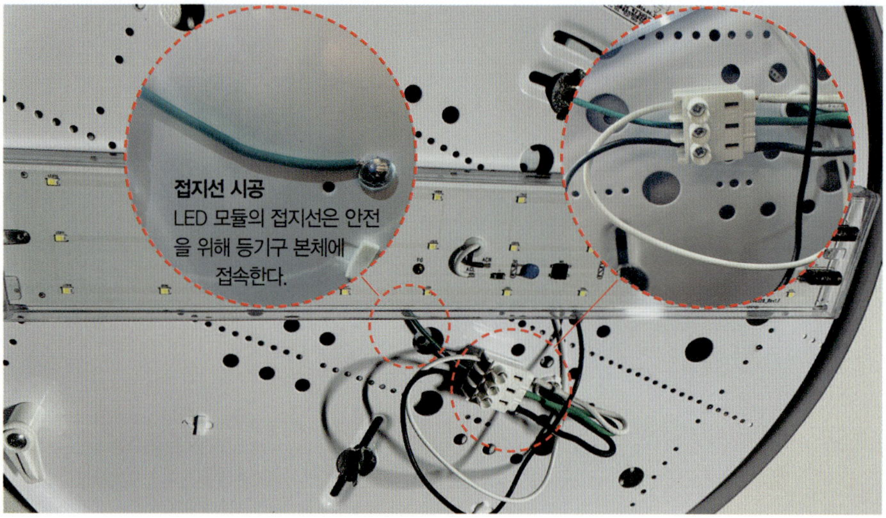

| 그림 2-26 | 조명 등기구의 내부 결선

형광등 기구와의 혼용

형광등 조명은 동작 특성상 반드시 안정기가 필요하다. 만일 형광등 조명을 사용하는 등기구에서 일부만 LED로 교체하고자 한다면 그림 2-27의 오른쪽 그림과 같이 조명을 구성할 수 있다. 기존의 일부 형광등은 전원에서 안정기를 통해 전원을 그대로 받고, 다른 한쪽의 형광등은 철거하고 LED 조명을 설치할 수 있다.

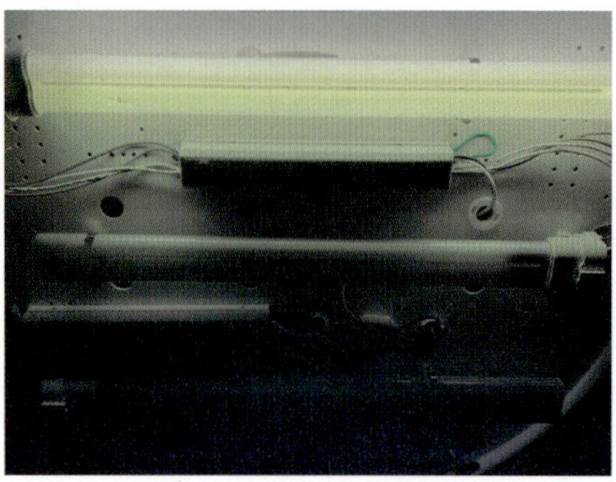

형광등만 사용한 조명

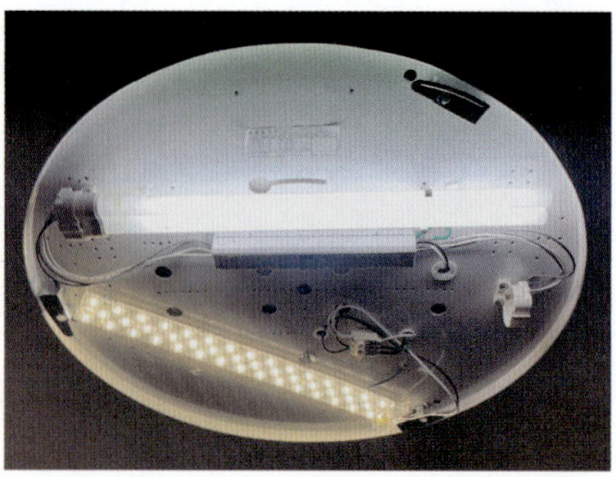

형광등과 LED를 사용한 조명

| 그림 2-27 | 형광등과 LED 조명의 혼합

시공 절차와 세부 내용

시공 준비(재료 준비)를 한다.

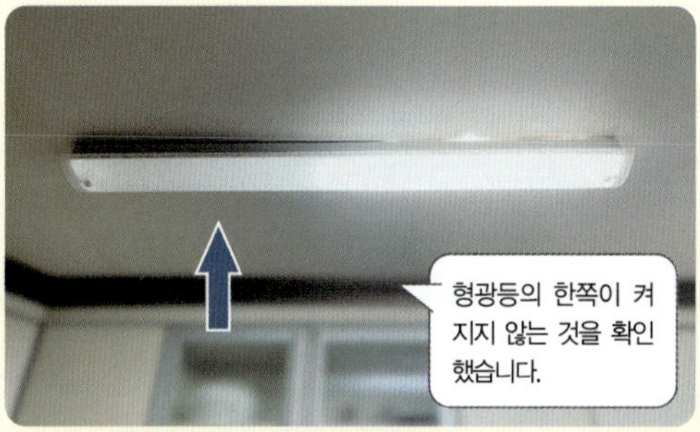

1 형광등의 한쪽이 점등되지 않아 이상이 있음을 확인하고, 형광등을 LED 모듈로 교체할 준비를 합니다.

2 배선차단기의 전원을 내리고 작업을 준비합니다. 천장 작업은 의자나 사다리를 이용하므로 충분하게 안정한 상태를 유지해야 합니다.

형광등 기구를 분리한다.

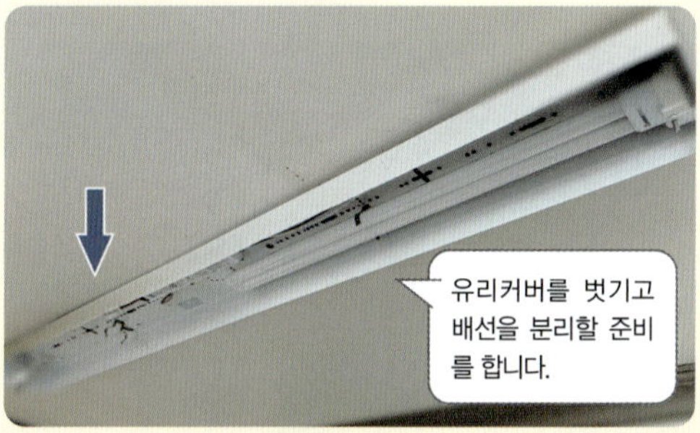

3 형광등의 커버를 벗기고 배선도 분리할 준비를 합니다.

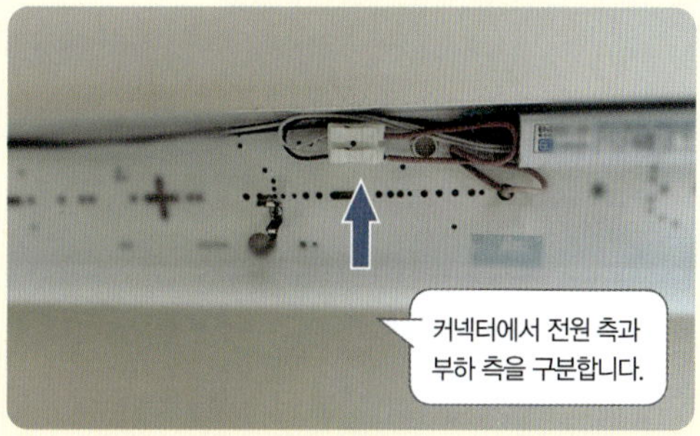

4 커넥터의 한쪽은 전원, 다른 한쪽은 안정기와 연결되어 있습니다. 어느 쪽이 전원이고 어느 쪽이 안정기(부하)인지 확인합니다.

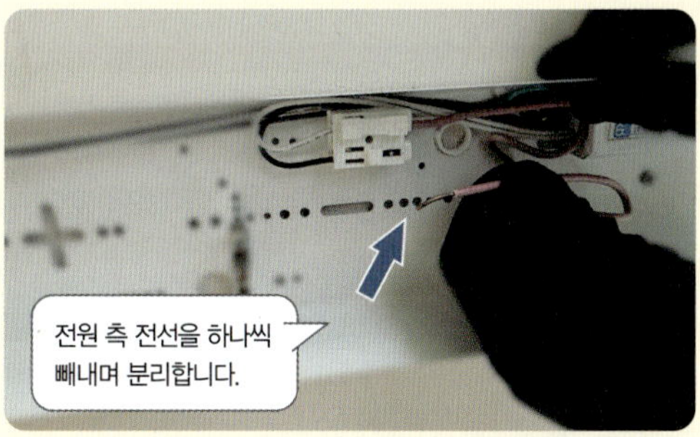

5 전원 측 전선을 분리합니다. 커넥터의 종류에 따라 드라이버로 나사를 돌려서 분리할 수도 있으나, 위 그림의 커넥터는 눌러서 빼는 구조로 되어 있습니다.

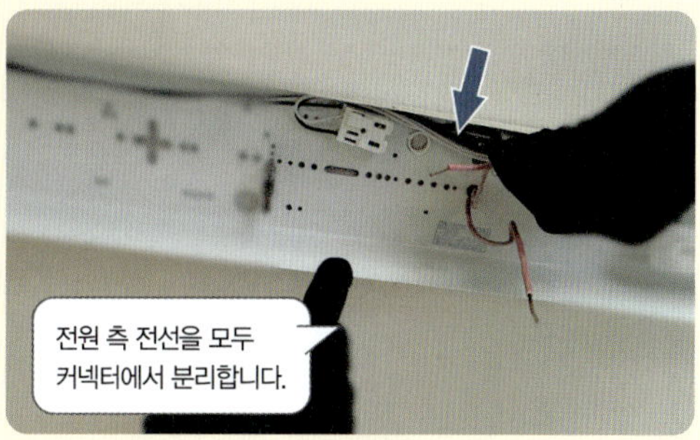

6 전원 2가닥을 모두 분리합니다.

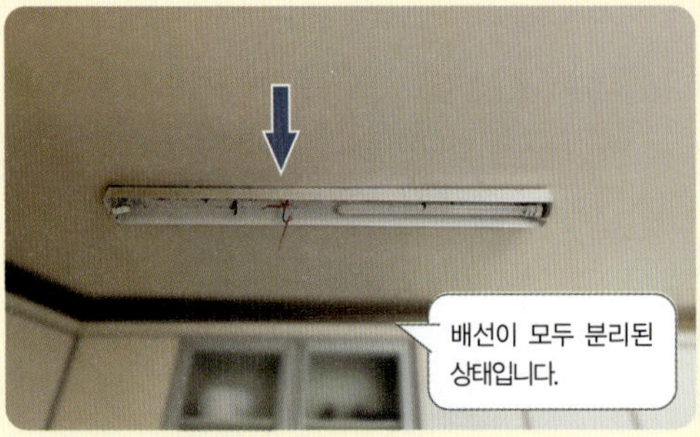

7 배선이 모두 분리된 상태를 확인합니다.

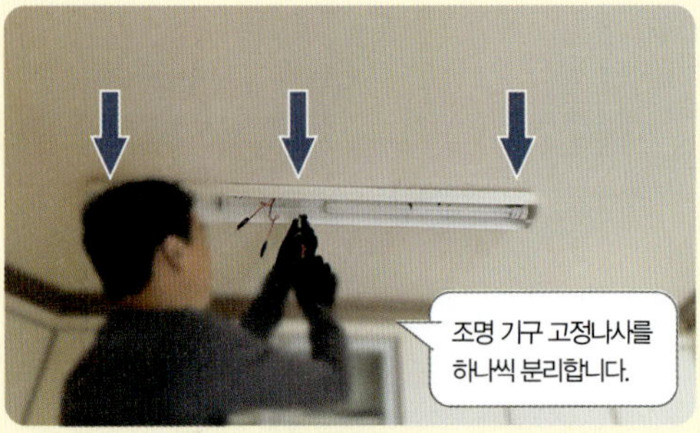

8 천장과 연결된 조명 기구의 고정나사를 분리합니다. 무게중심을 맞추기 위해 직선형 등기구는 좌우를 하나씩 분리하고 제일 나중에 가운데 있는 나사를 분리합니다.

형광등 회로 부품을 모두 제거한다.

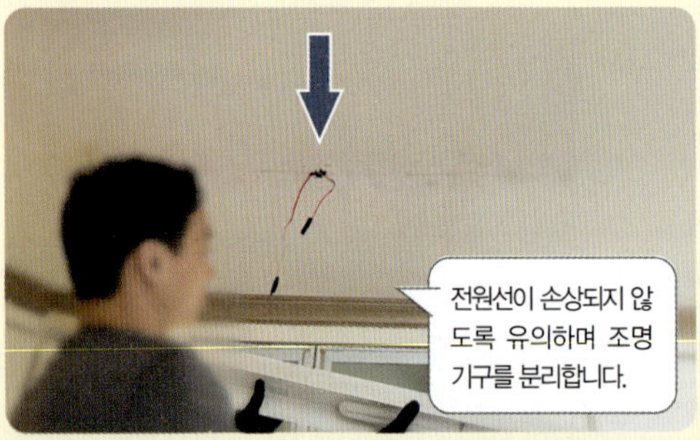

9 등기구를 분리할 때는 천장의 전원선이 손상되거나 천장 안으로 들어가지 않게 유의합니다.

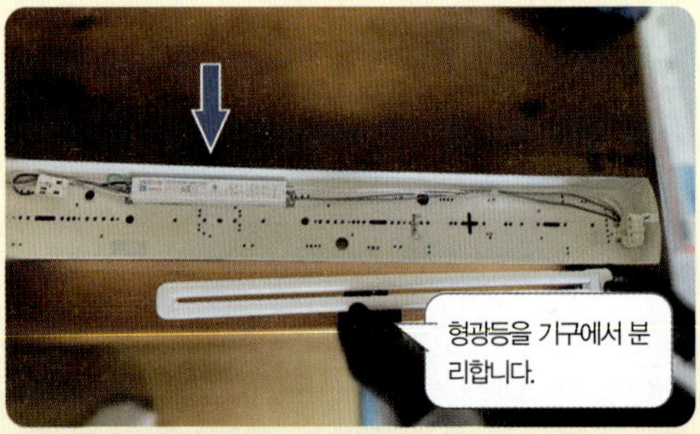

10 등기구를 안정적인 바닥에 놓고, 먼저 내부에 있는 형광등을 분리합니다.

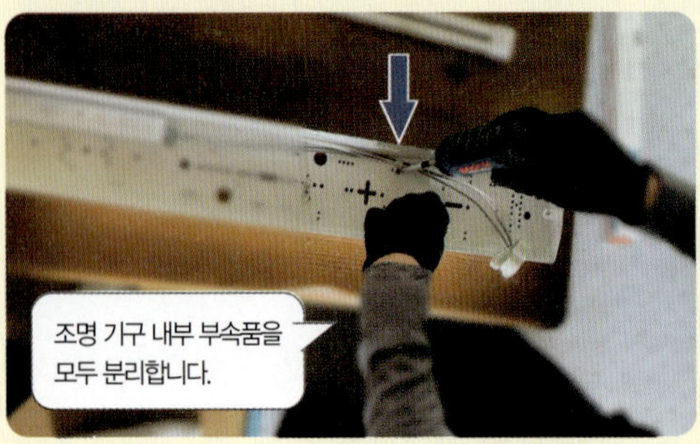

11 조명 기구 내의 각종 부속을 드라이버를 이용해서 분리합니다.

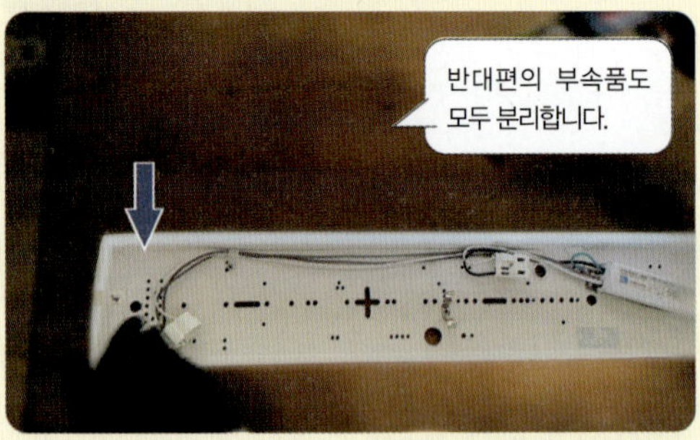

12 조명 기구에 큰 무리가 가지 않도록 힘을 주어서 분리 작업을 수행합니다.

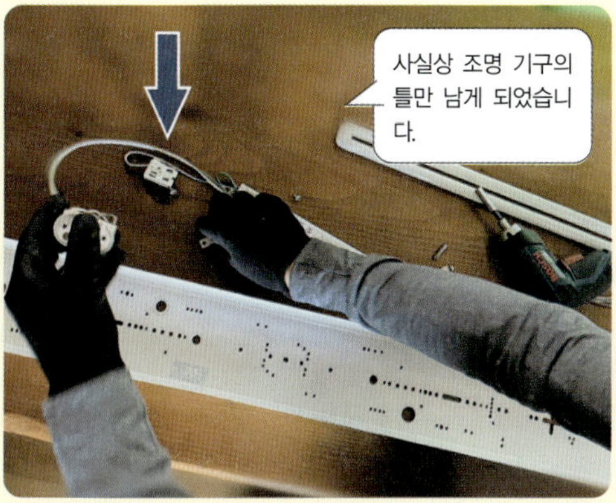

13 기존 조명 기구 안에 있는 전기적 부속들을 대부분 제거하면 조명 기구 틀만 남게 됩니다.

14 오래된 조명 기구의 경우 분리하면서 경화된 플라스틱이 손상되는 것을 볼 수 있습니다. 조명 기구의 부속품도 적절한 수명이 있다는 것을 기억해야 합니다.

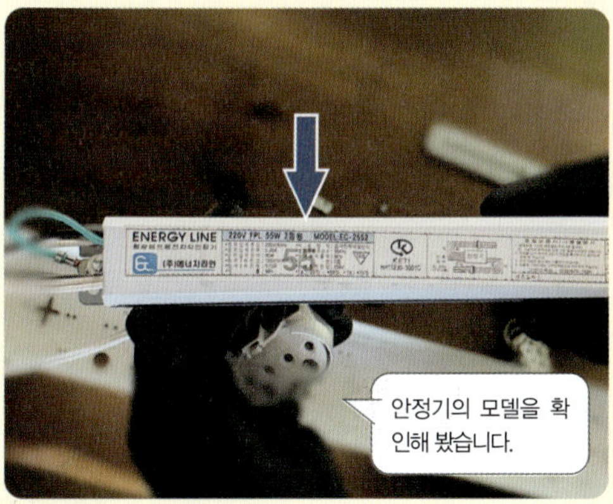

15 기존에 설치된 안정기의 모델을 확인합니다. 사진 속의 제품은 220V, 55W, 2구형, FPL 형광등 안정기입니다.

16 커넥터를 살짝 누르니 부서졌습니다. 커넥터도 오랜 시간 사용하면 경화되어 쉽게 파손이 된다는 것도 기억해 두도록 합니다.

LED 모듈을 설치한다.

17 새로운 LED 조명을 준비합니다.

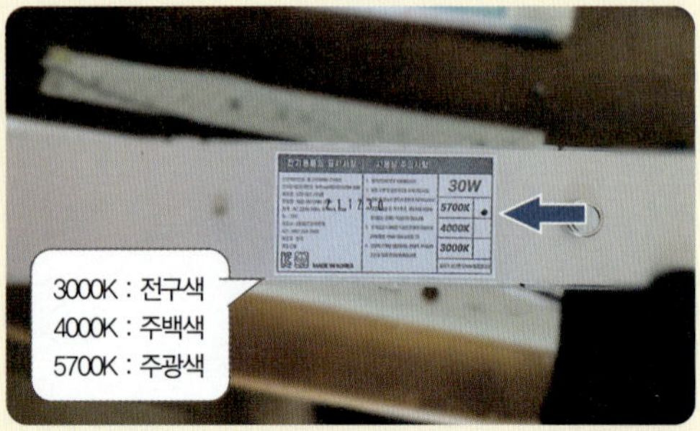

18 주방에서 조리할 때 비춰주는 조명이므로 5700K 주광색 제품을 골랐습니다. 만일 식탁 위에 설치한다면 전구색이나 주백색도 고려할 수 있습니다.

19 LED 조명에 달린 접지선의 위치를 확인합니다. 이 선은 천장에서 인출되는 접지선과 회로적으로 연결되어야 하며, 편의를 위해 조명 기구에 직접 부착합니다.

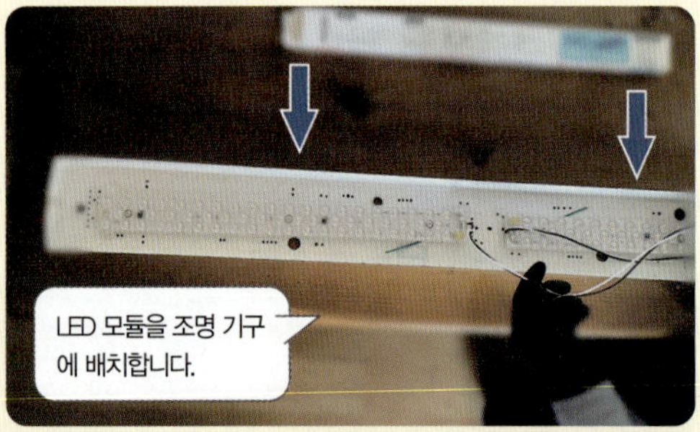

20 LED 모듈을 조명 기구에 어떻게 배치할지 위치를 잡습니다.

21 LED 모듈 접지선을 등기구에 나사로 연결하여 접지 시공을 합니다.

22 LED 전원선의 결선을 준비합니다. 선이 너무 길다면 어떻게 자르거나 묶을지 고려하여 결정합니다.

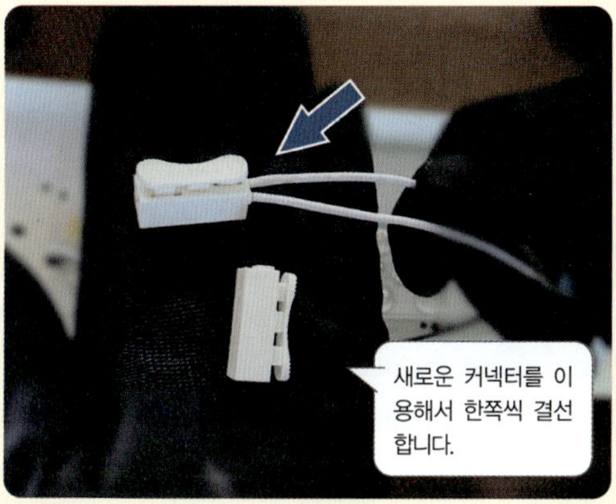

23 LED 모듈의 한쪽을 커넥터와 연결합니다.

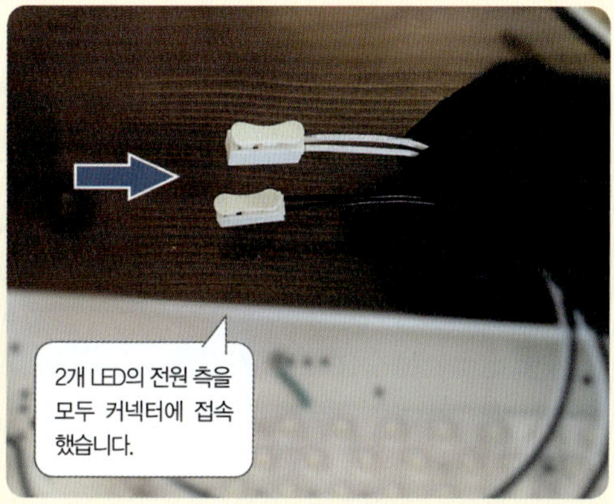

24 2개의 LED 모듈을 사용하므로 커넥터 한쪽에 선을 연결하여 병렬 접속이 되도록 합니다.

조명 기구를 다시 설치한다.

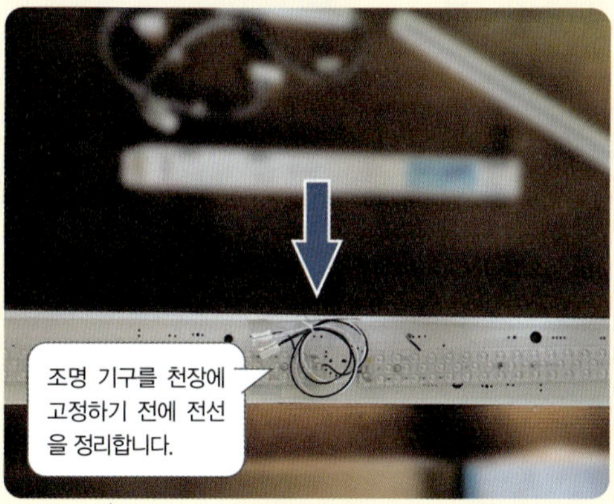

25 조명 기구 내의 선을 정리하고 천장에 다시 고정할 준비를 합니다. 전선이 광원 앞에 위치해서 빛을 방출하는 데 방해되지 않도록 합니다.

26 등기구를 천장에 고정하기 위해 천장의 전원선을 등기구의 뚫린 구멍으로 빼내어 줍니다.

27 조명 기구의 무게를 고려해서 충분한 강도로 등기구를 천장에 고정합니다. 천장의 재료가 목재, 석고보드, 콘크리트 여부에 따라 시공 방법은 달라집니다.

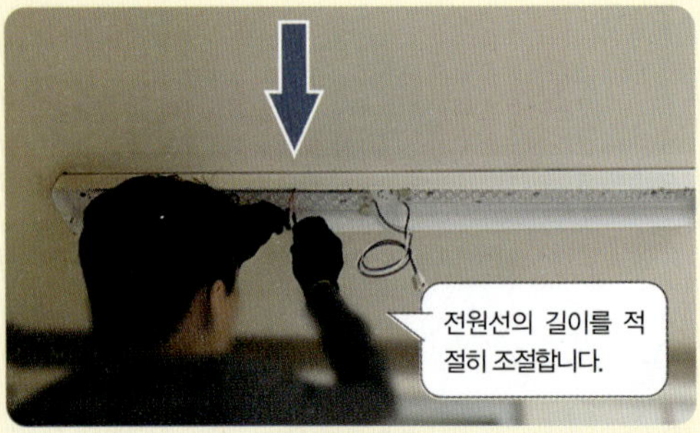

28 천장에서 인출되는 전원선의 길이를 조절합니다. 너무 길면 필요한 만큼 천장 속으로 밀어서 집어넣습니다.

29 조명 기구의 커넥터에 전원선을 연결합니다.

30 커넥터와 전선이 조명의 방출에 방해되지 않게 위치를 적절히 조절합니다.

동작을 확인한다.

31 배선차단기의 전원을 올리고 동작을 확인합니다.

꼭 주의하세요

① 조광기를 사용할 수 있는 제품인지 확인하세요.

기존에 설치된 조명이 빛의 세기를 조절할 수 있는 조광기에 의해서 제어가 되는지를 확인해야 합니다. 일부 LED 램프는 조광기와 호환되지 않을 수 있으며 이때는 조광 가능한 LED 모듈을 선택해야 합니다. 또한, 조광기를 이용하는 조명 회로는 전원선 이외에 추가적인 전선이 필요할 수 있으므로 기존 스위치와 함께 사용할 수 있는지 검토해야 합니다.

② 조명 기구 내의 커넥터 접속에 주의하세요.

조명 기구 내부 결선을 할 때 커넥터의 사용에 유의해야 합니다. 커넥터는 전기적인 연결을 담당하므로 이 작업이 올바르게 수행되어야 정상적인 작동을 보장할 수 있습니다. 올바르게 커넥터를 사용하기 위해서는 가장 먼저, 조명 기구의 전원을 꼭 차단하여야 합니다. 그리고 될 수 있는 대로 기존 커넥터와 같은 유형의 새로운 커넥터를 사용해야 하므로, 커넥터의 핀 수, 형태, 크기 등을 확인하여 호환되는 커넥터를 사용하시기 바랍니다. 마지막으로 커넥터의 접속 지점 사이에 배선이 노출되지 않았는지 다시 확인할 필요가 있습니다.

③ 방열에 대해서 충분히 검토하시기 바랍니다.

조명 기구 내부는 광원의 종류에 따라 큰 열이 지속하여 발생하기도 합니다. 따라서 조명 기구 내부의 열이 효과적으로 전도되어 광원에서 발생한 열이 조명 기구 내의 다른 부속에 부정적인 영향을 주지 않도록 온도를 안정화해야 합니다. 열이 효과적으로 방출되지 않으면 조명 기구의 내부 온도가 상승하여 부품의 손상이나 성능 저하를 초래할 수 있기 때문입니다. 열이 크게 발생할 수 있는 부분에 전선이나 열에 취약한 부속이 직접 닿지 않도록 배선과 부품 배치에 유의하여야 합니다.

④ LED 모듈의 형태를 확인하시기 바랍니다.

기존의 형광등이 직선형이라면 LED 모듈도 직선형을 사용하는 것이 좋습니다. 그러나 때에 따라서는 형광등을 제거한 후 LED 모듈의 크기가 맞지 않을 때도 있습니다. 따라서, 형광등과 LED 조명의 크기와 형태가 어느 정도 같은지 미리 확인해야 합니다. 기존 형광등과 일체의 부속, 안정기를 제거한 위치에 LED 모듈이 충만하게 삽입하도록 설치 공간이 충분한지 확인하시기 바랍니다.

CHAPTER 02

05 콘센트 교체

미리 준비할 공구와 재료	
	• **공구류** 일자드라이버, 십자드라이버, 와이어스트리퍼, 절연테이프
	• **재료/부품** 2구 콘센트, 와이어커넥터

1 제품의 정의

콘센트(Outlet)란?

콘센트는 전원에 전기 장치를 연결하는 접속 장치로 영어로는 '아웃렛(Electrical Outlet)' 또는 '소켓(Wall Socket)'이라고 불린다. KS C IEC 60884-1의 기준에 따르면 콘센트는 '플러그의 핀에 꽂도록 설계된 칼받이를 갖고 또 케이블 접속용 단자를 가진 기구류'라고 정의하고 있다. 즉, 전원을 받기 위한 일종의 어댑터이며 플러그를 끼워 전기를 연결한다.

일반적으로 상용전원에 가전제품이나 전기기기가 작동할 수 있도록 지속해서 전원을 공급하며 전력선, 중성선과 접지선에 해당하는 2~3개의 단자를 가지고 있다. 우리나라는 단상 2선식을 채용하므로, 일반적으로 두 개의 전원단자와 한 개의 접지단자로 구성되어 있다. 전원단자는 220V, 60㎐의 전원을 상시 공급하는 데 사용하고, 접지단자는 전기적 이상이나 기기의 이상이 발생할 때 이상 전류를 대지로 흘려보내는 역할을 한다.

콘센트의 기본 구조

콘센트의 구조는 종류와 용도에 따라 다를 수 있지만, 콘센트 대부분은 기본 구조가 비슷하다. 일반적으로 전기 콘센트는 하우징이라고 부르는 플라스틱이나 금속의 외형으로 내부 전기부품을 둘러싸고 있으며, 하우징은 전기부품을 보호하는 동시에 콘센트가 안전하게 고정되어 사용할 수 있도록 설계되어 있다.

일반적인 콘센트는 전원을 공급하는 기본 기능을 갖추었지만, 여기에 스위치, 내장 서지보호기, USB 출력단자, 타이머 등을 부착하여 다양한 동작과 기능을 가진 제품들도 있다.

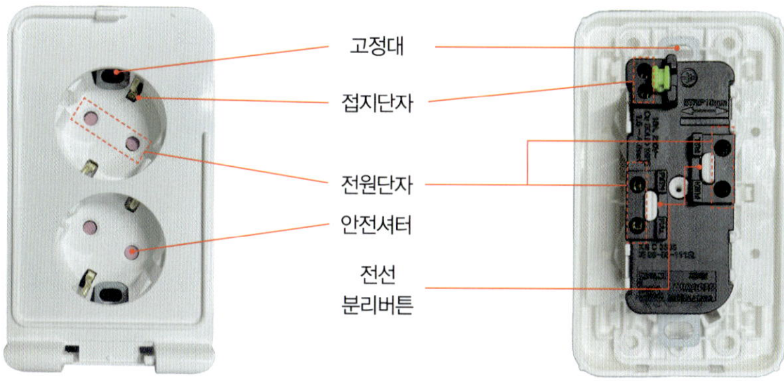

| 그림 2-28 | 콘센트 각부의 명칭

플러그(Plug)란?

플러그는 전기 장치나 가전제품을 콘센트에 연결하는 데 사용하는 장치이다. 전기 플러그는 콘센트와 안전하게 접속하도록 전기적 · 기계적으로 설계되어 있다. KS C IEC 기준에서는 '유연성 전선의 전기적인 접속과 기계적인 유지를 위해서 콘센트의 칼받이에 꽂도록 설계된 핀을 가진 접속 기구류'라고 정의되어 있으며 일부 기구에는 전원을 공급하는 기능을 넘어 전원서지나 전기적인 문제로부터

기기를 보호하는 퓨즈나 회로차단기가 내장된 것도 있다.

| 그림 2-29 | 각종 모양의 플러그

접지극과 무접지극 콘센트

콘센트와 플러그에는 감전이나 화재로부터 사람과 장비를 보호하기 위해서 접지단자와 접지 핀으로 구성된 접지전극의 안전장치가 있다. 콘센트의 접지 핀과 플러그의 접지단자는 금속으로 만들어져 있어 플러그를 콘센트에 꽂을 때 서로 전기적인 결합이 되는 구조이다.

만일 전기기기나 장치에 문제나 결함이 발생하여 이상 전류가 금속제 외함에 전달되면 미리 외함과 연결된 접지도체를 통해 플러그의 접지 핀으로 전류가 흐른다. 그리고 접지 핀은 콘센트의 접지극과 연결되어 대지로 흐르게 되어 있다. 따라서 콘센트와 플러그의 구성 요소 중 접지극과 접지 핀은 안전을 위한 중요한 요소이며 이는 기기로부터 감전과 화재를 예방할 뿐 아니라 EMI(Electro Magnetic Interference, 전자 방해잡음)를 줄이는 데도 도움이 된다.

콘센트와 플러그를 잘 살펴보면 접지 기능의 포함 여부를 확인할 수 있다.

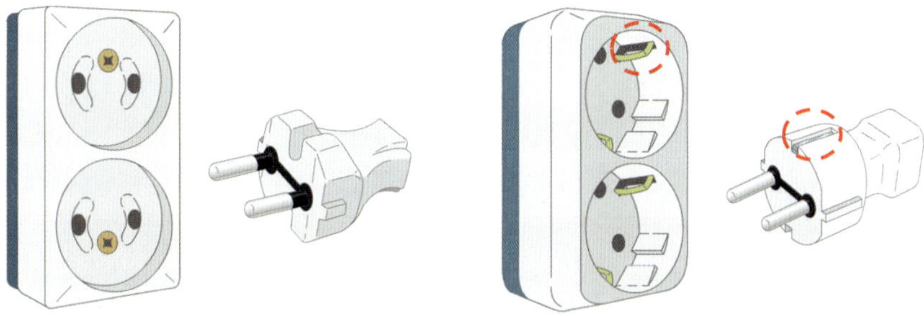

무접지극 콘센트와 플러그　　　접지극 콘센트와 플러그

| 그림 2-30 | 접지극 · 무접지극 콘센트와 플러그

콘센트의 사용에 따른 분류

① **노출형** : 외부로 노출된 형태의 콘센트

② **매립형** : 벽면 등에 매립하여 사용하는 콘센트

③ **반 매립형** : 구조물 일부만 매립되어 있는 콘센트

④ **패널형** : 패널의 형태로 기구나 벽에 고정된 형태의 콘센트

⑤ **액자형** : 액자처럼 가질 수 있는 미관을 고려한 콘센트

⑥ **이동형** : 이동이 가능하도록 사용할 수 있는 콘센트

⑦ **탁상형** : 탁상에 매립하거나 고정된 콘센트

⑧ **바닥 매립형** : 바닥에 매립 설치되어 전원을 공급하는 콘센트

⑨ **기구형** : 전기제품 등에 일체로 고정되어 있는 콘센트

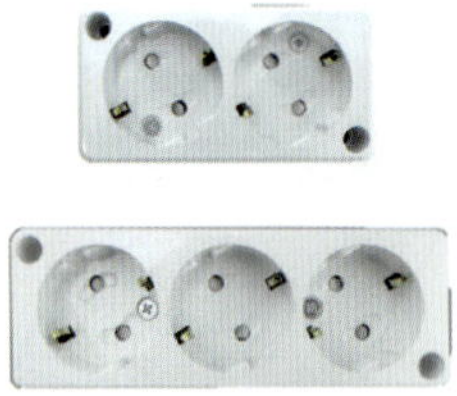

노출형 콘센트

매립형 콘센트

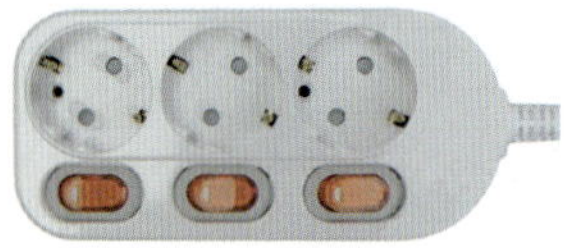

이동형 콘센트

바닥 매립형 콘센트

탁상형 콘센트

| 그림 2-31 | 각종 모양의 콘센트

콘센트의 형태별 분류

① **노출형 콘센트** : 노출형 콘센트는 보호재로 가려지지 않고 외부에 노출된 콘센트를 말한다. 벽이나 패널의 외부에 드러나 있어서 연결하기 편하며, 주로 건축 공사가 이루어진 이후에 설치되어 전자기기나 가전제품을 연결하는 데 사용한다. 노출형 콘센트는 사용이 편리하지만, 외부의 충격이나 위험으로부터 쉽게 손상을 받을 우려가 있어 필요한 경우 커버 등의 보호장치를 설치할 수 있다. 노출형 콘센트는 연결 수에 따라 2구, 3구, 4구 등 다양한 종류가 있다.

② **매립형 콘센트** : 매립형 콘센트는 노출형과는 다르게 바깥쪽으로 노출된 형태가 아닌 벽이나 패널로 들어가 있는 콘센트를 말한다. 주변의 벽이나 시설에 맞게 높이가 매끄럽게 조화를 이루므로 미학적인 이유로 현대식 주택이나 건물에서 벽 공사를 할 때 미리 설치한다. 주방이나 욕실과 같이 가전제품의 설비와 벽 사이가 가까운 곳에서도 노출형 콘센트보다 공간 활용의 실용성과 안전성에 있어

더 뛰어나다. 벽과 같은 높이로 설치되므로 전기 배선이나 기타 외부의 충격으로 인해 우발적으로 손상될 우려가 적어 화재나 감전의 위험에서도 비교적 안전한 편이다. 콘센트를 벽에 설치하기 위해서는 벽에 미리 콘센트가 설치될 충분한 공간을 만들어야 하므로 철제나 플라스틱 박스를 삽입하여 매립 공사를 해야 한다.

③ **이동형 콘센트** : 이동형 콘센트는 휴대할 수 있고 한 위치에서 다른 위치로 쉽게 이동할 수 있도록 설계된 전기 콘센트이다. 시중에서는 주로 멀티탭이라고 부르는 대표적인 콘센트를 고려할 수 있으며, 야외에서는 일시적이거나 제한적인 상황에서 사용한다. 일반적으로 매립형 콘센트처럼 벽면에 고정하는 콘센트는 꽂을 수 있는 플러그의 수가 제한되지만, 이동형 콘센트를 조합하면 여러 개의 플러그를 꽂아 전원을 공급할 수 있다. 제품에 따라 스위치나 서지보호장치가 조합된 안전 기능을 강화한 제품도 찾아볼 수 있다.

④ **바닥 매립형 콘센트** : 바닥 매립형 콘센트는 바닥 표면과 같은 높이로 설치되는 콘센트를 말하며, 일반적으로 벽면 콘센트를 사용하는 것이 실용적이지 않거나 바람직하지 않을 때 이용된다. 바닥 매립형 콘센트는 벽면 콘센트보다 눈에 잘 띄지 않아 미학적으로 깔끔한 실내를 보여줄 수 있으며 노출된 긴 전원선이 필요없어 더 안전하고 편리하게 전기 에너지를 공급할 수 있다. 일반가정보다는 전자제품이나 기기 이동의 변화가 발생할 수 있는 사무실, 오피스텔, 회의실, 상업공간 등에서 다양하게 이용할 수 있으며, 건축할 때 바닥에 미리 덕트 등의 배관공사를 통해서 전기 배선을 한 후에 인출하고자 하는 위치에 콘센트를 설치하게 된다. 바닥 매립형 콘센트는 물걸레나 기타 이유로 콘센트 내부에 물이 들어갈 우려가 있으므로 방수형이나 누전차단기 부착형을 사용하는 것이 안전하고, 사용할 때는 콘센트에 연결된 선이 가구나 물리적인 힘으로 눌리지 않도록 주의하여야 한다.

⑤ **탁상형 콘센트** : 탁상형 콘센트는 책상이나 탁자 위의 표면에 놓인 전기 콘센트로 책상 위에서 쓰는 전자제품이나 장치의 전원을 연결하기 쉽게 만든 것이다. 일반적으로 노출형과 장착형으로 나뉘는데 노출형은 탁상 위에 고정하지만, 장착형은 탁상 안에 넣어서 사용할 수 있으므로 미관상 장점이 크다. 일반적으로 여러 개의 콘센트와 최근에는 USB 포트가 있는 디자인이 많이 사용되고 있으며 사무실이나 회의실에서 주로 사용하고 가정용 탁상에도 어렵지 않게 설치 사례를 찾아볼 수 있다. 특히 책상이나 탁자 위에서 전자제품을 사용하면 코드가 어지럽게 연결되어 보기도 싫고, 전기적으로도 안정성이 떨어지는데 이를 더 간결하게 사용할 수 있게 도와준다. 최근에 판매되는 일부 모델은 상용전원의 공급뿐만 아니라 무선 충전 패드, 내장형 스피커, 조명과 같은 부가 기능이 포함된 것도 있다.

세계 각국의 콘센트와 플러그

해외여행을 갈 때 전자제품을 가져간다면 해당 국가의 전압과 콘센트의 모양을 고려해야 한다. 세계 각국은 주로 역사적인 이유 또는 전기 표준이나 규격의 차이로 서로 다른 모양의 콘센트와 플러그를 사용하기 때문이다. 전기가 처음 개발되었을 때 국가마다 전기 사용에 대한 다른 표준이 채택되었는데, 여기에는 전기 공급 사업자, 전자제품 제조사, 2차 세계대전과 재건, 냉전 역사 등의 다양한 이유가 존재한다.

예를 들어 미국의 전기 콘센트는 일반적으로 2~3개의 평평한 날을 사용하는 반면, 유럽은 두 개의 둥근 날을 사용한다. 이는 전압, 주파수와 안전 규정의 차이 때문이며, 이러한 이유로 제조업체는 제품이 판매되는 국가의 전기 표준에 맞춰 제품을 생산하고 있다. 콘센트와 플러그의 규격에 대한 통일된 국가 표준은 존재하지 않고 앞으로도 통일될 가능성은 작아 일부 불편함은 있지만, 다른 콘센트와 플러그의 모양은 서로 다른 전력 체계가 혼용될 위험을 줄이는 장점도 가지고 있다.

A 타입

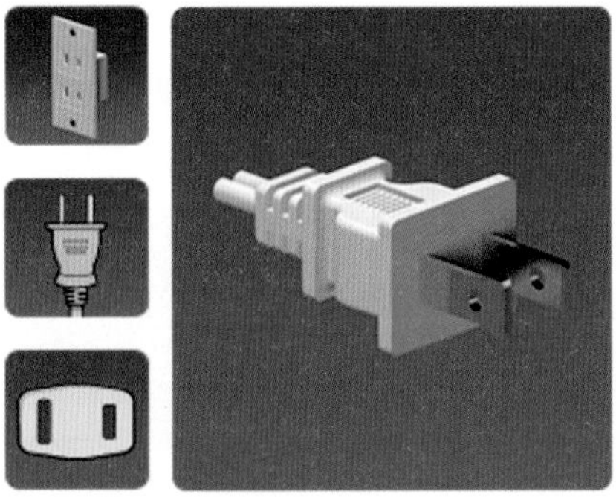

- ● 북미 및 중앙아메리카, 일본 등
- ■ 2개의 평평하고 평행 핀
- ■ 타입 B와 호환이 가능

B 타입

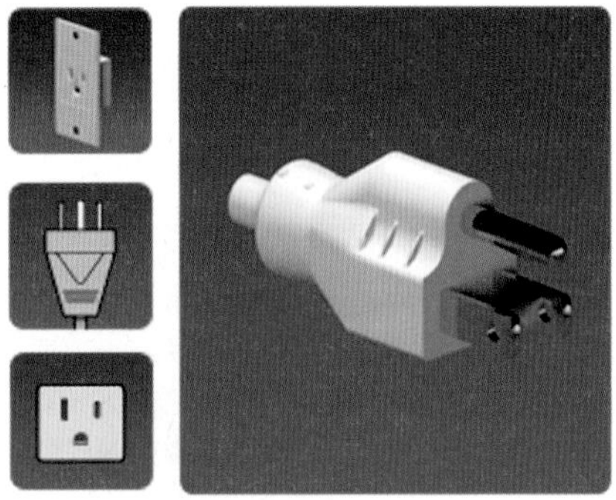

- ● 북미 및 중앙아메리카, 일본 등
- ■ 2개의 평평하고 평행 핀
- ■ 원형 접지핀

C 타입

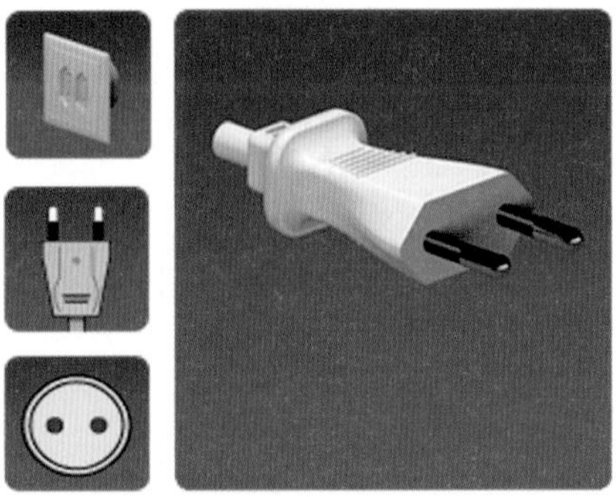

- ● 유럽, 영국, 아일랜드 등
- ■ 둥근 원형의 핀
- ■ 가장 많은 국가에서 사용

D 타입

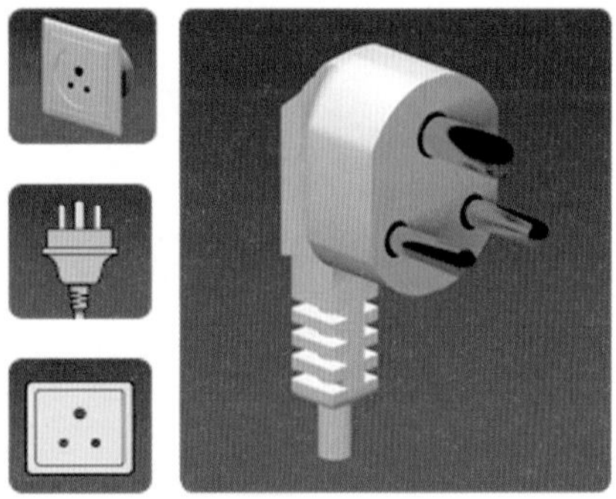

- ● 인도, 스리랑카, 네팔 등
- ■ 3개의 크고 둥근 핀
- ■ 원형 접지핀

E 타입

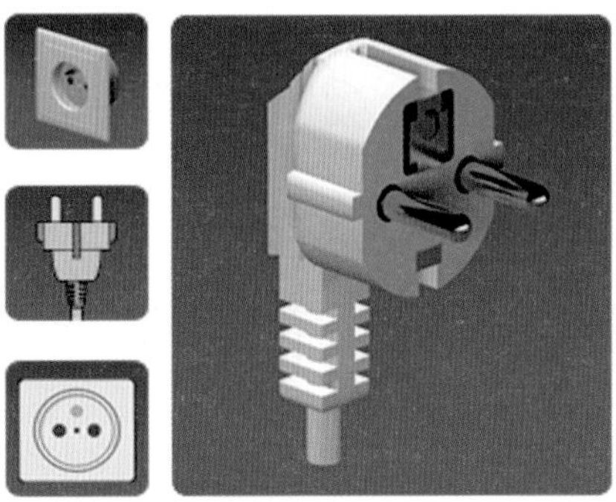

- ● 프랑스, 벨기에, 슬로바키아 등
- ■ 2개의 원형핀
- ■ 콘센트에 돌출된 원형 접지핀

F 타입

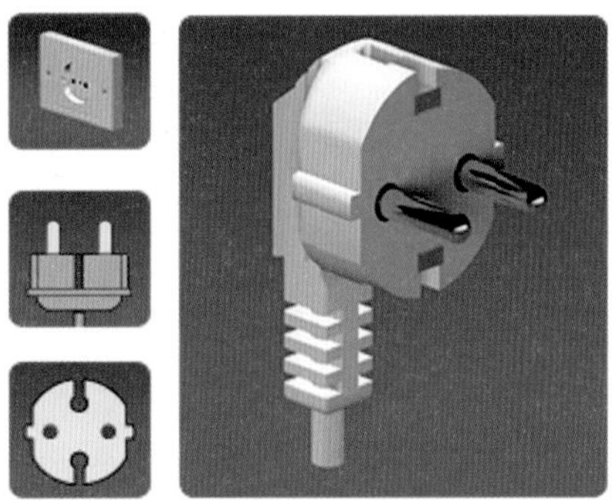

- ● 한국, 독일, 네덜란드, 스페인 등
- ■ 2개의 원형핀
- ■ 플러그 상하에 접지극

G 타입

- 영국, 아일랜드, 싱가포르 등
- 3개의 직사각형 핀
- 접지단자가 전원과 수직

H 타입

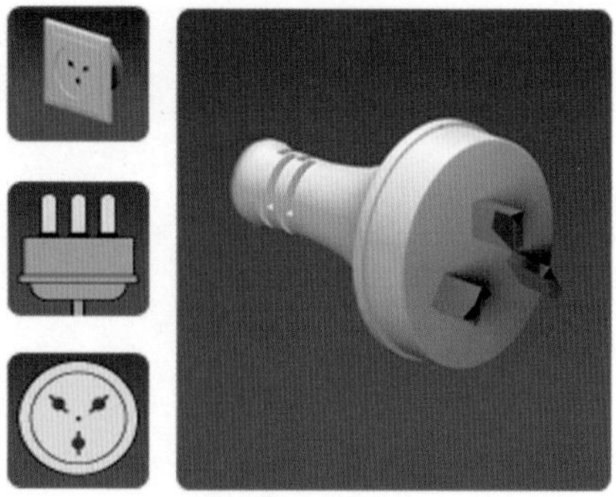

- 이스라엘
- Y자 모양의 독특한 구조
- 각도가 다른 한 개의 접지핀

I 타입

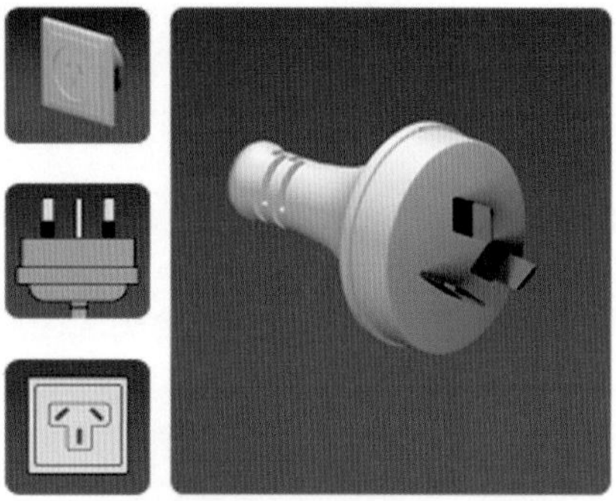

- 중국, 아르헨티나, 뉴질랜드 등
- V자 모양의 평평한 핀
- 돌출된 접지핀

J 타입

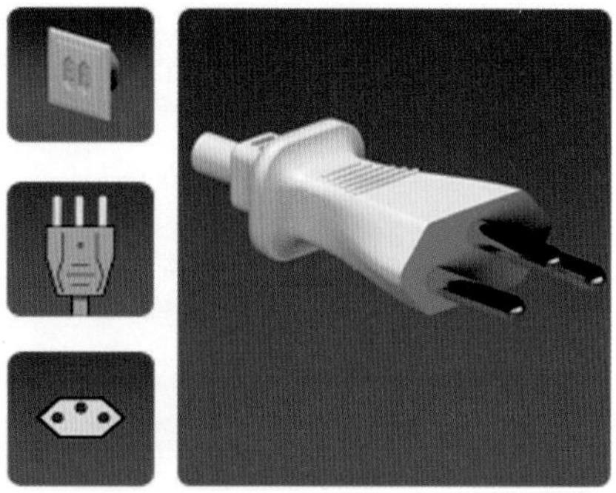

- 스위스, 요르단, 몰디브 등
- 3개의 원형핀
- 원형 접지핀

K 타입

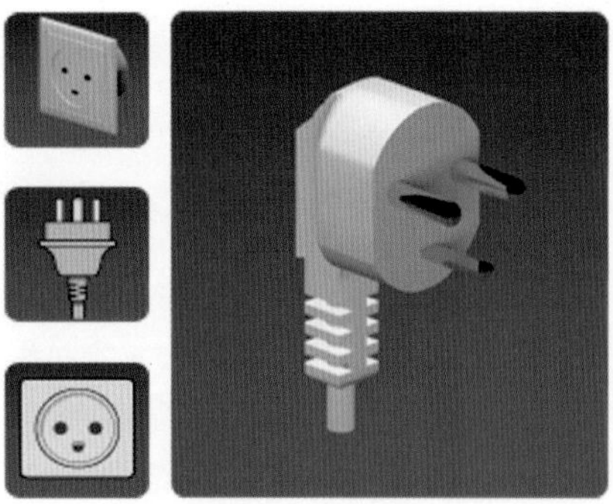

- 덴마크, 방글라데시, 그린란드 등
- 2개의 원형핀과 반원의 접지핀
- 반원형 접지핀

L 타입

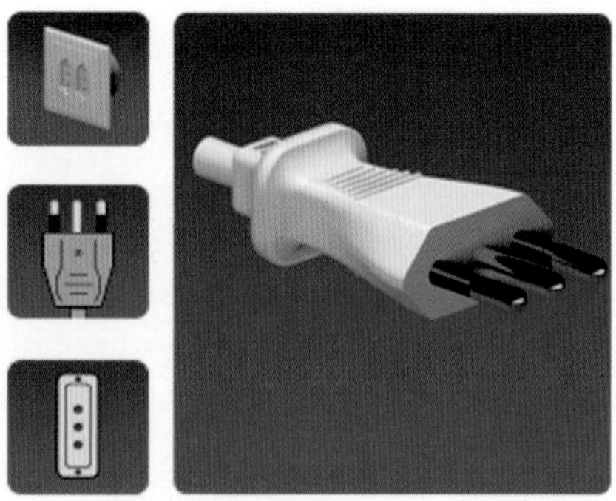

- 이탈리아, 칠레, 몰디브 등
- 3개의 일렬로 배치된 둥근핀
- 중간의 원형 접지핀

M 타입 N 타입

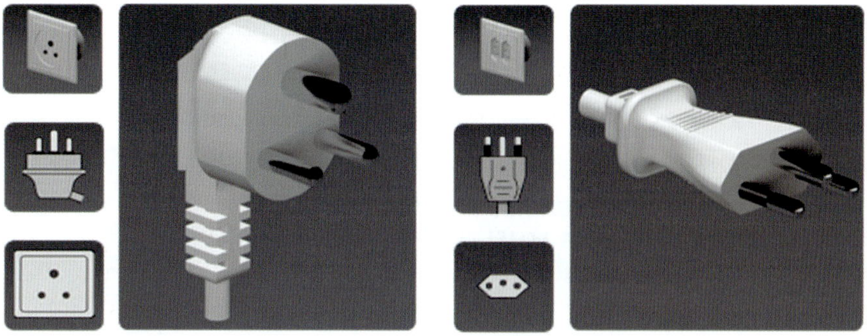

M 타입
- 남아프리카공화국, 에스와티니 등
- 3개의 둥근 핀
- 원형의 큰 접지핀

N 타입
- 브라질, 남아프리카공화국 등
- 3개의 둥근 핀
- 원형의 접지핀

| 그림 2-32 | 세계 각국의 콘센트와 플러그

2 관련 법령과 기술기준

한국전기설비기준(KEC)

234.5 콘센트의 시설

1. 콘센트의 정격전압은 사용전압과 동등 이상의 KS C 8305(배선용 꽂음 접속기)에 적합한 제품을 사용하고 다음에 의하여 시설하여야 한다.

가. 노출형 콘센트는 기둥과 같은 내구성이 있는 조영재에 견고하게 부착할 것.

나. 콘센트를 조영재에 매립할 경우는 매립형의 것을 견고한 금속제 또는 난연성 절연물로 된 박스 속에 시설할 것. 다만, 콘센트 자체에 그 단자 등의 충전부가 노출되지 않도록 견고한 난연성절연물의 외함을 가지는 것은 벽에 견고하게 부착할 때에 한하여 박스 사용을 생략할 수 있다.

다. 콘센트를 바닥에 시설하는 경우는 방수구조의 플로어박스에 설치하거나 또는 이들 박스의 표면 플레이트에 틀어서 부착할 수 있도록 된 콘센트를 사용할 것.

라. 욕조나 샤워 시설이 있는 욕실 또는 화장실 등 인체가 물에 젖어있는 상태에서 전기를 사용하는 장소에 콘센트를 시설하는 경우에는 다음에 따라 시설하여야 한다.

(1) 「전기용품 및 생활용품 안전관리법」의 적용을 받는 인체 감전 보호용 누전차단기(정격감도전류 15 mA 이하, 동작 시간 0.03초 이하의 전류동작형의 것에 한한다) 또는 절연변압기(정격용량 3kVA 이하인 것에 한한다)로 보호된 전로에 접속하거나, 인체 감전 보호용 누전차단기가 부착된 콘센트를 시설하여야 한다.

(2) 콘센트는 접지극이 있는 방적형 콘센트를 사용하여 211과 140의 규정에 준하여 접지하여야 한다.

마. 습기가 많은 장소 또는 수분이 있는 장소에 시설하는 콘센트 및 기계기구용 콘센트는 접지용 단자가 있는 것을 사용하여 211과 140의 규정에 준하여 접지하고 방습 장치를 하여야 한다.

2. 주택의 옥내전로에는 접지극이 있는 콘센트를 사용하여 211과 140의 규정에 준하여 접지하여야 한다.

242.6 전시회, 쇼 및 공연장의 전기설비

242.6.6 기타 전기기기

5. 콘센트 및 플러그는 다음과 같이 시설하여야 한다.

가. 충분한 수의 콘센트를 설치하여 사용자의 요구를 만족시키도록 설비하여야 한다.

나. 플로어 콘센트를 시설하는 경우에는 콘센트에 물이 침입되지 않도록 적절하게 보호되어야 한다.

다. 플러그에 사용하는 가요 케이블 또는 코드는 접속점이 없어야 한다.

라. 삽입식 멀티 어댑터는 사용해서는 아니 된다.

마. 이동형 멀티 탭의 사용은 다음과 같이 제한하여야 한다.

(1) 고정 콘센트 1개당 1개로 시설할 것.

(2) 플러그로부터 멀티탭까지의 가요 케이블 또는 코드의 최대 길이는 2m 이내일 것.

3 외형과 구조

매립형 콘센트의 전 · 후면

매립형 콘센트는 전면에서 볼 때 큰 구멍과 그 안에 플러그를 삽입할 수 있는 작은 구멍으로 구성된다. 콘센트는 플러그를 꽂을 수 있는 개수에 맞추어 2구, 3구, 4구 등의 형태가 있으며 그림 2-33은 매립형 2구 콘센트에 해당한다. 콘센트의 전면은 커버로 덮여 있으며 접지단자는 금속으로 노출되어 있다. 콘센트의 후면은 전선을 접속할 수 있는 접속단자가 있는데 각각 전원을 연결하는 전원단자, 접지선을 연결하는 접지단자로 구성된다.

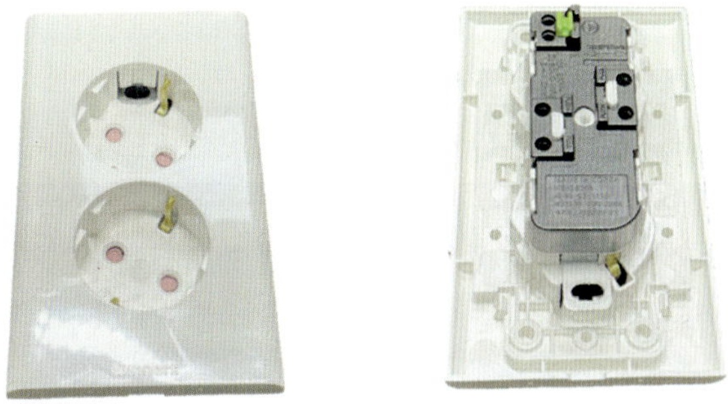

매립형 콘센트 전면 매립형 콘센트 후면

| 그림 2-33 | 매립형 2구 콘센트의 전 · 후면

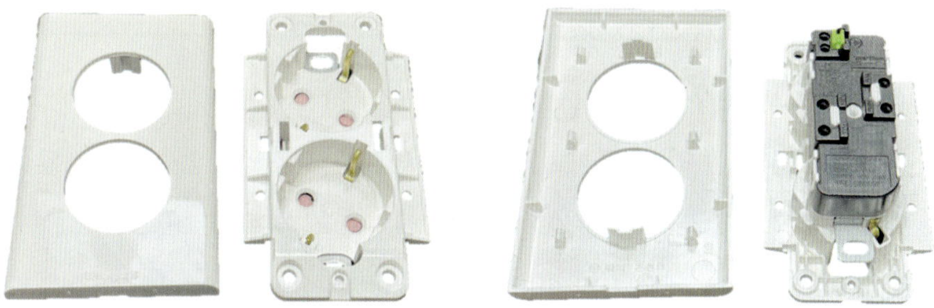

매립형 콘센트 전면 매립형 콘센트 후면

| 그림 2-34 | 매립형 콘센트의 커버와 전 · 후면

콘센트 커버 벗기기

콘센트 커버를 제거할 때는 양쪽으로 일정한 힘을 주는 것이 안전하고 커버의 고정부가 파손되는 것을 방지할 수 있다. 콘센트 커버를 한쪽으로 갑작스럽게 벗기려고 하면 부품에 불필요한 응력이 가해지며 고정 뭉치가 부러질 수도 있으니, 그림 2-35와 같이 양쪽으로 균등한 힘을 가하여 부품에 고르게 압력이 분산되도록 해야 한다.

| 그림 2-35 | 콘센트 커버를 벗기는 방법

안전 셔터란?

플러그를 잡아 뺄 때 콘센트의 칼받이를 자동으로 덮도록 조정된 콘센트에 조립된 가동부품이다. 콘센트 셔터는 실수로 전기 콘센트의 도전부에 기구나 인체가 닿지 않도록 설계된 안전장치이며 마치 카메라의 셔터와 비슷한 의미로 이해할 수 있다. 셔터는 작은 플라스틱이 스프링의 힘으로 전기접점을 덮어 이물질이 들어가는 것을 방지하고 감전의 사고를 줄인다.

특히, 어린이가 가느다란 금속 물질을 콘센트에 넣어 감전되는 사고가 발생할 수 있는데 이처럼 전기설비의 안전에 취약한 계층을 보호하는 데 꼭 필요한 장치라고 할 수 있다. 콘센트에 플러그가 꽂히면 셔터가 열리지만, 사용하지 않을 때는 셔터가 닫히기 때문에 사고를 방지할 수 있으며 이러한 안전 구조는 국가에 따라 규정에서 필수로 요구하고 있다.

셔터형 콘센트의 특징

① 플러그가 꽂히지 않은 상태에서는 충전부가 게이지에 접촉하지 못하는 구조일 것.

② 게이지는 충전부에만 상응하는 삽입구에 적용할 것.

③ 충전부와 접촉되어서는 안 될 것.

④ 보호 등급을 확실하게 하려면 콘센트는 플러그 제거 시 충전부가 자동으로 차단되는 구조일 것.

⑤ 플러그 이외의 것으로는 쉽게 작동되어서는 안 되며 분실되기 쉬운 부품이 아닐 것.

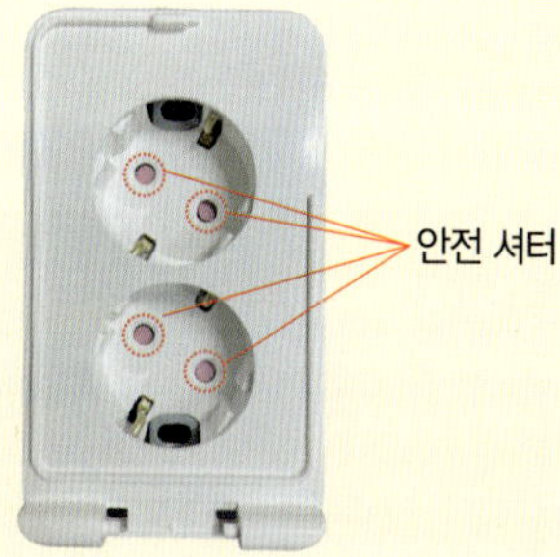

시공 절차와 세부 내용

시공(재료) 준비를 한다. 가정용 예시

1 차단기의 전원을 내리고 교체할 콘센트의 작업을 준비합니다.

2 콘센트 교체를 위한 공구와 적절한 재료가 있는지 확인합니다.

커버를 분리한다.

3 일자드라이버를 커버와 벽면의 사이에 넣고 돌려서 커버를 벗깁니다.

4 위아래 모두 한쪽 면을 벗기면 다른 쪽도 수월하게 벗길 수 있습니다.

스위치를 꺼낸다.

5 커버의 고정핀이 손상되지 않도록 유의하며 커버를 완전히 벗깁니다.

6 커버를 벗긴 상태에서 커버와 콘센트의 파손 · 이상 여부를 확인합니다.

7 십자드라이버나 전동드라이버를 이용해서 콘센트의 고정 단자에 물린 2개의 나사를 반시계 방향으로 돌려서 풀어줍니다.

8 나사를 모두 풀었다면 콘센트 본체를 두 손으로 잡고 앞쪽으로 똑바로 꺼냅니다.

9 콘센트 본체를 완전히 밖으로 꺼내 전선이나 결선의 특이사항이 없는지 확인합니다.

10 본체의 분리 버튼을 일자드라이버 등으로 눌러 전원선과 접지선을 본체에서 하나씩 분리합니다.

11 전원선이 벽 속에 매립된 스위치 박스 등의 날카로운 면에 닿거나 긁혀 손상되지 않도록 유의합니다.

12 본체를 완전히 분리하면 전선을 가지런히 정리하고 다시 한번 전선의 상태를 확인합니다.

13 새 콘센트를 준비하고 외형을 보며 결선 계획을 수립합니다.

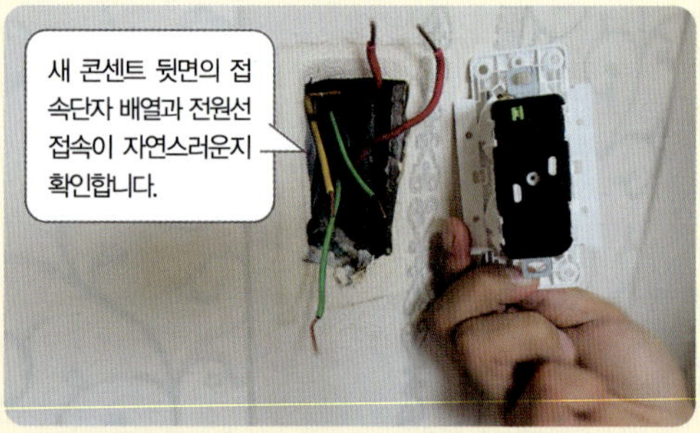

14 뒷면의 전선 연결 단자는 구형 콘센트와 위치와 모양이 다를 수 있으므로 선이 짧거나 문제는 없는지 확인합니다.

15 전원선을 한 쪽씩 본체에 깊게 꽂아 접속합니다.

16 전원선에 이어 접지선도 완전하게 접속합니다.

17 콘센트의 여유 선이 본체에 찍히거나 물리지 않도록 유의하며 콘센트를 삽입하고 위아래 나사를 고정합니다.

18 나사를 완전히 고정하기 전에 기울어지지 않고 똑바른 방향으로 고정되고 있는지 확인합니다.

19 커버를 덮고 주변을 정리하며 작업을 마무리합니다.

20 배선차단기의 전원을 올리고 동작을 확인합니다.

시공 절차와 세부 내용

사무실 예시

1 사무실의 전원을 파악하고 차단기 전원을 내린 후 교체할 콘센트를 준비합니다.

2 일자드라이버를 벽면과 커버의 홈에 넣고, 드라이버를 돌립니다.

3 커버를 손상되지 않도록 유의하며 천천히 본체와 분리합니다.

4 드라이버를 이용해 콘센트 본체와 벽면의 고정나사를 분리합니다.

5 콘센트를 최대한 앞부분으로 당기면서 바르게 빼 냅니다.

6 콘센트의 뒷면을 확인하며 전선의 결선 상태를 확인합니다. 이때 선이 헷갈리게 연결되어 있다면 사진을 찍어둡니다.

7 일자드라이버로 분리 버튼을 눌러 전선을 본체와 분리합니다.

8 선이 손상되거나 끊어지지 않도록 유의하며 공구를 알맞게 사용합니다.

9 같은 단자에 꽂혀있던 전선은 같은 쪽으로 몰아서 구분합니다.

10 접지선까지 모두 콘센트에서 분리합니다.

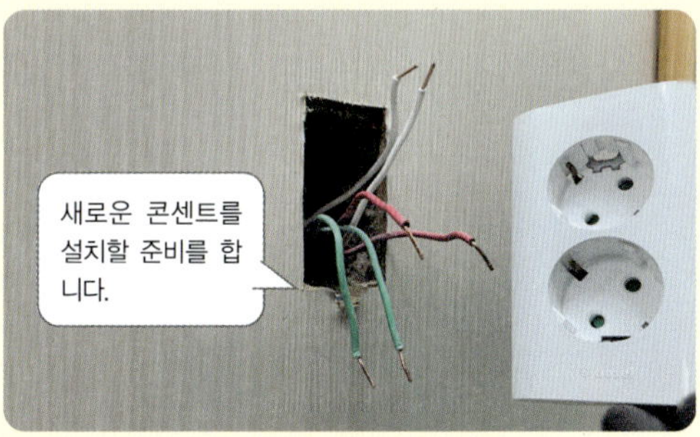

11 새로운 콘센트를 준비하고 위아래 방향을 올바르게 확인합니다.

12 새 콘센트에 전선을 종전과 같이 연결합니다.

13 전선을 최대한 깊게 꽂으며 제대로 연결되었는지 확인합니다.

14 콘센트의 전선이 심하게 구부러지거나 벽면 마감재에 손상되지 않는지 유의하며 본체를 밀어 넣습니다.

15 콘센트의 고정나사가 전선을 손상하지 않도록 유의하며 콘센트를 고정합니다.

16 콘센트가 벽면과 완전히 고정되면 커버를 밀며 고정합니다.

17 차단기의 전원을 넣고 동작 상태를 확인합니다.

꼭 주의하세요

① 차단기는 내리고(OFF) 작업해야 합니다.

작업 전에 차단기를 끄는 것은 감전, 화상, 부상을 방지하기 위한 기본적인 안전 조치입니다. 차단기가 켜져 있으면 전기회로에는 전류가 흐르게 되어 단순한 작업이라고 하더라도 전기 작업을 수행하는 동안 큰 위험에 노출됩니다. 인적 위험뿐만 아니라 작업 중 누전, 아크 등에 의한 화재나 기구 파손도 발생할 수 있는데 이를 예방할 수 있습니다. 감전의 위험이나 기기의 손상을 방지하기 위해서 꼭 차단기를 내린 후 배선 작업을 수행해 주세요.

② 콘센트 내부의 전원선이 짧다면 접속 기구로 연결해서 사용하세요.

콘센트 본체와 연결된 전원선의 길이가 길면 좋지만, 때에 따라서는 짧을 수도 있습니다. 이럴 때는 본체와 다시 연결하는 데 다소 어려움을 겪게 됩니다. 길이가 짧아 보인다면 와이어 커넥터 등을 이용해서 전선을 충분하게 연장해서 결선하도록 합니다. 콘센트는 이후에도 얼마든지 교체하는 상황이 발생할 수 있으므로 차후의 안전한 작업을 위해서 도움이 될 것입니다.

③ 접지선을 본체와 완전하게 접속하세요.

콘센트와 접지선의 연결이 헐렁하거나 완전하지 않게 접속된 경우를 간혹 볼 수 있습니다. 이러면 차후에 전기기기나 전기 충격적인 문제가 발생했을 때 안전을 보장받지 못하므로, 접지선이 콘센트 본체와 완전하게 접속되도록 검증된 방법과 절차를 따라야 합니다. 접지선은 전기적 안전과 전기 장비의 정상 작동을 보장하는 데 중요한 역할을 한다는 것을 인식하고 확실하고 올바르게 연결되어야 합니다.

④ 특수한 목적이 있을 때는 기능성 콘센트를 시공해야 합니다.

특수한 장소나 목적이 있는 경우 기능형 콘센트를 사용해서 편의성, 에너지 효율성, 기기 제어의 용이성 등 적절한 목적을 달성해야 합니다. 특정한 요구사항이나 편의성을 충족하기 위해서 특수한 기능이 내장된 콘센트를 사용할 수 있는데, 예를 들어 습기가 많거나 물이 튈 우려가 있는 화장실, 세탁실, 베란다, 주방 등에 콘센트를 설치할 때는 방우형 콘센트와 같이 방수 보호기능이 있는 기능형 제품을 선택해야 합니다. 또한 USB 충전 기능, 절전 기능, 타이머 기능, 누전차단기 부착형 등 특정한 목적을 가진 콘센트가 필요할 때는 적절히 이를 선택해야 합니다.

CHAPTER 02

06 방수형 콘센트

미리 준비할 공구와 재료	• **공구류** 일자드라이버, 십자드라이버, 절연테이프 • **재료/부품** 방우형 콘센트

1 제품의 정의

방수형 콘센트

예로부터 친구를 사귈 때도 좋은 친구는 가까이, 나쁜 친구는 멀리하라고 했다. 생활 전기 안전 관련 캠페인에서도 항상 멀리해야 한다고 강조하는 것 중 하나가 바로 '물'이다. 물은 생활환경 주변에서 쉽게 접할 수 있으며 일상생활을 위해서 꼭 필요하지만, 전기안전에서는 가까이하기엔 너무 먼 당신이다. 일단 물은 전도체이다. 전기가 흐르는 곳에 물이 닿으면 감전의 위험이 있으며, 액체라는 특성으로 다른 물질보다도 전기회로에 더 침투하기가 쉽다. 그래서 물이 전기기기 내부에 침투하면 회로에 손상을 주어 기기가 고장이 날 확률이 높으며, 그 기기를 이용하는 사람도 감전 사고가 일어날 가능성이 작지 않다. 그래서 전기기기는 습기가 적은 곳이나 물이 튈 우려가 없는 곳에 사용하는 것이 원칙이며, 그것을 사용하는 사용자도 반드시 사용 전에 몸이 완전히 건조되었는지 확인하는 것이 중요하다.

그러나 물이 있다고 전기를 아예 사용하지 않을 수는 없다. 즉, 물이 있는 곳에서 전기를 사용하도록 콘센트를 시설해야 하는 곳이 있다. 이런 곳은 어디일까?

가정에서 살펴보면 첫째는 주방이 있다. 주방은 조리나 세척을 위해서 물을 많이 사용하며 그 과정에서 수증기 등 습기도 일상적으로 발생한다. 둘째는 욕실이다. 특히 우리나라 욕실은 화장실과 함께 사용하는 습식구조로서 샤워, 목욕, 청소 등으로 물이 사방으로 튈 우려가 있고, 온수를 사용하므로 습기도 높은 편이다. 최근에는 화장실 문화에서 비데 사용량이 급격히 증가하며, 화장실의 건축 구조에서 비데 사용을 위한 콘센트의 요구가 늘게 되었다. 마지막으로 실외 공간이 있다. 단독주택은 옥내 이외에도 옥외에서 전기를 사용할 때가 종종 있다. 조명, 야외 활동, 야외 조리 등은 항시 비, 눈, 안개와 같이 습기가 많은 환경에서 작동할 때도 배제할 수 없기 때문이다.

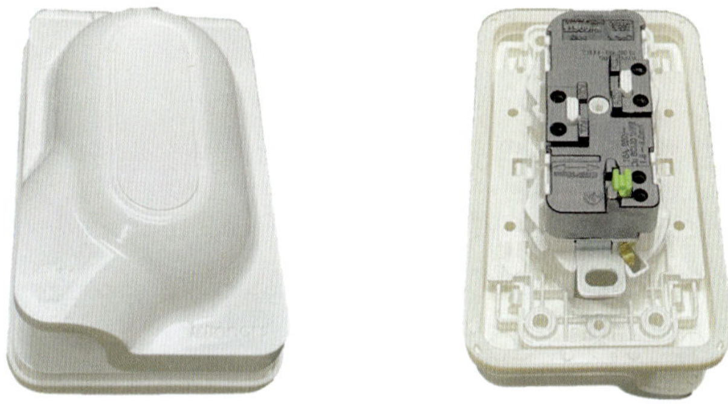

방우형 콘센트 전면　　방우형 콘센트 후면

| 그림 2-36 | 방우형(방수형) 콘센트의 전 · 후면

'옛말에 피할 수 없으면 즐기라'라고 하지 않았던가. 어쩔 수 없이 물이 가까운 곳에서 전기를 사용해야 한다면 이제 즐기는 법을 알아보자. 즐기는 방법은 바로 방수형 제품을 사용하면 된다. 방수형 콘센트는 앞서 설명한 곳과 같이 물기가 있는 환경에서 사용하는 특수한 콘센트이며 실외, 욕실, 주방 등 습기가 많거나 수분이 존재하는 환경에서 사용하고 다음과 같은 특징을 가지고 있다.

① **방수 설계**

외부로부터 수분 침투를 방지하기 위해 방수 설계가 적용되어 있다. 일반적으로 방수 캡, 실리콘 실링, 밀폐형 구조 등의 방법을 사용해서 수분으로부터 내부 회로와 연결부를 보호한다.

② **보호 등급**

방수형 콘센트는 IP(Ingress Protection) 등급을 가지며, 보호 등급은 외부 요소로부터 방진(고체)과 방수(액체)에 대한 보호 수준을 하고 있다.

③ **내구성**

방수형 콘센트는 외부 환경에 대한 내구성을 강화하기 위해 특별한 재질로 만들어진다. 내화성플라스틱이나 금속 재질로 제작되며 내부 회로와 연결점은 부식에 강한 소재로 구성된다.

④ **적절한 접속 방식**

방수형 콘센트의 콘센트는 전기적 안전성을 유지하기 위해 적절한 접속 방식을 채택하고 있다. 일반적으로 방수형 플러그와 맞물리는 방수형 소켓으로 구성되어 있으며 보호 등급에 따라 다양한 접속 방식을 사용한다.

IP 코드

어떤 제품이 먼지와 물 등의 외부 요소로부터 얼마나 잘 보호되는지를 나타내는 국제 표준이 있다. 이 국제 표준을 IP 코드(Ingress Protection Code)라고 한다. 방진 · 방수 등급에 관한 수준을 정의하는 내용으로서 전기기기나 외함 등에 적용하여 사람이나 기기를 보호한다. 정식 명칭은 외곽의 밀폐 보호 등급 구분(Degrees of rotection provided by enclosures)이다. 한국산업표준은 KS C IEC 60529이며, 국제 규격 IEC 60529와 기술적 내용 및 표준의 서식이 같다.

전기기기는 다양한 외부 요인으로부터 영향을 받을 수 있는데 쉽게 생각해서는 먼지나 물 정도의 영향만 있겠지만 사실 그 이외에도 여러 요인들이 있다. 예를 들어 외부적인 기계적 충격, 습도나 산성 물질 등에 의한 부식, 염수, 오일, 산성 물질의 부식액도 전기기기에 영향을 미친다. 그리고 곰팡이와 같은 미생물의 진균류와 벌레, 개미, 작은 동물들의 해충도 전기기기에 침입하여 배선이나 부품을 손상시킬 수 있다. 과열로 인한 냉각의 문제, 응축수의 습기 문제, 주변에 폭발성 기체가 존재하는 환경은 보다 견고한 기기의 보호 등급을 요구하는 원인이 된다.

| 그림 2-37 | 외부 영향의 종류

이런 외부 영향 요인을 이해한 상태에서 IP 코드를 더 쉽게 말하면 '먼지가 들어가지 않고 물로부터 안전하게 지키는 수준'을 말한다. IP 코드는 문자 'IP'와 이어지는 두 자리 숫자로 구성되며, 각각의 숫자는 특정한 보호 수준을 의미한다. 첫 번째 숫자는 먼지에 대한 보호를 나타내는데, 0부터 6까지의 등급이 있고 숫자가 높을수록 먼지로부터 더욱 효과적으로 보호된다. 두 번째 숫자는 물에 대한 보호를 나타내는데 0부터 9까지의 등급이 있으며, 이 숫자 역시 높을수록 물로부터 효과적으로 보호된다.

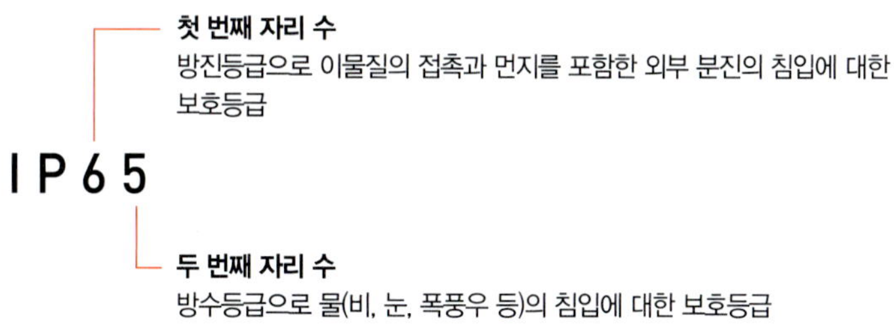

| 그림 2-38 | IP 코드의 표기 의미

예를 들어, IP67 등급의 제품은 먼지로부터 완전히 보호되며, 천천히 잠기는 물에 대해서 보호한다. 방수 등급은 높을수록 좋지만 일반적으로 4등급 이상이면 생활 방수, 7등급 이상이면 완전 방수라고 한다. 보통 가정의 욕실에서 볼수 있는 커버가 있는 콘센트는 방수 등급이 IPX3 정도의 수준으로 방수형보다는 '방우형'이라는 표현을 사용하며, 이는 샤워기 등에서 물이 튀더라도 도전부를 보호할 수 있는 구조이다.

〈표 2-5〉 IP 코드의 방진 등급(첫 번째 자릿수)

방진 등급		설명	
0	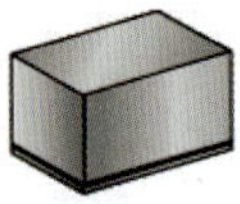	보호 안 됨.	전혀 보호되지 않음. OPEN 상태
1		50㎜ 이상의 고체로부터 보호	손
2		12㎜ 이상의 고체로부터 보호	손가락
3		2.5㎜ 이상의 고체로부터 보호	공구, 굵은 전선
4		1㎜ 이상의 고체로부터 보호	공구, 가는 전선
5		먼지로부터 보호	특정 조건에서 제한된 양의 먼지만 통과
6		약간의 먼지도 통과시키지 않음.	완전 밀폐형 보호 등급

〈표 2-6〉 IP 코드의 방수 등급(두 번째 자릿수)

방수 등급		설명		
0	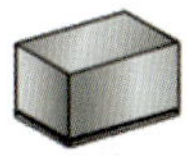	보호 안 됨.	전혀 보호되지 않음.	OPEN
1		수직으로 떨어지는 물방울로부터 보호	낙수에 대한 보호	방적형
2		수직으로부터 15도 이하로 직접 분사되는 액체로부터 보호	낙수에 대한 보호	방적형
3		수직으로부터 60도 이하로 직접 분사되는 액체로부터 보호	물 분무에 대한 보호	방우형
4		모든 방향에서 분사되는 액체로부터 보호(제한된 수준의 유입 허용)	물 튀김에 대한 보호	방말형
5		모든 방향에서 분사되는 낮은 수압의 물줄기로부터 보호(제한된 수준의 유입 허용)	물 분사에 대한 보호(소나기, 물, 호스로 뿌려대는 상태)	방분류형
6		모든 방향에서 분사되는 높은 수압의 물줄기로부터 보호(제한된 수준의 유입 허용)	강한 물 분사에 대한 보호(폭풍우, 해일 상태)	내수형
7		15cm~1m 깊이의 물속에서 보호(30분)	일시적인 침수의 영향에 대한 보호	방침형
8		7등급보다 엄격한 조건, 제조자와 사용자 간에 협의한 조건	연속침수의 영향에 대한 보호	수중형

IP 등급이 높으면 높을수록 먼지와 물에 대해서 보호하는 능력은 뛰어나지만, 너무 능력이 뛰어나면 구조가 복잡해지고 무엇보다 가격이 비싸지게 된다. 따라서 만일 실외 조명과 같이 실외에서 노출될 가능성이 크다면 높은 IP 등급이 필요할 수 있지만, 실내 사용이면서 물이 직접 노출되지 않을 때는 상대적으로 낮은 IP 등급도 충분할 수 있다.

IP44 콘센트　　IP45 LED 램프　　IP47 옥외등

| 그림 2-39 | IP 등급과 전기제품

최근에는 많은 휴대전화 제조업체가 IP68 이상의 방진방수 기능을 갖춘 제품을 출시하고 있는데, IP68의 수준은 일상적인 상황에서 발생할 수 있는 먼지와 물에 대한 내구성과 방호 기능을 가지고 있다. 이런 수준은 비가 내리는 환경이나 수영, 물이 있는 운동 중에도 휴대전화를 사용할 수 있는 장점을 제공하며 수심 1.5m까지의 물에 대해 30분 동안 노출되어도 휴대전화가 손상되지 않는 정도이다. 때문에 제조사는 더 높은 가격의 휴대폰에 이러한 고급 방수 기능을 적용해서 다양한 환경에서 사용자가 휴대전화를 사용할 수 있는 기회를 제공한다.

항목	 갤럭시 S22 (SM-S901N)	 갤럭시 S22+ (SM-S906N)	 갤럭시 S22 Ultra (SM-S908N)
출시	2022년 2월	2022년 2월	2022년 2월
크기(mm)	146.0×70.6×7.6	157.4×75.8×7.6	163.3×77.9×8.9
무게(g)	167g	195g	228g
방수/방진	IP68	IP68	IP68

| 그림 2-40 | IP68 휴대전화의 방수 · 방진 표시

전기기기는 다양한 환경에서 사용되며 IP 등급을 통해 전기기기가 특정 환경에 적응할 수 있는 능력을 확인할 수 있다. 예를 들어 외부에서 사용되는 전기기기는 비, 눈, 먼지와 같은 자연환경에 노출될 수 있으므로 높은 IP 등급이 필요하고, 산업현장이나 습기가 많은 환경에서 사용되는 전기기기도 높은 방수 기능을 필요로 한다. 그래서 IP 등급은 전기기기의 내구성과 신뢰성을 나타내는 지표로 사용되기도 한다. 외부 요소로부터 얼마나 전기기기를 보호할 수 있는지를 나타내므로 적절한 등급의 제품을 선택하면 전기기기의 수명을 연장하고 성능을 유지하는 데 도움을 주기도 한다. 일부 특별한 환경이나 시공 조건에서는 특정 종류의 전기기기가 특정 IP 등급을 충족해야 한다고 요구하기도 한다. 사용자의 안전을 보호하고 규제를 준수하기 위한 목적이므로 다양한 IP 등급이 있는 제품이 있다는 것도 함께 알아두자.

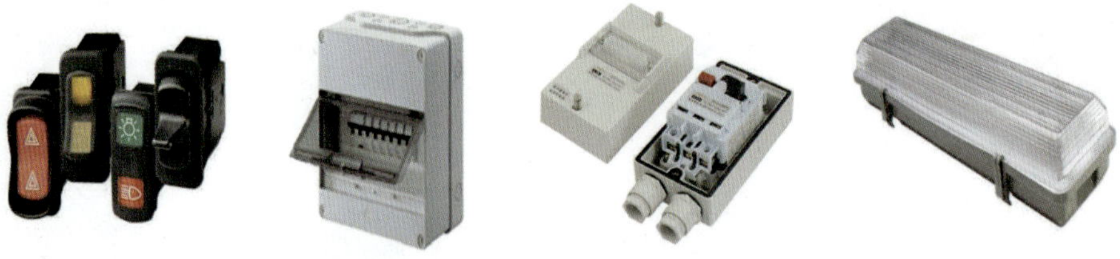

방수형 스위치 방수형 분전반 방수형 차단기 방수형 등기구

| 그림 2-41 | 각종 방수형 제품

방우형 콘센트

방수 등급 중 3등급은 '방우형'이라고 표기한다. 이는 수직으로부터 60도 이하로 직접 분사되는 액체로부터 보호하는 것을 나타내며 보통 물이 수직이나 조금 비스듬히 튀기는 정도를 막을 수 있는 수준이다. 가정에서는 보통 욕실, 주방, 세탁실, 베란다에서 물을 취급하고, 이런 곳에서 사용하는 물은 사방으로 튀기보다 수직이나 비스듬하게 위에서 아래로 떨어지므로 방우형 콘센트를 주로 사용한다. 가정 이외의 장소에서는 사무실, 공장, 농장 등에서도 물이나 액체의 분무로 피해를 받을 우려가 있는 곳에 설치한다.

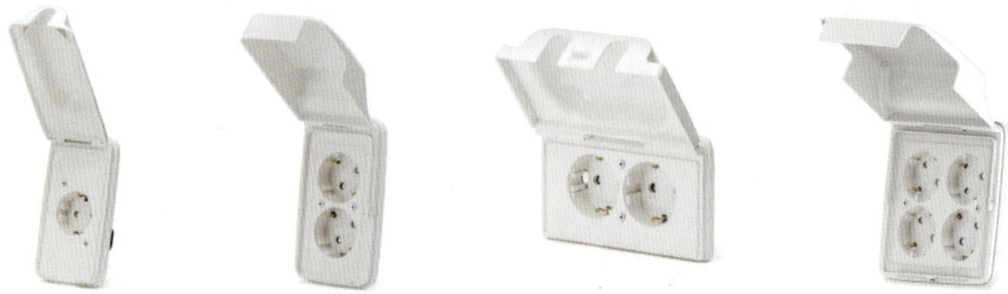

1구 방우형 콘센트 2구 방우형 콘센트 가로 2구 방우형 콘센트 4구 방우형 콘센트

| 그림 2-42 | 여러 종류의 방우형 콘센트

방수형 멀티탭

만일 여러 개의 전원 장치를 연결하고 동시에 사용하는 제품을 찾는다면 멀티탭을 선택할 수 있다. 방수형 멀티탭은 일반적으로 IP 등급이 IP44 이상인 경우가 많으며 이러한 제품은 일상적인 상황에서 물이 튀는 것과 먼지로부터 보호할 수 있는 수준이다. 멀티탭의 구조로 되어 있어 다양한 전기기기를 연결해서 사용할 수 있으며, 멀티탭의 외부에는 방수용 덮개나 실리콘 시트 등이 사용되어 물의 침투를 방지하고 내구성을 높이는 구조로 되어 있다. 주로 습기나 빗물의 침투가 우려되는 옥내외 작업장의 이동용 전기기구를 접속, 연장하거나 여러 기구를 동시에 이용하기 위해서 사용한다. IP 등급에 따라 특정 멀티탭은 여전히 물이 직접 접촉하는 것을 주의하여야 하며, 될 수 있으면 다른 보호구를 사용해서 외부 요인으로부터 콘센트가 직접적인 영향을 받지 않게 해야 한다. IP 등급이 높은 콘센트는 일반적으로 고정형이나 이동용으로 선택하여 사용하며, IP 방수 등급에 따라 모든 방향에서 분사되는 액체로부터 보호되는 방말형 등급이 사용된다.

누전차단기 내장 방말형 멀티탭

방말형 멀티 아울렛

| 그림 2-43 | 방말형 멀티탭과 아울렛

① 누전차단기 내장 방말형 멀티탭

습기가 우려되는 옥내외 작업장

② 방말형 멀티 아울렛

조선소, 건설 현장, 공장, 농어촌, 가설 건축물 등 습기나 빗물 침투가 우려되는 장소

노즐형 콘센트와 플러그

방수 기능을 갖추어 실외나 습기가 많은 환경에서 사용할 수 있는 접속형 기구로는 노즐형 콘센트와 플러그가 있다. 이 제품은 사무실, 공장, 농장 등에서 모든 방향으로 분사되는 높은 수압의 물줄기를 보호하며, 보통 15cm~1m 깊이의 물속에서 30분 이상 견딜 수 있는 구조이다. 주로 일시적인 침수의 영향에 대한 보호가 필요한 곳에 사용되는데 노즐형 콘센트는 외부에 방수용 덮개가 달려있는 노즐 형태로 제작되어 물에 직접 노출되었을 때 내부의 전기 연결부에 물이 침투하지 않도록 보호한다. 이와 접속하는 플러그는 플러그 자체가 물에 노출되더라도 내부 전선이나 연결부에 침투되지 않도록 설계된 것을 말하며 빗물, 습기, 물 스프레이 등으로부터 내부 연결부를 보호한다.

노즐형 콘센트　　　　플러그

| 그림 2-44 | 방침형 콘센트와 플러그

2 관련 법령과 기술기준

한국전기설비기준(KEC)

242.8 콘센트 시설

이동식 숙박 차량 정박지, 야영지 및 이와 유사한 장소

242.8.8 콘센트 시설

콘센트는 다음에 따라 시설하여야 한다.

가. 모든 콘센트는 KS C IEC 60309-2(산업용 플러그, 콘센트 및 커플러-제2부 : 핀 및 핀받이의 치수 요구사항)에 적합하여야 하며, 최소한 IP44의 보호 등급을 충족하거나 외함에 의해 그와 동등한 보호 등급 이상이 되도록 시설하여야 한다.

나. 모든 콘센트는 이동식 숙박 차량의 정박 구획 또는 텐트 구획에 가깝게 시설되어야 하며, 배전반 또는 별도의 외함 내에 설치되어야 한다.

다. 긴 연결코드로 인한 위험을 방지하기 위하여 하나의 외함 내에는 4개 이하의 콘센트를 조합 배치하여야 한다.

라. 모든 이동식 숙박 차량의 정박 구획 또는 텐트 구획은 적어도 하나의 콘센트가 공급되어야 한다.

마. 정격전압 200V~250V, 정격전류 16A 단상 콘센트가 제공되어야 한다. 다만, 보다 큰 수요가 예상되는 경우에는 더 높은 정격의 콘센트를 제공하여야 한다.

바. 콘센트는 지면으로부터 0.5m~1.5m 높이에 설치하여야 한다. 가혹한 환경 조건의 특수한 경우에는 정해진 최대 높이 1.5m를 초과하는 것이 허용된다. 이러한 경우 플러그의 안전한 삽입 및 분리가 보장되어야 한다.

234.9 옥외등

234.9.5 기구의 시설

옥외등 공사에 사용하는 기구는 다음에 의하여 시설하여야 한다.

가. 개폐기, 과전류차단기, 기타 이와 유사한 기구는 옥내에 시설할 것. 다만, 견고한 방수함 속에 설치하거나 또는 방수형의 것은 적용하지 않는다.

나. 노출하여 사용하는 소켓 등은 선이 부착된 방수소켓 또는 방수형 리셉터클을 사용하고 하향으로 시설할 것.

다. 부라켓 등을 부착하는 목대에 삽입하는 절연관은 하향으로 하고 전선을 따라 빗물이 새어 들어가지 않도록 할 것.

라. 파이프펜던트 및 직부기구는 하향으로 부착하지 말 것. 다만, 처마 밑에 부착하는 것 또는 방수 장치가 되어 플렌지 내에 빗물이 스며들 우려가 없는 것은 적용하지 않는다.

마. 파이프펜던트 및 직부기구를 상향으로 부착할 경우는 홀더의 최하부에 지름 3㎜ 이상의 물 빼는 구멍을 2개소 이상 만들거나 또는 방수형으로 할 것.

234.6 점멸기의 시설

234.6 점멸기의 시설

점멸기는 다음에 의하여 설치하여야 한다.

1. 점멸기는 전로의 비접지측에 시설하고 분기개폐기에 배선차단기를 사용하는 경우는 이것을 점멸기로 대용할 수 있다

2. 노출형의 점멸기는 기둥 등의 내구성이 있는 조영재에 견고하게 설치할 것.

3. 점멸기를 조영재에 매입할 경우는 다음 중 어느 하나에 의할 것.

가. 매입형 점멸기는 금속제 또는 난연성 절연물의 박스에 넣어 시설할 것.

나. 점멸기 자체가 그 단자부분 등의 충전부가 노출되지 않도록 견고한 난연성 절연물로 덮여 있는 것은 이것을 벽 등에 견고하게 설치하고 방호 커버를 설치한 경우에 한하여 "가"에 관계없이 박스 사용을 생략할 수 있다.
다만, 방호 커버는 벽 내의 충진재가 접촉할 우려가 있는 경우를 제외하고는 생략할 수 있다.

4. 욕실 내는 점멸기를 시설하지 말 것. 다만 241.14의 규정에 따라 시설하는 경우에는 적용하지 않는다.

235 옥측 · 옥외 설비

235.1 옥측 또는 옥외에 배 · 분전반 및 배선기구 등의 시설

1. 옥측 또는 옥외에 시설하는 배분전반은 다음에 따라 시설하여야 한다.

가. 232.84의 규정을 준용할 것.

나. 배분전반 안에 물이 스며들어 고이지 아니하도록 한 구조일 것.

다. 배분전반은 KS C 8324(2007)(가로등용 분전함)의 "7.10 외부분진에 대한 보호", "7.11 방수성", "7.12 방청처리"에 적합할 것.

2. 옥외에 시설하는 배선기구 및 전기사용기계기구는 다음에 따라 시설하여야 한다.

가. 전기기계기구 안의 배선 중 사람이 쉽게 접촉할 우려가 있거나 손상을 받을 우려가 있는 부분은 232.12의 규정에 준하는 금속관 공사 또는 232.51(232.51.3을 제외한다)의 규정에 준하는 케이블 공사(전선을 금속제의 관 기타의 방호 장치에 넣는 경우에 한한다)에 의하여 시설할 것.

나. 전기기계기구에 시설하는 개폐기 · 접속기 · 점멸기 기타의 기구는 손상을 받을 우려가 있는 경우에는 이에 견고한 방호 장치를 하고, 물기 등이 유입될 수 있는 곳에서는 방수형이나 이와 동등한 성능이 있는 것을 사용할 것.

한국전기안전공사 단체표준인증(SPS)

KS C IEC60669-1

사우나, 목욕탕 전기설비 안전 지침

SPS-KESG-VII-C-16-7288:2018

4. 14 옥내의 배선기구 및 이동전선

a) 옥내에 시설하는 저압용의 배선기구는 충전부가 노출되지 않도록 시설하여야 한다.

b) 습기가 많은 곳 또는 물기가 있는 곳에 시설하는 저압용의 배선기구는 방습형을 시설하여야 한다.

c) 옥내에 시설하는 저압용의 배선기구에 전선을 접속하는 경우에는 나사로 고정시키거나 기타 동등 이상의 효력이 있는 방법으로 견고하게 전기적으로 완전히 접속하고 접속점에 장력이 가해지지 않도록 시설하여야 한다.

d) 저압 콘센트는 접지극이 있는 콘센트를 시설하여야 한다.

e) 콘센트, 플러그 등의 배선기구는 파손 또는 빗물이나 물기 등에 젖을 우려가 없도록 시설하는 것이 권장된다.

f) 옥내에서 사용하는 400V 미만의 이동전선은 고무코드 또는 0.6/1kV EP 고무절연 클로로플렌 캡타이어케이블로서 단면적 0.75㎟ 이상을 사용하여야 한다.

g) 욕조나 샤워 시설이 있는 욕실 또는 화장실 등 인체가 물에 젖어있는 상태에서 전기를 사용하는 장소에 콘센트를 시설하는 경우에는 다음 각 호에 따라 시설하여야 한다.

1) 「전기용품 및 생활용품 안전관리법」의 적용을 받는 인체 감전 보호용 누전차단기(정격감도전류 15mA 이하, 동작 시간 0.03s 이하의 전류 동작형의 것에 한한다) 또는 절연변압기(정격용량 3kVA 이하인 것에 한한다)로 보호된 전로에 접속하거나, 인체 감전 보호용 누전차단기가 부착된 콘센트를 시설하여야 한다.

2) 콘센트는 접지극이 있는 방적형 콘센트를 사용하여 접지하여야 한다.

3 외형과 구조

세부 구조

방우형 콘센트는 일반 콘센트와 비교했을 때 상부에서 물기가 흘러내리거나 외부에서 물방울이 튀면 내부로 물기가 스며들지 못하도록 커버(덮개)가 설치된 것이 큰 차이점이다. 커버가 있으면 주변의 높은 습기나 물기를 막을 수는 없지만 간단한 외부 물 튀김은 충분히 보호 가능하다. 또한, 외부에서 튀긴 물기가 벽을 통해서 흘러내려 콘센트 내부로 유입되는 것을 방지하기 위해 콘센트의 커버가 벽과 닿는 부분은 고무패킹이 삽입되어 있다.

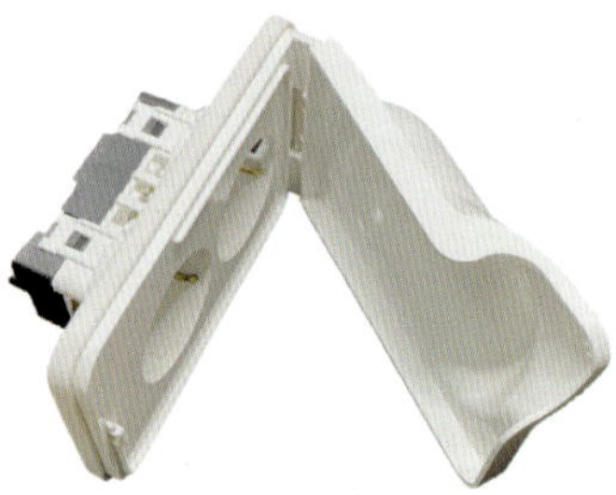

커버를 연 방우형 콘센트

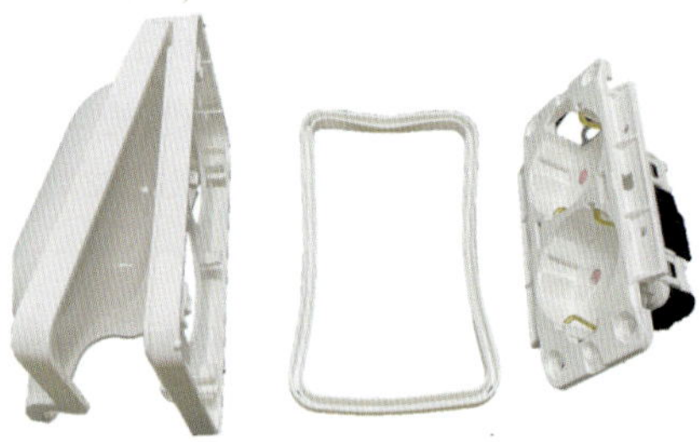

커버를 분해한 방우형 콘센트

| 그림 2-45 | 방우형 콘센트의 구성

다양한 방수형 콘센트

방수 콘센트는 다른 환경이나 요구사항에 맞게 설계되며 선택되어 사용된다. 노출된 벽에 설치할 수 있는 노출형 방수 콘센트, 누전차단기가 부착된 누전차단기 방수형 콘센트, 기존의 콘센트에 커버를 덮어서 설치하여 방수 기능을 얻을 수 있는 방수형 콘센트 커버, 멀티탭에 여러 플러그를 밀폐 구조로 꽂을 수 있게 도와주는 멀티탭 방수 커버도 널리 사용되고 있다.

사용자는 사용하는 환경과 조건에 따라 적절한 콘센트를 선택해야 한다. 실내와 실외의 사용 환경과, 원하는 수준의 IP 등급의 요구사항, 안전 기능, 휴대성, 신뢰성 등을 고려하여 적합한 콘센트를 선택한다. 이때 필요한 기능과 안전성을 충족하는 제품을 선택해야 한다는 것을 꼭 잊지 말자.

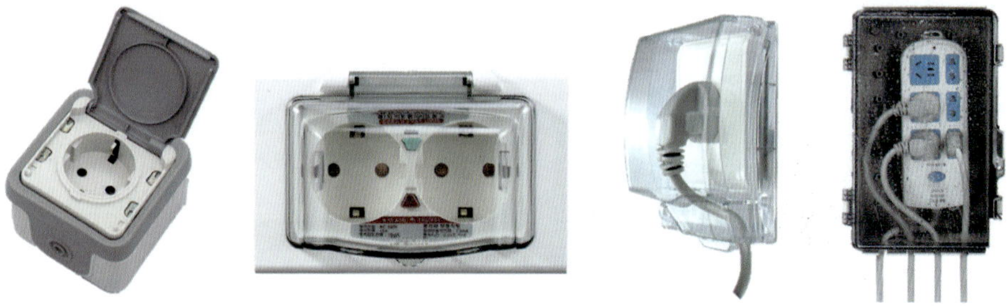

노출형 방수 콘센트 | 누전 차단기 방수형 콘센트 | 방수형 콘센트 커버 | 멀티탭 방수커버

| 그림 2-46 | 다양한 방수형 콘센트

시공 절차와 세부 내용

시공 준비(재료 준비)를 한다.

1 배선차단기의 전원을 내리고 교체 작업을 준비합니다.

2 콘센트의 커버를 올리고 외관상 파손이나 특이사항이 있는지 확인합니다.

커버를 분리한다.

3 커버의 양쪽에 힘을 주어 안전하게 떼어내고, 드라이버를 이용해서 본체를 분리합니다.

4 콘센트를 밖으로 꺼내 전선의 연결 상태를 확인하며, 혹시 벽의 박스 안에 물이 고이거나 튄 문제가 발생했는지 확인합니다.

결선을 분리한다.

5 전선의 손상을 주의하며 본체와 접속된 전선을 분리합니다.

6 콘센트에서 전선을 모두 분리하면 재접속을 위해 전선을 극성에 맞게 한쪽으로 정렬합니다.

7 새 콘센트에 접속 방향을 주의하며 전선을 결선합니다.

8 접지선까지 완전하게 전선을 접속하고 전선이 손상되지 않게 유의하며 벽에 밀어 넣습니다.

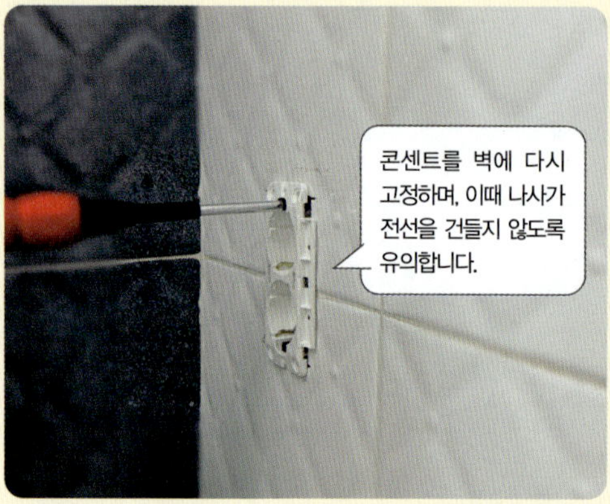

9 드라이버로 콘센트를 벽에 고정합니다. 이때 고정용 긴 나사가 콘센트 안의 전선을 건드리지 않도록 유의하여야 합니다.

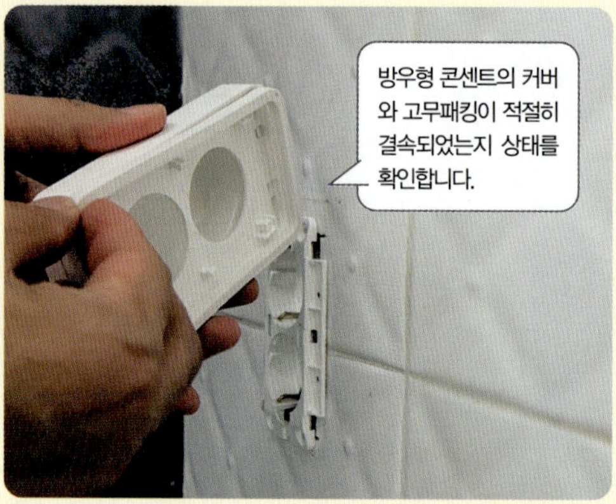

10 방우형 콘센트의 커버와 고무패킹이 적절하게 결속되었는지 확인하면서 커버를 덮을 준비를 합니다.

11 만일 패킹의 접속 상태가 온전하지 못하다면 홈을 따라 패킹을 제대로 고정합니다.

12 모든 설치가 끝나면 배선차단기의 전원을 올리고 동작 상태를 확인합니다.

꼭 주의하세요

① 설치 위치를 신중하게 고르세요.

방수 콘센트는 수분이 많은 환경에서 사용하기 위해서 설계되었지만, 아무리 방수 기능이 좋다고 해도 될 수 있으면 물로부터 영향을 덜 받는 것이 좋습니다. 설치할 위치가 물에 직접 노출되지 않도록 하거나 적절한 방호 조치를 해야 합니다.

② 차단기는 내리고(OFF) 작업해야 합니다.

작업 전에 차단기를 끄는 것은 감전, 화상, 부상을 방지하기 위한 기본적인 안전 조치입니다. 차단기가 켜져 있으면 전기회로에는 전류가 흐르게 되어 단순한 작업이라고 하더라도 전기 작업을 수행하는 동안 큰 위험에 노출됩니다. 인적 위험뿐만 아니라 작업 중 누전, 아크 등에 의한 화재나 기구 파손도 발생할 수 있는데 이를 예방할 수 있습니다. 감전의 위험이나 기기의 손상을 방지하기 위해서 꼭 차단기를 내린 후 배선 작업을 수행해 주세요.

③ 방수 기능이 떨어지지 않게 주의하세요.

방수 콘센트는 방수 기능을 유지하기 위해 구조적으로 밀폐링이나 커버 등의 구성요소를 갖추고 있습니다. 따라서 콘센트를 분해 · 조립 · 설치하는 과정에서 이런 요소들이 손상되지 않아야 하고, 올바르게 설치되어 본래의 기능이 감소하지 않도록 충분히 고려해야 합니다. 예를 들어 방수형 콘센트의 고무패킹이 완전히 벽과 커버 사이에 밀착되지 않으면 벽으로부터 흐르는 물에 대해서는 보호하는 능력이 떨어지게 되어 문제가 발생할 수 있습니다.

④ 유지 보수나 정기 점검 계획을 세우세요.

방수형 콘센트의 유지보수와 정기 점검은 제품의 성능과 안전성을 유지하기 위해 중요합니다. 제품의 잘못된 작동이나 손상을 예방하고 성능을 최적화하기 위해 주기적으로 외부의 먼지나 오염물로부터 콘센트를 청소해야 합니다. 그리고 방수 패킹이나 커버의 상태를 확인해서 변형이나 파손이 있는지도 점검합니다. 연결된 전선과 플러그의 연결 상태를 확인하고 내부에 습기나 물기가 고여 있거나 들어온 흔적이 있는지도 확인하기 바랍니다. 만일 점검 과정에서 이상이 발생하면 콘센트의 안전한 사용과 성능 유지를 위해서 즉시 문제점을 수정하거나 교체를 해야 합니다.

CHAPTER 02

07 충전까지 가능한 USB 콘센트로

미리 준비할 공구와 재료	• **공구류** 일자드라이버, 십자드라이버 • **재료/부품** USB 콘센트

1 제품의 정의

USB 콘센트란?

자고로 충전의 시대다. 당신은 하루에 전자기기를 몇 개 정도 충전하는가? 전기는 냉장고나 TV처럼 콘센트로부터 직접 전원을 받아서 즉시 사용하기도 하지만, 무선 청소기와 같은 제품들은 전기를 충전해서 일정 시간 사용하기도 한다. 그리고 휴대성을 더 높인 휴대폰, 태블릿 PC, 노트북, 스마트워치, 스피커, 게임기, 사진기 등의 전자 제품들은 충전 기술의 발달에 따라 더 쉽고, 빠르고, 큰 용량을 사용하는 것이 가능해졌다. 따라서 전자제품을 사용하고 난 후에 다음을 위해 다시 충전하는 것을 반복하는 일과는 매일 아침에 일어나 세수를 하는 것처럼 당연한 일과가 되고 있다. 아마 이 글을 읽는 독자분들 중에 휴대폰을 하루에 한 번 이상 충전하지 않는 사람은 없으리라 생각된다.

전자제품의 충전이 하루의 일과 중에 계속 반복해야 할 일과라면 어떻게 충전하는 것이 가장 안전하고 편리할까? 종전에는 220V 콘센트에 충전기를 꽂고 전원을 공급받았다. 그러나 최근 사용하는 전자제품의 충전 규격은 대체로 USB 형태를 많이 사용한다. 그중 가장 널리 사용되는 것이 바로 USB A type이다.

USB A 타입의 플러그

USB A 타입의 소켓

| 그림 2-47 | USB A 타입의 플러그와 소켓

전자제품과 직접 연결되는 부분의 타입은 제조사에 따라 다르지만 현재 USB 전원의 입력 규격으로 가장 많이 사용되는 것은 USB A type이다. 이것은 5V의 전압을 사용하며 전자제품의 충전뿐만 아니라 컴퓨터의 주변기기들과 데이터 전송용으로 널리 이용된다. 이처럼 충전기기의 증가는 콘센트 디자인의 변화를 불러오게 된다. 220V 콘센트에 여러 직류기기를 충전하기 위해 각종 어댑터를 연결하면 충전기의 공간이 부족할 뿐만 아니라 경제성도 떨어지고 미적으로도 불편함을 불러온다.

그래서 최근에는 콘센트 자체에 직류 변환 장치가 내장되어 220V 교류 전원과 함께 USB 5V 전원을 함께 사용할 수 있는 콘센트가 이용되고 있다. USB 콘센트는 일반적으로 5V의 전압을 공급하는 USB 포트를 가지고 있어 USB 기기를 직접 충전할 수 있는 기능을 제공한다. 따라서 별도의 어댑터 없이 USB 포트를 통해 휴대폰, 태블릿 PC, 스피커, 각종 충전 장치 등을 편리하게 충전할 수 있다. 그리고 USB 콘센트는 과전류, 과열, 단락 등의 상황에서 자동으로 전원이 차단되는 안전 기능을 갖추고 있으므로 기기와 사용자를 보호하는 전기적 안선성을 가지고 있다.

220V 단자를 이용한 충전　　　USB 단자를 이용한 충전

| 그림 2-48 | 220V와 USB 단자를 이용한 충전 비교

USB 콘센트는 사용자의 요구에 따라 다양한 제품이 출시되고 있다. 일반 콘센트에 비해서 가격은 다소 비싸지만 여러 USB 충전기기를 사용한다면 편리성과 경제성에서 우위를 가지고 있다. USB 소켓의 개수와 220V 사용전원 소켓의 개수에 따라서 다양한 제품이 출시되고 있는데 매립형 콘센트는 기존의 220V 전용 콘센트를 철거하고 교체해서 사용할 수 있으며 멀티탭은 현재 사용 중인 콘센트에 끼워 넣는 방식으로 이용할 수 있다.

USB+1구 콘센트　　　USB+3구 콘센트　　　USB+1구 멀티탭　　　매립형 콘센트

| 그림 2-49 | 다양한 종류의 USB 콘센트

USB 콘센트를 사용하면 이제 집에 흩어져 있는 여러 충전기를 대체할 수 있다. USB 포트가 내장된 벽면 콘센트를 통해서 언제든지 전자제품의 이용에 필요한 직류 전원을 얻을 수 있고, 교류 220V 전원도 함께 사용할 수 있다. USB 방식은 교류 전원에 비해서 큰 장점이 있는데, 바로 국제적인 호환이 가능하다는 것이다. 교류 상용 전원은 각 국가마다 다양한 플러그와 콘센트 모양에 전압과 주파수까지 다르지만, USB 방식은 국제 전기 표준과 전압이 호환되도록 설계되어 있어 다양한 국가에서도 어려움 없이 기기를 사용하기에 적합하다. 일상생활에서 USB 전원 장치의 확산으로 이런 콘센트가 널리 보급되고 있으며 다양한 업체에서 쉽게 구할 수 있다.

USB 콘센트 사용 시 주의사항

USB 콘센트를 사용하는 것은 좋지만, 여느 전자제품과 같이 콘센트와 연결된 장치 모두의 안전을 보장하기 위해서 몇가지 기억하고 명심할 것이 있다.

① **인증 제품의 사용** : 반드시 인증기관의 인증을 통과한 제품을 사용해야 한다. 안전 표준과 신뢰할 수 있는 제조업체나 브랜드의 USB 콘센트를 구입하는 것이 안전을 보장하는 제품이라는 의미에서의 최소한의 안전장치이다.

② **호환성 확인** : 장치를 USB에 연결하기 전에 반드시 USB 콘센트의 전압이나 전류 출력과 호환이 되는지 확인해야 한다. 호환되지 않거나 용량이 너무 큰 부하를 연결하면 콘센트는 손상되거나 과열될 수 있다.

③ **과부하 방지** : USB 콘센트에는 여러 개의 포트가 있지만, 너무 많은 장치를 연결해서 사용할 수는 없다. 기존의 콘센트가 문어발식 사용을 지양하는 것처럼 USB 콘센트도 여러 부하를 연결하여 전원을 공급하는 것은 기능에 부담을 줄

수 있으며 이는 장치의 과열이나 이상을 발생시켜 장치가 오동작하거나 파손될 수 있다. 권장하는 최대 부하의 용량에 대해서 설명서나 제조업체의 지침에 따라야 한다.

④ **케이블의 일상 점검** : USB 케이블은 전압이 낮은 직류라서 220V보다는 안전에 대한 인식이 다소 낮은 것이 사실이다. 그러나 충전 중에는 적지 않은 전류를 사용하는 특성상 케이블의 외적 손상이 있는지 수시로 확인해야 하고 전선의 찍힘, 꺾임의 이상이 발견되면 즉시 케이블을 교체해야 한다는 것을 꼭 기억해야 한다. USB 콘센트도 손상이 확인되었다면 즉시 사용을 멈추고 수리하거나 교체해야 위험을 줄일 수 있다.

⑤ **고속 충전의 호환 확인** : USB 콘센트가 고속 충전과 같이 더 높은 전력 공급을 지원하는 경우 장치의 충전 요구사항이나 제한 사항에 대해서 유의해야 한다. 일부 충전 장치는 충전을 위해서 특정 케이블이 필요하거나 고속 충전 표준과의 호환에 제한이 있을 수 있으므로, 기능을 원활하게 사용하기 위해 꼭 이 사항을 확인해야 한다.

2 외형과 구조

출력 용량의 확인

USB 콘센트를 선택할 때 다양한 제조사의 제품이 서로 비슷한 외관을 가지고 있다면 무엇을 확인해야 할까? 아래 두 제품은 서로 다른 제조사의 제품이지만 외관은 거의 같아 선택에 차이가 없어 보인다. 그러나 USB 콘센트를 선택할 때는 USB 기기를 충분히 충전하거나 작동시키기 위해서 출력 용량을 확인해야 한다.

| 그림 2-50 | 다른 제조사의 제품

출력 용량은 USB 기기를 충전하는 속도를 결정하는 주요 요인이다. 높은 출력 용량을 갖는 USB 콘센트는 더 빠르게 기기를 충전할 수 있으므로 충전 시간을 단축한다. 그리고, 출력이 높을수록 동시에 충전할 수 있는 기기의 수에도 영향을 주어 안정적인 충전 전압을 유지하며 동시에 여러 기기를 충전할 수 있다. 그리고 일부 USB 기기들은 높은 출력 용량을 요구한다. 예를 들어 태블릿 PC, 노트북, 빠른 충전 기능을 갖춘 스마트폰은 충전기의 출력 용량이 기기의 요구사양과 호환이 되지 않으면 충전이 느리거나 제대로 이루어지지 않으므로 높은 출력 용량을 갖는 USB 콘센트가 필요하다. 마지막으로 충전 중에 전압이나 전류가 불안정하면 기기에 손상을 줄 수 있으므로, 충분한 출력 용량을 갖는 USB 콘센트를 선택하여 기기의 안전한 충전을 보장해야 한다.

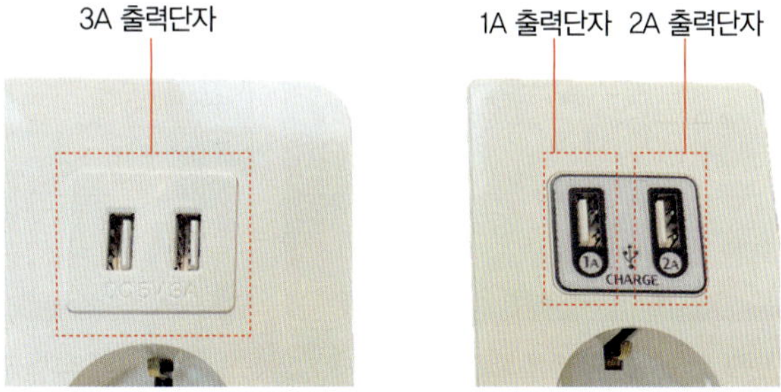

| 그림 2-51 | 서로 다른 출력 용량의 확인

세부 구성

USB 콘센트는 일반적으로 다음과 같은 구성요소로 되어있다. 첫째는 외부 케이스이다. USB 콘센트는 일반 콘센트와 마찬가지로 크게 본체와 커버로 구성되어 있다. 본체의 설치를 위해 커버를 본체에서 분리할 수 있으며, 재조립의 과정도 살짝 힘을 주어 끼워 넣으면 된다. 여기에 220V 상용전원의 소켓에는 전기적 안전을 위해 접지극이 사용되므로 접지 단자가 포함되어 있다. USB 콘센트는 220V 상용전원을 받아 직류 전원으로 변환하는 직류 변환 회로가 포함되어 있다. 이는 USB에 전원을 공급하는 전력 변환 회로뿐만 아니라 안정적인 충전을 위해서 과전류나 단락 등의 상황에서 회로를 보호할 수 있는 회로가 포함되어 있을 수 있다. 이러한 여러 구성요소는 사용자가 USB 기기를 충전하고, 220V 상용전원도 사용할 수 있도록 도와준다.

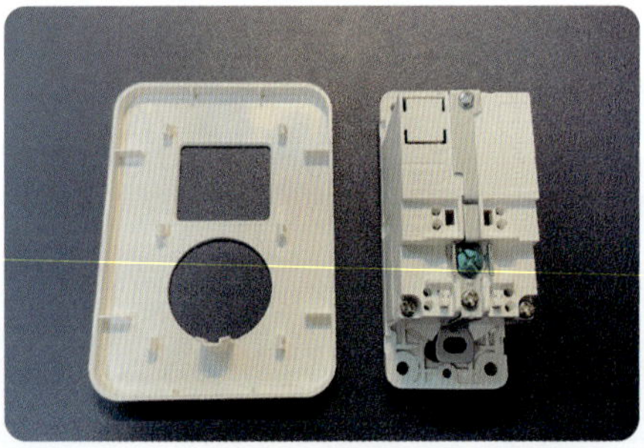

본체, 커버의 분리

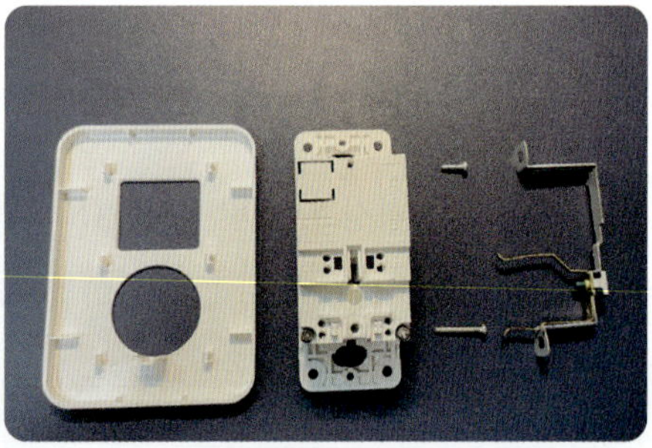

본체, 커버, 접지극의 분리

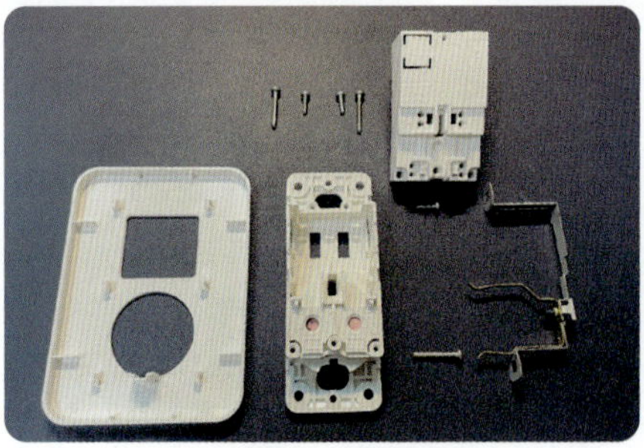

본체, 커버, 접지극, 직류회로의 분리

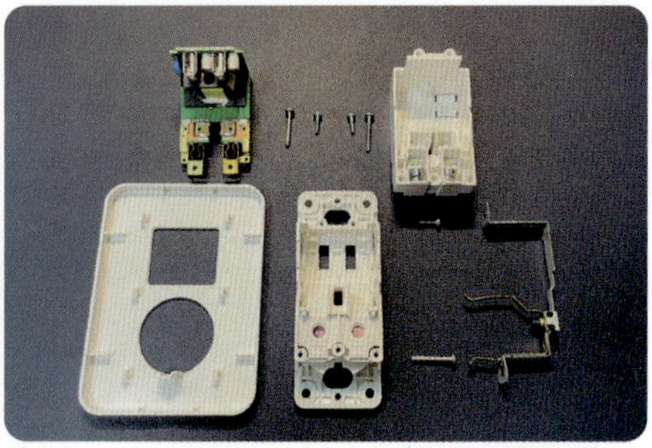

본체, 커버, 접지극, 직류회로, 보호커버의 분리

| 그림 2-52 | USB 콘센트의 분해

시공 절차와 세부 내용

콘센트 커버를 분리한다.

1 배선차단기의 전원을 내리고 주변을 정리하면서 교체 작업을 준비합니다.

2 일자 드라이버를 준비하고, 드라이버를 벽과 커버 사이에 넣고 돌리며 커버를 본체와 분리합니다. 이때 지나치게 힘을 주어 커버나 벽이 손상되지 않도록 주의합니다.

본체를 벽에서 분리합니다.

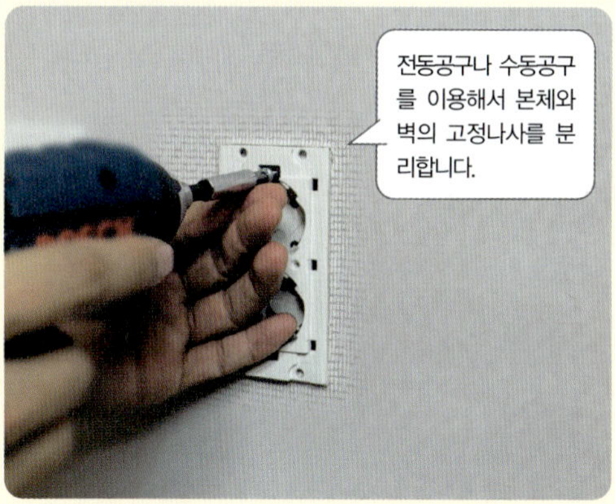

3 콘센트 본체는 벽에 매입된 스위치 박스와 긴 나사로 고정이 되어 있습니다. 전동공구나 수동공구를 사용해서 십자 나사를 반시계 방향으로 돌려 풀어줍니다.

4 고정나사는 위와 아래에 각각 설치되어 있으니, 같은 방식으로 나사를 모두 분리합니다.

5 이미 설치된 콘센트의 뒷면 전선 접속 상태가 어떤지 아직 알 수 없습니다. 조심히 콘센트의 본체를 꺼내면서 혹시 모를 전선의 분리나 손상을 방지합니다.

6 콘센트를 박스에서 꺼냈다면 천천히 본체를 돌려가며 박스 내부의 상태와 전선의 손상 여부를 확인합니다.

7 벽의 박스 안쪽으로 전선의 여유가 충분히 있는지 확인하고 습기나 이물질의 존재 여부도 확인합니다.

8 콘센트에 접속된 전선의 접속 상태와 전선의 색깔을 확인합니다. 이 예시에서는 노란색과 흰색이 전원선, 녹색은 접지선으로 사용되었습니다.

기존 콘센트를 제거하고 새 콘센트를 접속합니다.

9 일자 드라이버로 분리 단자를 누른 뒤 기존에 설치된 전선을 빼냅니다. 전선에 지나치게 힘을 주거나 다른 공구를 사용하여 전선이 손상되지 않도록 유의합니다.

10 USB 콘센트를 준비하고 전원선을 꽂아서 접속합니다.

11 전원선은 2가닥을 고정하며 USB 콘센트 양쪽에 모두 접속하고 올바르게 접속되었는지 상태를 확인합니다.

12 접지선은 제품에 따라 꽂음형, 조임형 등이 있습니다. 이 제품은 나사를 조이는 방식으로 되어있으므로 접속을 위해 드라이버를 준비합니다.

13 조임형 단자를 풀고 접지선을 삽입한 후 다시 시계방향으로 나사를 돌려 조여줍니다.

14 전선의 접속이 끝나면 박스를 다시 벽에 넣고 콘센트를 고정합니다.

커버를 덮고 작업을 마무리합니다.

15 콘센트의 고정이 바르게 되었는지 확인한 후 커버를 덮습니다.

16 콘센트가 단단하고 올바르게 설치되었는지 확인하고, 배선차단기를 올려 전원을 다시 투입합니다.

17 USB 콘센트의 기능이 정상적으로 되는 것을 확인하면 주변을 정리하고 작업을 마무리합니다.

꼭 주의하세요

① 필요한 포트 수를 확인합니다.

사용자에 따라서 콘센트의 요구하는 포트 수가 다릅니다. 어떤 경우는 220V가, 또 다른 경우는 USB 포트의 개수가 더 필요한 때도 있습니다. 사용자의 사용 특성과 장소에 맞추어 원하는 수의 포트가 내장된 콘센트를 골라야 합니다.

② 콘센트 박스의 크기를 확인합니다.

USB 콘센트는 구조상 기존의 콘센트보다 크기가 약간 더 클 수 있습니다. 따라서 기존에 사용하는 콘센트 박스가 새 USB 콘센트를 수용할 수 있을 만큼 적당히 깊은지 확인해야 합니다. USB 콘센트는 내장형 전력 변환 장치로 더 많은 공간이 필요하므로 설치하기 전에 박스의 크기와 박스 안에 전선의 배치로부터 충분한 공간을 얻을 수 있는지 확인해야 합니다.

③ 기존 콘센트의 선을 잘 분리하여 새로운 콘센트에 결합합니다.

기존 콘센트에는 전력선만 연결된 것이 아닙니다. 전력선과 함께 접지 역할을 하는 접지선도 연결이 되어 있으므로 새 USB 콘센트에 연결할 때는 전력선과 접지선이 각각 구분되어 정확하게 전기적으로 결속되는지 확인해야 합니다. 올바른 결선을 위해 콘센트의 각 접속단자의 역할을 미리 파악하시기 바랍니다.

④ 적절한 정격용량을 확인합니다.

USB 콘센트를 설치할 때는 사용하는 회로의 전기부하에 적절한 용량을 출력하는지 확인해야 합니다. USB 단자에 따라 1A, 2A, 3A 등 다양한 출력전류를 내보낼 수 있으니 사용이나 충전하는 기기에 맞는 용량의 콘센트 여부를 확인하시기 바랍니다. 또한 사용 중 USB 멀티탭을 이용하여 용량을 넘는 기기가 연결되지 않도록 유의하여야 합니다.

CHAPTER 02

08 차단기도 내 손으로

미리 준비할 공구와 재료	
	● **공구류** 십자드라이버
	● **재료/부품** 배선차단기, 멀티테스터

1 제품의 정의

배선차단기란?

물이 나오는 수도꼭지의 수도 밸브를 잠그면 물이 멈춘다. 이런 역할을 하는 수도 밸브는 물의 양과 흐름을 제어하는 훌륭한 도구이다. 비록 다른 시스템에 사용되지만, 전기회로에서는 배선차단기가 수도 밸브와 같은 역할을 한다. 단지 다른 사실이라면 수도 밸브는 물의 양을 조절할 수 있지만, 배선차단기는 전류를 흘리거나 차단하는 ON/OFF의 두 가지 동작만 가능하다는 것이다. 그리고 수도 밸브는 많은 양의 물이 흐르게 되면 자동으로 물을 차단할 수 없지만, 배선차단기는 정해진 만큼의 전류(정격 전류)보다 더 큰 전류가 흐르면 자동으로 차단한다는 것이다. 이렇게 두 장치는 각각의 시스템에서 중요한 역할을 한다. 수도 밸브가 수도 시스템의 안전을 도모하고 누수나 파손으로부터 이상 유량의 흐름을 방지한다면, 배선차단기는 전기안전을 도모하고 전기 시스템과 전기기기를 보호하는 전기회로의 필수적인 구성요소이다.

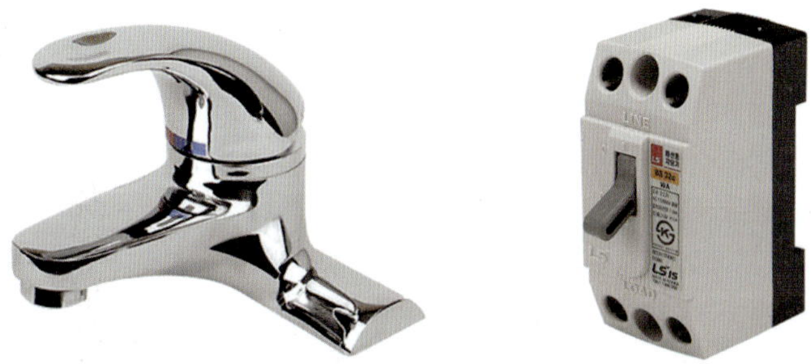

수도꼭지　　　　　　　　배선차단기

| 그림 2-53 | 서로 비슷한 역할을 하는 수도꼭지와 배선차단기

배선차단기는 영어로 MCCB(Molded Case Circuit Breaker)라고 하며, 전기 회로에서 발생할 수 있는 과전류, 단락, 과부하 등의 문제로부터 전기 시스템과 기기를 보호하는 장치이다. 주로 가정이나 상업용 전기 시스템에서 사용되며, 전기적인 문제가 발생하면 스스로 전원 공급을 차단하여 안전을 유지한다. 쉽게 말해서 정상상태보다 큰 이상 전류가 흐른다면 배선차단기는 이를 감지하여 스스로 회로를 끊어 버리는 역할을 하는 문지기와 같다. 따라서 배선차단기는 배전시스템의 중요한 구성요소로서 실제로 전기를 사용하는 모든 곳에 빠지지 않고 이용되고 있다. 전기 시스템은 사용하는 과정에서 얼마든지 단락 사고, 과부하와 같은 이상이 발생할 수 있으므로 이런 사고로부터 전기회로나 장비가 손상되기 전에 이를 방지하는 장치가 바로 이 배선차단기이다. 우리가 가정에서 쉽게 볼 수 있는 차단기는 2극 차단기이지만 배선차단기는 용도와 용량에 따라 다양한 제품이 판매되고 있다.

1극 차단기

2극 차단기

2극 차단기

3극 차단기

3극 차단기

4극 차단기

| 그림 2-54 | 다양한 종류의 배선차단기

그렇다면 이런 질문이 생길 수도 있다. 배선차단기와 일반 스위치와는 무엇이 다를까? 서로 전기회로를 ON/OFF 하는 비슷한 역할을 하지만 사실 두 기구는 전기회로에서 완전히 다른 목적으로 기능을 수행한다. 일단 기능을 살펴보면, 배선차단기는 전기회로에서 발생할 수 있는 과전류, 단락, 과부하 등의 문제로부터 전기 시스템과 전기회로를 보호하는 반면, 스위치는 전기회로를 개폐하여 전기 흐름만을 제어하고 전기기기를 작동시키는 데 사용된다. 그리고 배선차단기에는 전기회로에 문제가 발생하면 자동으로 전력 공급을 차단하는 자동 차단 기능이 있지만, 스위치는 사용자가 수동으로 작동시켜 회로를 개폐한다. 설치 위치도 다르다. 배선차단기가 주로 전기회로의 분전함이나 분전반과 같은 전체 전기회로를 보호하기 위해 전기 공급의 시작점에 위치한다면, 스위치는 일반적으로 전기기기를 제어하기 편리한 곳에 직접 설치되어 해당 기기의 전원을 개폐한다.

〈표 2-7〉 차단기와 스위치의 차이점

항목	스위치(Switch, 개폐기)	차단기(Breaker)
의미	• 열 개(開), 닫을 폐(閉) • 회로를 여닫는 기기	• 막을 차(遮), 끊을 단(斷) • 회로의 이상 시 전류를 차단
동작 형태	회로의 한 선만을 차단	전원 선로 2선을 모두 차단
개폐 동작	정상적인 회로에서 회로를 ON/OFF 할 수 있음.	비정상적인 상태에서도 회로를 ON/OFF 할 수 있음.
기능	전원의 투입 · 개방 기능만 있음.	고장 전류(과부하, 단락 사고) 차단 능력 포함
위치	사용자가 자주 사용하는 편리한 위치에 설치	일반적으로 배전반이나 분전반에 설치
조작 빈도	높은 빈도로 조작	낮은 빈도로 조작
가격	저렴함.	비쌈.
공통점	• 부하에 전원을 투입하거나 차단 • 아크를 없애는 기능이 있음.	

배선차단기의 종류

배선차단기는 역할에 따라 산업용과 가정용이 있다. 산업용은 주로 용량이 크고, 산업환경에 사용하는 반면 가정용은 용량이 작고, 일반주거 환경에서 사용한다. 산업용이 일반적으로 정격 전류가 더 높고 고온, 습도와 진동의 더 까다로운 조건을 견딜 수 있지만 가정용은 일반적으로 정격 전류가 더 낮고 가정에서 흔히 볼 수 있는 환경에 적합하다. 두 차단기의 구분은 배선차단기의 명판으로 가능하다.

주택용 배선차단기

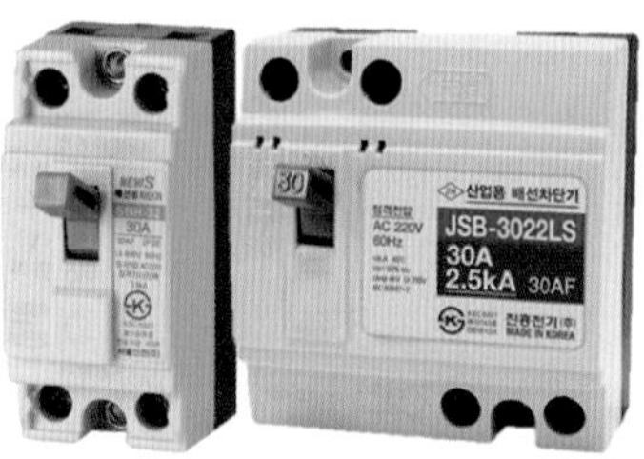

산업용 배선차단기

| 그림 2-55 | 주택용과 산업용 배선차단기

누전차단기란?

이제 배선차단기와 생김새와 기능이 거의 같은 누전차단기를 알아보자. 누전차단기는 쉽게 말해 누전이 발생하면 전기회로를 끊는 차단기이다. 배선차단기는 주로 과전류의 이상을 감지하여 동작하는 반면, 누전차단기는 이와 함께 누전을 감지할 수 있는 기능도 있다. 전기 시스템에서는 의도한 회로를 따르지 않고 의도하지 않은 경로를 통해 전류가 흐를 때가 간혹 발생한다. 예를 들어 수도 시스템을 생각하면 원래 주어진 수도 배관을 따라 물길이 만들어져야 정상인데, 수도 배관에 구멍이 생기면 의도하지 않은 경로로 물이 흘러갈 것이고 그것을 우리는 '누수'라고 말한다. 이처럼 전기 시스템에서도 전기 장비나 회로의 절연 또는 접지의 결함으로 누전 사고가 발생할 수 있다. 누설전류는 어떤 경우 밀리암페어(mA) 정도의 아주 적은 양이라도 상황에 따라 다양한 문제를 일으키기 때문에 사고의 예방과 대책이 꼭 만들어져야 한다. 예를 들어 누전은 전기회로에서 전압 강하, 장비 손상, 잡신호, 오작동을 일으키고 인체에 가해지면 감전, 인화성 물질에 의해 화재까지 사고가 유발될 수 있기 때문이다.

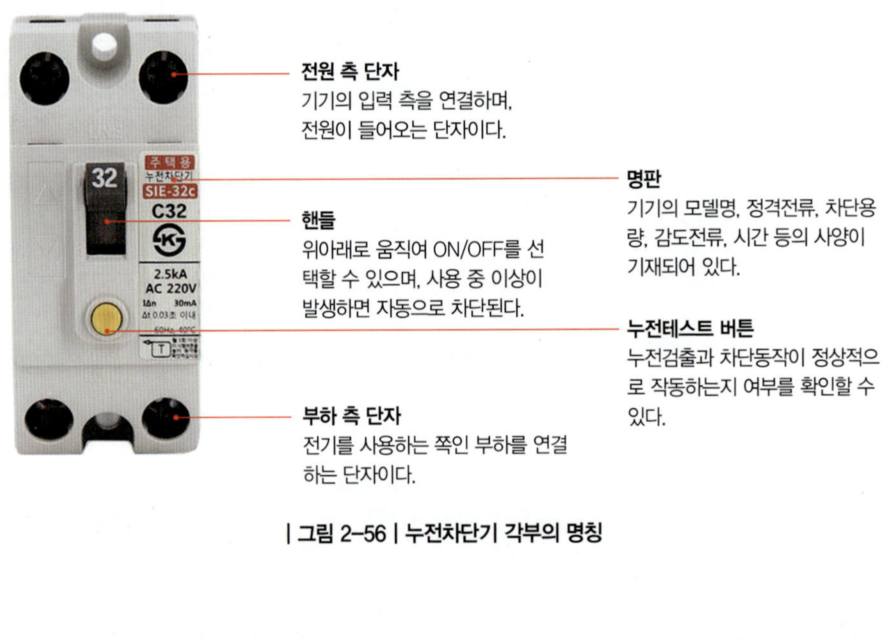

| 그림 2-56 | 누전차단기 각부의 명칭

배선차단기와 누전차단기의 외형상 가장 큰 차이는 바로 '테스트 버튼'이다. 누전차단기는 누전 시 차단기의 정상 동작 여부를 확인하기 위해 정면에 테스트 버튼을 가지고 있지만, 배선차단기는 이 버튼이 없다. 누전차단기는 어떻게 동작할까? 누전차단기는 전력선과 중성선 사이에 흐르는 전류를 지속해서 감시하는 구조를 갖추었는데, 만일 입출력의 전류 크기가 차이 나는 것으로 누전의 발생을 인지하면 신속하게 전기 공급을 차단한다. 보통 입력과 출력의 차이가 30mA가 넘으면 동작하고 이러한 신속한 감지와 동작은 절연 이상으로 발생하는 누전, 화재, 감전을 방지하는 데 도움이 된다.

누전차단기와 배선차단기의 조합

보통의 배전반에는 배선차단기와 누전차단기가 함께 구성되어 있다. 메인에 해당하는 주차단기는 배선차단기를 사용하고, 서브에 해당하는 분기 차단기는 여러 개의 누전차단기로 조합이 이루어진다. 이처럼 누전차단기가 각각의 회로로 나뉘는 분기 차단기로 사용되는 이유는 전체 가정 회로의 일부에서 누전이 발생했을 때 주차단기가 동작하지 않고, 회로 일부만을 차단하기 위해서이다. 예를 들어 주방에서 누전 사고가 발생한다면 이 사고로 인해 집안의 전체 회로가 차단되는 것이 아니라 이상 있는 부분에 해당하는 차단기만 동작하여 사고가 확대되는 것을 막는 것이다.

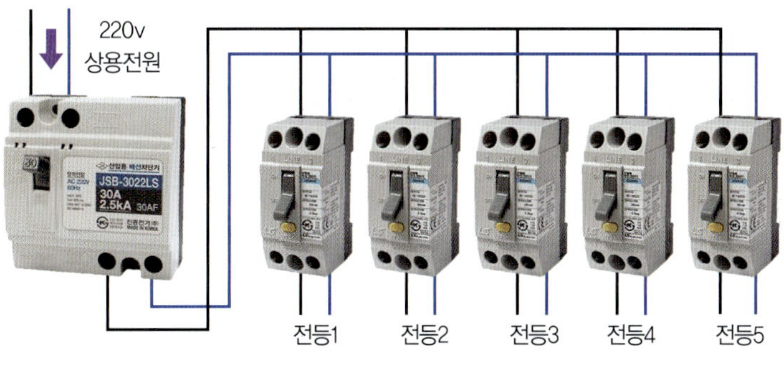

| 그림 2-57 | 분전반의 기본 회로 구성(메인: 배선차단기, 분기: 누전차단기)

누전이라는 것은 무엇인지 알아보자. 아래 회로를 보면 전기를 사용하는 부하가 있고 교류 전기가 이 부하로 흐르고 있다. 전류의 크기는 5A로 교류는 왕복으로 흐르지만 이를 표현하기 위해 편의상 한쪽으로 나타내면 그림 2-58의 왼쪽 그림과 같다. 이상이 없을 때는 전류가 차단기를 거쳐 선로를 타고 부하로 이동해서 다른 방향으로 다시 돌아오는 전기회로(electric circuit)가 만들어진다. 그러나 오른쪽 그림과 같이 선로나 부하에서 누전이 발생하면 이상 전류는 회로를 거쳐서 흐르지 않고 다른 길을 통해서 외부로 흘러나가게 된다. 만일 차단기를 통해서 흘러들어온 전기가 5A였는데 누전으로 인해 다시 흘러나가는 전류가 4A라면, 1A만큼의 입 · 출력 차이가 발생하는 것이다. 누전차단기는 연속적인 모니터링을 하는 도중 이를 감지하면 즉시 차단기를 동작시켜 회로의 전류 공급을 차단한다.

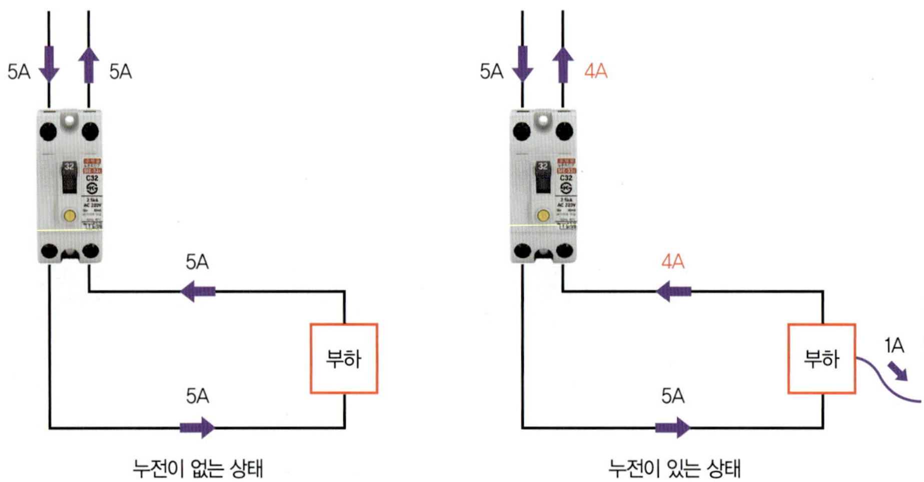

| 그림 2-58 | 정상 회로와 누전 회로의 비교

누전차단기는 어디에 설치해야 할까? 누전차단기는 전기기기의 누전으로부터 사용자를 보호하기 위해 설치한다. 먼저 가정의 주요 생활공간에는 누전차단기를 전부 설치해야 한다. 그리고 물과 전기가 동시에 사용되는 장소에서는 전기적 안전에 특히 유의해야 하므로 이곳에도 누전차단기를 설치하여 사용자의 안전을 보호해야 한다. 외부 공간 중에도 콘센트, 조명 등은 누전차단기로 보호되어야 한다. 특히, 마당, 정원, 발코니, 테라스 등 야외 공간에서 사용되는 전기 시설은 외부 요인에 의한 누전의 위험이 크기 때문에 적절한 누전차단기를 설치하여 안전을 유지해야 한다.

〈표 2-8〉 누전차단기를 설치해야 할 장소

기계기구의 시설장소 / 전로의 대지전압	옥내		옥측		옥외	물기가 있는 장소
	건조한 장소	습기가 많은 장소	우선 내	우선 외		
150V 이하	–	–	–	□	□	○
150V 초과 300V 이하	△	○	–	○	○	○

○ : 누전차단기를 시설할 것
△ : 주택에 기계기구를 시설하는 경우는 주택용 누전차단기를 시설할 것
□ : 주택 구내 또는 도로의 접합 면에 룸에어컨디셔너, 아이스박스, 쇼케이스, 자동판매기 등 전동기를 부품으로 한 기계기구를 시설하는 경우는 누전차단기를 시설하는 것이 바람직하다.

분전반

대부분 가정에는 분전반이 설치되어 있다. 이는 가정으로 들어오는 전기회로를 관리하고 전기 공급을 제어하는 집중식 구조이며 주로 집의 현관이나 때에 따라서 주방, 창고, 지하실, 옥외 등에 설치되기도 한다. 가정용 분전반은 집안의 모든 시스템이 모여 있는 곳이며, 각 회로가 특정한 차단기에 연결되어 있어서 개별적인 제어와 격리를 할 수 있다. 집안의 전기회로는 분전반을 통해 집 전체에 전기를 공급하고 각각의 회로를 개별적으로 제어하는 것이다. 예를 들어 주방의 콘센트와 거실의 조명은 서로 분리되어 각각의 차단기에 연결되어 있으므로 특정 회로에 문제가 생겼을 때 사고가 확대되는 것을 막을 수 있다. 보통 전기 시설이 큰 건물에서 직접 부하에 연결되지 않고 주로 구역을 나눌 때 사용하는 것이 배전

반이라면, 분전반은 그것보다 작은 규모에서 그 역할을 한다. 분전반의 차단기는 부하와 직접 연결되며 배전반보다 그 크기가 작은 것이 특징이다.

분전반의 구조는 비교적 복잡하지 않다. 주차단기, 분기차단기, 버스바, 함 등으로 이루어져 있으며 점검과 보수가 쉽도록 분전반의 접근이 어렵지 않아야 한다.

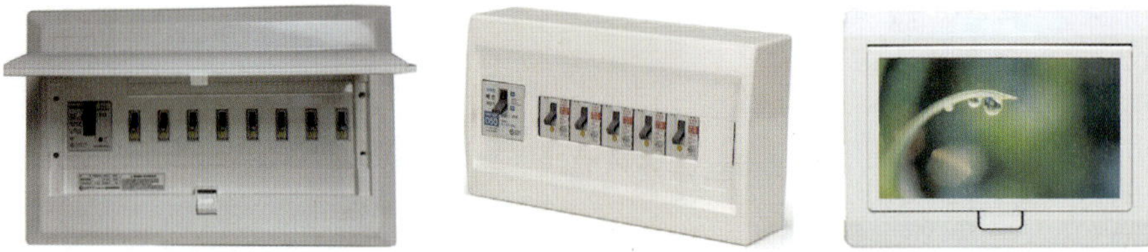

매립형 분전반 노출형 분전반 액자형 분전반

| 그림 2-59 | 분전반의 종류

2 관련 법령과 기술기준

한국전기설비기준(KEC)

211.2.4 누전차단기의 시설

1. 전원의 자동차단에 의한 저압 전로의 보호대책으로 누전차단기를 시설해야할 대상은 다음과 같다. 누전차단기의 정격 동작전류, 정격 동작시간 등은 211.2.6의 3 등과 같이 적용대상의 전로, 기기 등에서 요구하는 조건에 따라야 한다.

   가. 금속제 외함을 가지는 사용전압이 50V를 초과하는 저압의 기계기구로서 사람이 쉽게 접촉할 우려가 있는 곳에 시설하는 것에 전기를 공급하는 전로. 다만, 다음의 어느 하나에 해당하는 경우에는 적용하지 않는다.

   (1) 기계기구를 발전소·변전소·개폐소 또는 이에 준하는 곳에 시설하는 경우
   (2) 기계기구를 건조한 곳에 시설하는 경우
   (3) 대지전압이 150V 이하인 기계기구를 물기가 있는 곳 이외의 곳에 시설하는 경우
   (4) 「전기용품 및 생활용품 안전관리법」의 적용을 받는 이중절연구조의 기계기구를 시설하는 경우
   (5) 그 전로의 전원 측에 절연변압기(2차 전압이 300V 이하인 경우에 한한다)를 시설하고 또한 그 절연 변압기의 부하 측의 전로에 접지하지 아니하는 경우

(6) 기계기구가 고무 · 합성수지 기타 절연물로 피복된 경우

(7) 기계기구가 유도전동기의 2차 측 전로에 접속되는 것일 경우

(8) 기계기구가 131의 8에 규정하는 것일 경우

(9) 기계기구내에 「전기용품 및 생활용품 안전관리법」의 적용을 받는 누전차단기를 설치하고 또한 기계기구의 전원 연결선이 손상을 받을 우려가 없도록 시설하는 경우

나. 주택의 인입구 등 이 규정에서 누전차단기 설치를 요구하는 전로

다. 특고압전로, 고압전로 또는 저압전로와 변압기에 의하여 결합되는 사용전압 400V 초과의 저압전로 또는 발전기에서 공급하는 사용전압 400V 초과의 저압전로(발전소 및 변전소와 이에 준하는 곳에 있는 부분의 전로를 제외한다).

212.6.2 저압옥내전로 인입구에서의 개폐기의 시설

1. 저압 옥내전로(242.5.1의 1에 규정하는 화약류 저장소에 시설하는 것을 제외한다. 이하 같다)에는 인입구에 가까운 곳으로서 쉽게 개폐할 수 있는 곳에 개폐기(개폐기의 용량이 큰 경우에는 적정 회로로 분할하여 각 회로별로 개폐기를 시설할 수 있다. 이 경우에 각 회로별 개폐기는 집합하여 시설하여야 한다)를 각 극에 시설하여야 한다.

2. 사용전압이 400V 이하인 옥내 전로로서 다른 옥내전로(정격전류가 16A 이하인 과전류 차단기 또는 정격전류가 16A를 초과하고 20A 이하인 배선차단기로 보호되고 있는 것에 한한다)에 접속하는 길이 15m 이하의 전로에서 전기의 공급을 받는 것은 제1의 규정에 의하지 아니할 수 있다.

3. 저압 옥내전로에 접속하는 전원 측의 전로(그 전로에 가공 부분 또는 옥상 부분이 있는 경우에는 그 가공 부분 또는 옥상 부분보다 부하 측에 있는 부분에 한한다)의 그 저압 옥내 전로의 인입구에 가까운 곳에 전용의 개폐기를 쉽게 개폐할 수 있는 곳의 각 극에 시설하는 경우에는 제1의 규정에 의하지 아니할 수 있다.

235.1 옥측 또는 옥외에 배 · 분전반 및 배선기구 등의 시설

1. 옥측 또는 옥외에 시설하는 배분전반은 다음에 따라 시설하여야 한다.

가. 232.84의 규정을 준용할 것.

나. 배분전반 안에 물이 스며들어 고이지 아니하도록 한 구조일 것.

다. 배분전반은 KS C 8324(2007)(가로등용 분전함)의 "7.10 외부분진에 대한 보호", "7.11 방수성", "7.12 방청처리"에 적합할 것.

2. 옥외에 시설하는 배선기구 및 전기사용기계기구는 다음에 따라 시설하여야 한다.

가. 전기기계기구 안의 배선 중 사람이 쉽게 접촉할 우려가 있거나 손상을 받을 우려가 있는 부분은 232.12의 규정에 준하는 금속관공사 또는 232.51(232.51.3을 제외한다)의 규정에 준하는 케이블공사(전선을 금속제의 관 기타의 방호 장치에 넣는 경우에 한한다)에 의하여 시설할 것.

나. 전기기계기구에 시설하는 개폐기 · 접속기 · 점멸기 기타의 기구는 손상을 받을 우려가 있는 경우에는 이에 견고한 방호장치를 하고, 물기 등이 유입될 수 있는 곳에서는 방수형이나 이와 동등한 성능이 있는 것을 사용할 것.

다. 「물환경보전법」에서 정하는 바닥분수 등 물놀이형 수경시설에 설치되는 전기설비는 「전기용품 및 생활용품 안전관리법」의 적용을 받는 인체감전보호용 누전차단기(정격감도전류 15㎃ 이하, 동작시간 0.03초 이하의 전류동작형에 한한다) 또는 절연변압기(정격용량 3kVA 이하인 것에 한한다)로 보호된 전로에 접속하여야 한다.

3. 옥측 및 옥외에 시설하는 저압의 전기간판에 전기를 공급하는 전로에는 전로에 지락이 생겼을 때에 자동적으로 전로를 차단하는 장치를 시설하여야 한다.

3 외형과 구조

배선차단기와 누전차단기의 특징

이상 전류로부터 전원을 차단하는 방식은 크게 퓨즈를 사용하는 방법과 차단기를 사용하는 방법으로 나뉜다. 퓨즈와는 달리 배선차단기는 회로에 과도한 전류가 흐르면 자동으로 동작하며 회로가 정상으로 돌아오면 기기를 교체하지 않고 다시 정상적으로 사용할 수 있다. 반면, 퓨즈는 일단 이상 상태가 발생하여 동작하면 재활용을 할 수 없다는 특징이 있다.

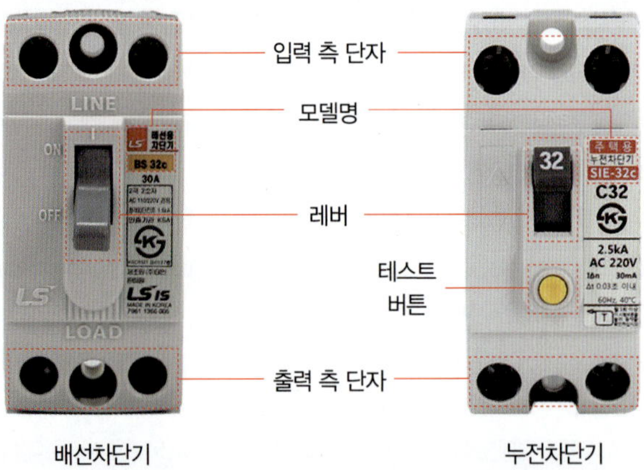

| 그림 2-60 | 배선차단기와 누전차단기의 외부 명칭

배선차단기는 과전류가 흐르면 바로 동작하는 것처럼 보이지만 그 내부에는 시간을 조절하는 기능이 들어가 있다. 즉, 보호하는 회로에 위험을 초래할 정도로 과전류가 오래 지속할 때 작동하는 것이다. 그래서 어떤 배선차단기는 잠깐씩 발생하는 큰 전류에는 동작하지 않는 것도 있다. 배선차단기의 외관은 1극, 2극, 3극, 4극과 같이 다양한 극의 형태를 가지고 있으며 대부분은 2극이나 3극용이 사용된다. 만일 한쪽 회로가 고장이 났다면 스위치와는 다르게 전체 회로를 차단하여 완전히 전기회로를 분리한다. 정상 작동 조건에서 배선차단기는 ON이나 OFF가 수동 상태로 작동한다. 이때 과전류가 발생하면 자동으로 차단기가 동작하는 것이다.

세부 동작 원리

이 동작은 어떻게 하면 가능할까? 이 동작의 메커니즘을 시각처럼 관찰한다면 다음과 같다. 동작하는 방식은 크게 열동식과 전자식으로 구분된다. 먼저 열동식은 과부하 조건에서 바이메탈을 통과하는 전류가 바이메탈 온도를 상승시킨다. 바이메탈 내부에서 발생하는 열은 금속의 팽창을 가져오고 이는 한쪽으로 휘어진다. 왜냐하면, 바이메탈은 일반적으로 황동과 강철의 두 가지 다른 금속을 용접하여 정상적인 전류에는 변형이 없지만 큰 전류가 흐르면 가열되어 한쪽으로 구부러지는 특징을 가지기 때문이다. 이렇게 바이메탈이 휘어지면 트립 래치를 움직여 접점이 분리하게 된다.

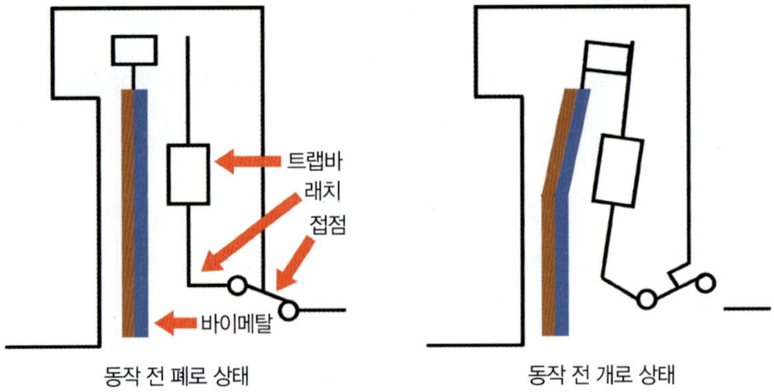

| 그림 2-61 | 열동식 배선차단기의 동작 원리

어떤 배선차단기는 코일에 의해 생성된 자기장으로 바이메탈의 당김을 발생하여 트립 메커니즘을 만든다. 이를 배선차단기의 동작 구분으로 분류할 때 전자식이라고 한다. 단락이나 과부하 상태에서 자기 트립 장치는 별다른 움직임을 보이지 않는다. 즉, 정상적인 작업 조건에서 코일에 의해 생성된 자기장이 래치를 끌어당기기에 힘이 충분하지 않아서 기존 상태를 유지하는 것이다. 그러나 고장 전류가 흐르면 코일에 의해 생성된 자기장은 스프링의 고정력을 이겨내는 데 충분하여 래치를 구동시켜 접점을 분리한다.

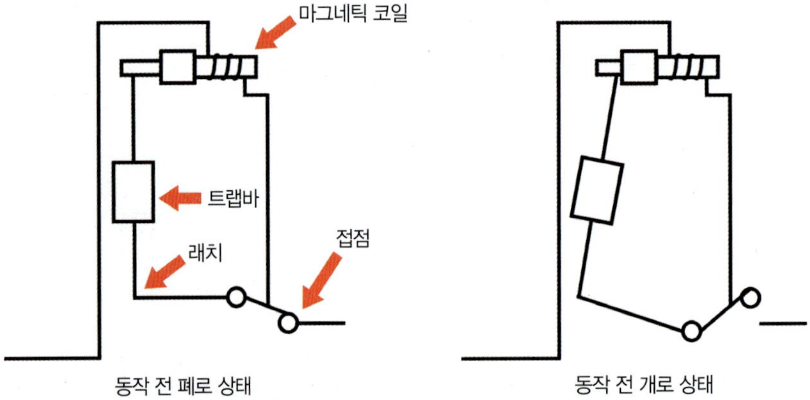

| 그림 2-62 | 전자식 배선차단기의 동작 원리

시공 절차와 세부 내용

시공 준비(재료 준비)를 한다.

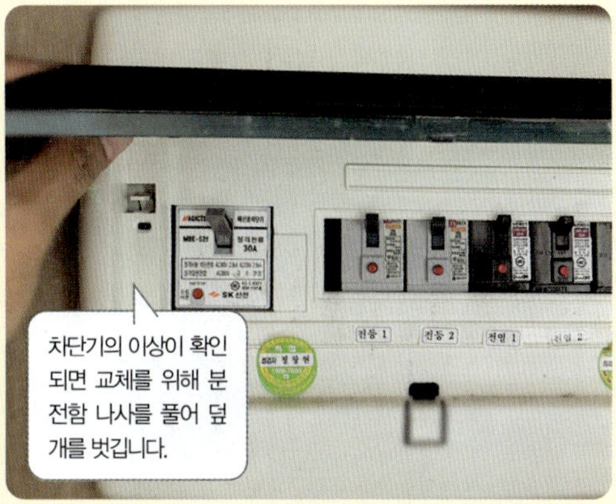

1 우선, 작업을 시작하기 전에 가정내 분전반의 위치를 확인하고 차단기의 이상 여부를 점검합니다.

2 차단기의 이상이 확인되면 교체를 위해 분전함의 나사를 풀어줍니다. 보통 분전함의 양쪽을 십자드라이버를 이용하여 풀 수 있습니다.

분전함의 덮개를 연다.

3 분전함의 덮개를 열고, 내부의 결선 상태를 확인합니다. 혹시 손상된 부분이 있는지와 여유 공간이 충분한지 검토해야 합니다. 작업을 하기 위해서는 안전한 자세가 나오는지도 미리 확인합니다.

4 이상이 있는 교체할 차단기를 지정했다면, 2차 측의 연결 상태를 확인합니다.

5 배선차단기가 어떤 형식으로 고정되어 있는지 확인합니다. 보통 위아래에 2개의 볼트로 고정되어 있습니다.

6 주 전원을 차단한 후 배선차단기를 교체할 준비를 합니다. 조명이 모두 꺼지기 때문에 손전등과 같은 조명을 준비할 필요가 있습니다.

차단기를 교체한다.

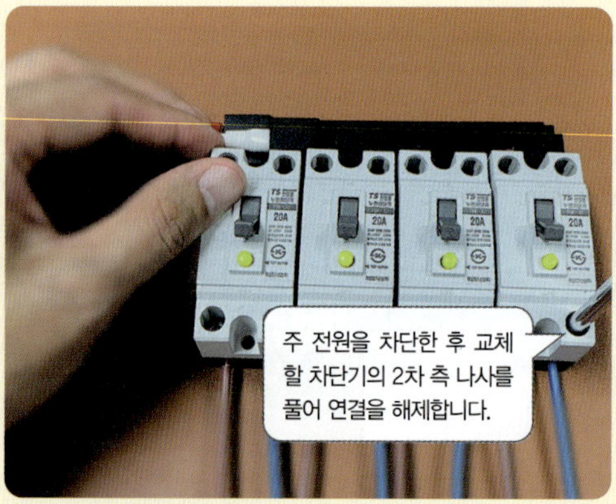

7 주 차단기에서 나온 분기회로는 사진과 같이 병렬로 하위 차단기에 연결됩니다. 연결된 방식과 전선의 연결 모양을 다시 한번 확인합니다. 이때 헷갈릴 우려가 있는 경우는 미리 사진을 찍어 놓아도 좋습니다.

8 주 전원을 차단한 것을 확인하고 교체할 차단기의 2차 측 단자를 풀어서 연결을 해제합니다.

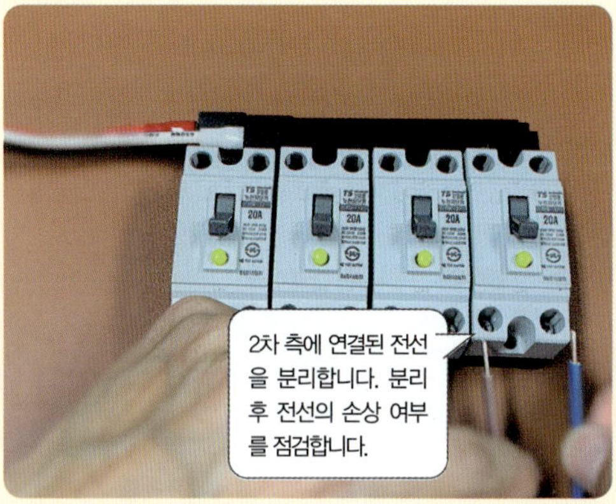

9 2차 측에 연결된 전선을 모두 분리합니다. 그리고 전선이 혹시 손상되지는 않았는지 점검합니다.

10 차단기의 1차 측의 전원 단자를 드라이버를 이용해서 풀어줍니다.

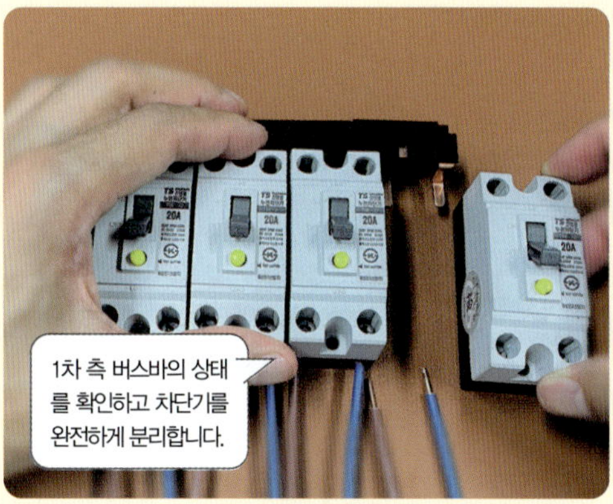

11 1차 측에 연결된 버스바의 상태를 확인하며 차단기를 안전하고 완전하게 분리합니다.

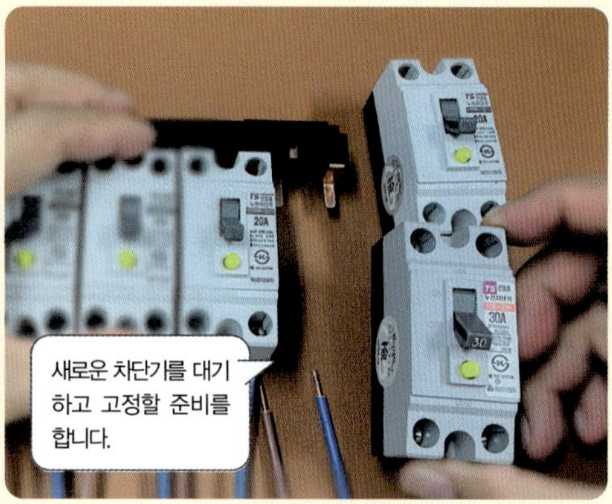

12 새로운 차단기를 대기하였다가 고정할 준비를 합니다.

13 차단기의 전원 측 나사를 풀고 버스바에 깊숙하게 넣은 후 조여줍니다. 이때 너무 힘이 크게 들어가서 단자가 파손되지 않도록 주의해야 합니다. 간혹 전동공구를 사용할 때 이와 같은 파손이 생기는 경우가 있습니다.

14 전원 측의 연결이 완료되면 차단기를 조금 흔들어서 고정이 완전하게 되었는지 확인합니다. 고정이 잘되지 않으면 전기 접속이 완전하지 않아서 아크 등에 의해 오동작이나 화재가 발생할 우려가 있습니다.

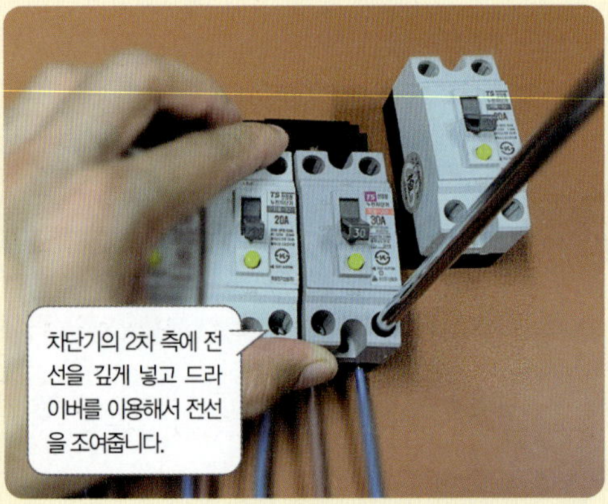

15 차단기의 2차 측에 전선을 깊게 넣고 드라이버를 이용해서 단자를 조여줍니다. 이때 역시 전동공구를 사용한다면 적절한 힘으로 조여서 차단기가 손상되지 않도록 주의합니다.

16 차단기의 연결이 올바르게 되었는지 확인하고, 전기적으로도 이상이 없는지 전원을 넣어 검사합니다.

꼭 주의하세요

① 단자가 의외로 약하니 파손에 주의하세요.

배선차단기의 교체를 위해서 단자를 풀거나 조일 때는 조심해야 합니다. 특히, 단자를 조일 때는 적당한 힘으로 조여야 하는데, 만일 전동드라이버를 이용해서 한꺼번에 큰 힘을 준다면 단자가 쉽게 파손될 수 있습니다. 따라서 단자를 급작스럽게 끼거나 돌리지 않도록 주의해야 하며 전동드라이버의 사용이 능숙하지 않다면 최대한 수동드라이버를 이용해서 단자를 조이기를 바랍니다.

② 누전차단기와 배선차단기를 구분하세요.

누전차단기와 배선차단기의 외형은 거의 같습니다. 그래서 교체 작업을 수행할 때는 본래 설치되어 있는 차단기가 어떤 유형인지 미리 확인해야 합니다. 누전차단기는 테스트 버튼의 여부로 구분할 수 있으며, 만일 구분이 어려운 상황이라면 부하와 직접 만나는 차단기는 누전차단기를 설치하면 됩니다.

③ 더 큰 용량의 차단기로 바꿀 수 없습니다.

차단기는 원래 설치되어 있는 것보다 더 큰 용량으로 바꿔서는 안 됩니다. 만일 16A 배선차단기가 설치되어 있는데 이를 떼어내고 20A 차단기를 부착할 수는 없습니다. 그렇게 된다면 미리 연결되어 있던 전선의 허용전류보다 더 큰 전류가 흘렀을 때 차단기가 이를 충분하게 보호할 수 없기 때문입니다. 만일 배선차단기의 용량을 더 큰 것으로 바꾸고 싶다면 분기회로의 전선도 더 큰 용량의 허용전류를 가진 전선으로 함께 바꿔야 합니다. 그러므로 배선차단기나 누전차단기의 정격전류는 원래 부착된 차단기와 같은 것으로 바꿔야 한다는 사실을 꼭 기억해야 합니다.

④ 차단기 레버는 위로 올렸을 때 ON이 되어야 합니다.

차단기가 가로로 설치되어 있을 때를 제외하고, 세로로 설치되어 있다면 안전을 위해서 ON 동작일 때 레버가 위를 향해야 합니다. 그렇게 되면 OFF일 때는 레버가 아래쪽을 향하게 됩니다. 만약 이를 무시하고 차단기의 위아래를 바꾼다면 설치 후 차단기를 조작하는 사람이 차단기의 ON/OFF 상태를 혼동하여 감전이나 기타 사고를 불러올 수 있습니다. 따라서 차단기는 제조사와 명판이 올바르게 보이도록 바르게 설치해야 합니다.

3장

설치하기

CHAPTER 03

01 리모컨 스위치 설치하기

미리 준비할 공구와 재료	• **공구류** 일자드라이버, 십자드라이버, 검전기 • **재료/부품** 리모컨 스위치

1 제품의 정의

리모컨 스위치란?

늦은 밤 침대에 누워 동생을 부른다. "OO야! 빨리 내 방으로 와봐~" 동생은 갑자기 무슨 일이 일어난 줄 알고 방문을 열고 왜 불렀냐며 호출의 이유를 물어본다. 그러면 나는 침대에 바르게 누워 한마디 던진다. "불 좀 꺼줘!"

가끔 이런 일이 있었다. 우리네 가정의 전등 스위치는 주로 방문 옆에 있어서 그것을 끄기 위해서는 침대에서 일어나 스위치를 누르고 다시 깜깜한 방을 가로질러 침대에 눕는 번거로운 과정이 매일 필요한 것이다. 최근에는 TV 리모컨처럼 생긴 전등 제어용 리모컨을 이용해서 전등을 켜고 끄는 환경을 종종 볼 수 있다. 그렇다. 이제 더는 하루를 끝마친 다음 방의 전등을 끄기 위해 멀리 방문까지 가서 스위치를 끄고 칠흑의 어둠을 뚫고 침대로 돌아오지 않아도 된다. 침대에서 그저 리모컨의 작은 버튼을 누르면 편하게 전등을 ON/OFF 할 수 있는 것이다.

| 그림 3-1 | 리모컨 스위치

리모컨 스위치는 그 동작이 편리하다는 단순한 사실을 넘어서 여러 상황에서 다양한 사람들에게 편의를 제공한다. 예를 들어 노인이나 신체적으로 활동에 제한이 있는 사람들에게 일반 전등 스위치는 높이가 높고 방의 입구에 설치되어 있어 제어하기가 불편할 수 있다. 그들이 리모컨 스위치를 사용하면 원격으로 쉽게 전등을 켜고 끌 수 있으므로, 신체적인 노력을 최소화할 수 있다. 그리고 장애인, 특히 시각장애인이나 접근에 제한이 있는 사람들도 리모컨 스위치를 사용하여 전등을 쉽게 제어할 수 있다. 만일 스마트폰을 이용한 IOT 제어 기능이 탑재된 리모컨 스위치를 사용한다면 타이머 설정, 그룹 제어, 원격 접근 등 더 다양한 제어가 가능할 수도 있다. 이런 첨단 기능들은 편의성을 추구하는 사람들이 여러 곳의 전등을 쉽게 제어하거나 퇴근 시간에 맞춰 점등하는 일련의 동작을 가능하게 한다.

리모컨 스위치의 유형

시중에는 전등을 제어하기 위한 여러 가지 스위치가 있다. 가장 일반적인 것은 다음의 세 가지 종류로 동작 원리에 따라 특징이 구분된다.

〈표 3-1〉 리모컨 스위치의 유형

유형	적외선(IR) 리모컨	무선주파수(RF) 리모컨	Wi-Fi 리모컨
특징	TV 리모컨과 유사하게 작동하며 스위치를 직접 향한 후 동작시켜야 한다. 일반적으로 독립적인 공간의 전등을 제어할 때 사용한다.	무선주파수 신호로 작동하여 벽과 장애물을 통과하여 제어할 수 있다. 일반 방보다 더 넓은 지역이나 다양한 기기를 제어하는 곳에 적합하다.	스마트폰 앱을 통해 제어할 수 있으며 인터넷이 연결되어 있으면 어디서나 작동할 수 있다.
설치 시 주의사항	스위치와 함께 제공되는 지침에 따라 리모컨을 스위치와 페어링해야 한다. 일반적으로 리모컨의 특정 버튼을 누르고 특정 순서에 따라서 설정한다.	무선주파수는 다른 장치나 전자 장비의 간섭 때문에 영향을 받을 수 있으므로 다른 간섭 원이 있는지 확인한다.	스마트폰에 앱을 설치하고, Wi-Fi 환경에 맞추어 기기를 설정해야 한다. 관련 제품의 설치 지침에 맞추어 스위치를 연결하고 구성한다.

일반적으로 리모컨 스위치를 설치하기 위해서는 다음과 같은 사항을 고려해야 한다. 첫째, 호환성이다. 설치하기 위해 선택한 리모컨 스위치가 기존 조명 기구나 배선과 호환되는지 확인해야 한다. 일부 스위치는 특정 유형의 전구(예 : LED 전구) 또는 특정 전압 요구사항에서 작동하지 않을 수 있다. 둘째, 부하 용량이다. 스위치의 부하 용량을 확인하여 제어하려는 조명의 용량(와트)을 처리할 수 있는지 확인해야 한다. 스위치에 과부하가 걸리면 오작동이나 안전상의 위험이 발생할 수 있기 때문이다. 셋째, 중성선의 요구사항이다. 일부 스마트 스위치, 특히 Wi-Fi 지원 스위치에는 전원용 중성선이 필요하다. 따라서 필요한 경우 배선에 중성선이 어떻게 포함되어 있는지 확인하고 이를 구분해야 한다. 넷째, 박스의 크기를 확인해야 한다. 리모컨 스위치가 현재 스위치가 들어 있는 스위치 박스에 맞는지 확인해야 한다. 일부 리모컨 스위치는 추가 구성요소로 인해서 더 큰 박스의 크기가 필요할 수도 있다.

리모컨 스위치의 동작

보통 사용하는 적외선 리모컨 스위치는 전등을 제어하기 위해 적외선(IR) 신호를 사용하는 장치이며 다음과 같은 방식으로 작동한다.

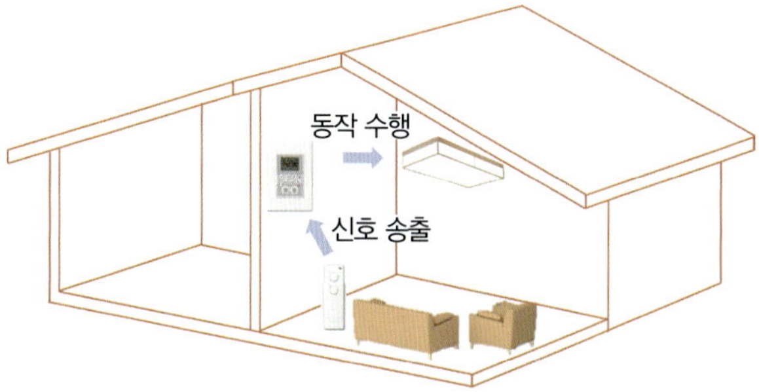

| 그림 3-2 | 리모컨 스위치의 동작 방식

① **버튼 동작** : 적외선 리모컨에는 여러 개의 버튼이 있다. 예를 들어 전원 켜기/끄기, 밝기 조절, 기능 변경 등의 기능을 수행할 수 있는데, 만일 여러 개의 버튼 중 점등(ON)을 누르면 해당 동작의 적외선 신호가 발생한다.

② **적외선 신호 송출** : 리모컨 스위치는 눌린 버튼에 대한 정보를 적외선 신호로 변환하여 송출한다. 이 신호는 인간의 눈에는 보이지 않는 적외선 파장으로 구성되며, 전등이나 다른 전자기기가 이 신호를 인식하여 동작한다.

③ **수신과 통신** : 전등이나 스위치 장치 등 내장된 수신장치에서 리모컨이 송출한 신호를 감지하고, 신호의 내용을 파악한다. 그런 다음 해당 동작을 수행하기 위해 전기적인 동작으로 전자기기를 제어하며, 이 결과로 전등이 켜지거나 꺼지는 등의 다양한 동작을 수행한다.

④ **작동 거리** : 적외선 리모컨의 작동 거리는 일반적으로 몇 미터에서 몇십 미터까지 다양할 수 있다. 작동 거리는 리모컨 스위치의 성능과 신호 수신기의 성능

에 따라 달라지고, 장애물이나 환경적인 조건에도 영향을 받게 된다. 사용자는 리모컨 스위치를 사용할 때 작동 거리를 고려해서 충분히 동작 범위 안에서 리모컨을 조작해야 한다.

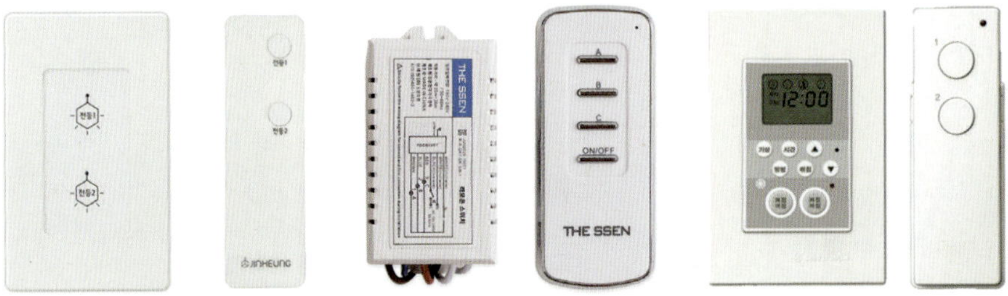

스위치형 내장형 다기능형

| 그림 3-3 | 리모컨 스위치의 종류

2 관련 법령과 기술기준

KC 60669-2-2

리모트 콘트롤 스위치

전기용품안전기준

이 표준의 목적을 위하여 다음의 용어와 정의를 적용한다.

3.101

※ 원격 제어 스위치 RCS(remote control switch RCS) : 먼 거리에서도 동작하도록 고안된 스위치

※ 전자기 RCS(electromagnetic RCS) : 임펄스로 동작하거나 제어회로에 의해 영구적으로 통전되는 코일을 내장한 RCS

※ 전자 RCS(electronic RCS) : 전자 부품을 내장한 RCS

※ 정격 제어 전압(rated control voltage) : 제조자가 제어 회로에 지정한 전압으로 일반 전자식 제어 코일의 동작 전압

※ 스위칭 회로(switching circuit) : RCS에 정격 전류의 통전을 허용하는 부품을 내장한 회로

※ 제어 회로(control circuit) : 개폐 기구를 구동시키는 전자 부품을 포함하는 회로

※ 제어 기구(control mechanism) : RCS의 동작을 의도하는 모든 부품

※ 장착된 수동 조작 장치(incorporated hand-operated device) : 직접 또는 간접적으로 스위칭 회로를 조작할 수 있는 장치를 의미하며 RCS의 표준 동작을 의도하는 것은 아님.

※ 래칭 RCS(latching RCS) : 개방 또는 폐쇄 중의 어느 위치에서 분리된 코일을 기계적으로 로크(고정)한 RCS

※ 분리 가능형 RCS(disconnectable RCS) : 단자를 포함한 베이스로 사용되는 부분과 스위칭과 제어 회로를 포함하는 분리 가능한 두 부분으로 구성되며 도구에 상관없이 조립/분해가 가능하도록 조립된 RCS

※ 정격 제어 전류(rated control current) : 제조자가 제어 회로에서 전류 코일에 지정한 전류로서 RCS의 시동 전류(전류 민감성 코일이 부착된 RCS에만 해당)

3 외형과 구조

스위치의 외형

리모컨 스위치는 동작 방식과 구조에 따라 다양한 구성 형태를 가지고 있다. 스위치의 본체는 일반적인 사각형으로 기존의 텀블러스위치와 크기가 거의 같으며, 부속 장치로 리모컨을 포함한다. 외형의 색깔과 버튼의 디자인 등은 제조사마다 다양하게 출시된다.

| 그림 3-4 | 리모컨 스위치의 본체와 리모컨

리모컨 스위치의 정면을 살펴보면 적외선 센서 신호를 수신하는 수신부, 수동으로 ON/OFF를 조작하는 버튼, 스위치의 조작 상태를 나타내는 LED 등이 있다. 후면은 전원을 연결할 수 있는 꽂음형 단자가 있다. 제품에 따라 단자가 여러 개 있으며 그림 3-5는 1구형 스위치이므로 전원 단자와 1개의 스위치 단자를 사용한다.

정면　　측면　　후면

| 그림 3-5 | 리모컨 스위치의 외형

리모컨은 비교적 간단한 구조로 되어 있다. 신호를 송신하는 송신부와 전원을 공급하는 배터리로 구성이 되어 있는데 이 제품은 CR2023 전지를 사용한다. 전지는 교체형으로 사용할 수 있으며 리모컨의 특성상 한 번 전지를 사용하면 수년간 배터리를 교체하지 않아도 된다.

| 그림 3-6 | 리모컨의 내부

스위치 연결 방법

리모컨 스위치를 이용한 회로는 그림 3-7과 같이 구성된다. 스위치 본체의 전원 측 단자는 상선(HOT line)과 연결되어야 하며, 이때 상선의 여부는 검전기를 이용할 수 있다. 신호선은 부하와 직접 연결되며 부하의 반대편은 다시 중성선과 연결되어 전기회로가 완성된다. 하지만, 제조사와 제품마다 결선하는 방법이 다르다는 것을 항상 기억해야 한다.

| 그림 3-7 | 회로의 구성

시공 절차와 세부 내용

시공 준비(재료 준비)를 한다.

1 배선차단기의 전원을 내립니다. 그리고 주변을 정리하며 작업을 준비합니다.

2 일자드라이버를 스위치의 덮개와 본체 사이 홈에 넣습니다. 그리고 덮개가 손상되지 않도록 주의하며 드라이버를 돌려 덮개를 분리합니다.

커버를 분리한다

3 덮개가 손상되지 않도록 주의하며 모서리에 결합된 부분을 조금씩 분리합니다.

4 드라이버를 이용해서 본체와 벽 내부 박스에 연결된 나사를 분리합니다.

스위치를 꺼낸다.

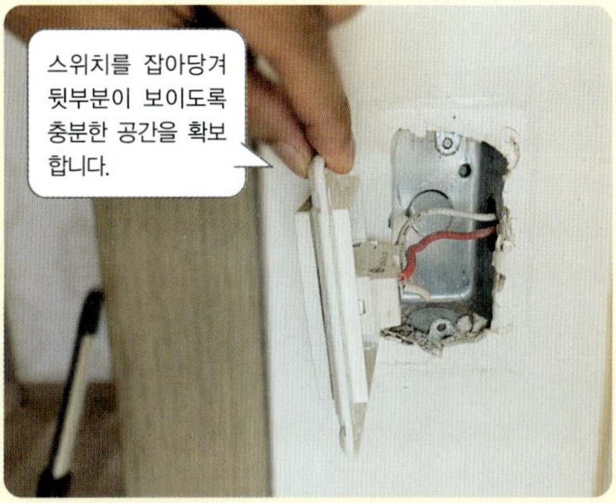

5 스위치를 앞쪽으로 잡아당기며 박스 안의 내부를 확인합니다. 이물질의 여부, 전선의 손상 여부와 함께 작업하기 위해 충분한 공간을 확보합니다.

6 스위치의 결선 상태와 전선의 상태를 다시 확인합니다. 만일 전선의 절연이 문제가 있는 것을 발견한다면 절연 테이프를 감는 등의 적절한 조치를 해야 합니다.

7 두 전선 중에서 전원선을 찾아야 합니다. 배선차단기의 전원을 잠시 올린 후 전원선을 찾기 위해 검전기를 준비합니다. 만일 검전기가 없다면 그대로 진행하셔도 됩니다. 단, 동작이 제대로 되지 않을 때는 연결된 두 전선의 위치를 바꿔야 합니다.

8 검전기를 전원선에 갖다 대면 램프의 색깔이 변하고 알람 소리가 울립니다. 이 사진에서는 빨간색 선이 전원선임을 확인했습니다.

9 검전기를 중선선에 갖다 대면 램프의 색깔이 변하지 않으며 알람도 울리지 않습니다. 이 사진에서 흰색 선이 중성선임을 확인했습니다.

10 안전한 작업을 위해 다시 배선차단기의 전원을 내리고 스위치의 분리 버튼을 눌러 전선을 빼냅니다.

11 두 가닥 모두 빼낸 후에 다음 작업을 준비합니다.

12 리모컨 스위치를 준비하고 고정할 방향과 위치를 다시 확인합니다.

리모컨 스위치를 연결한다.

13 스위치의 덮개를 분리하고 나사의 방향과 위치를 확인합니다.

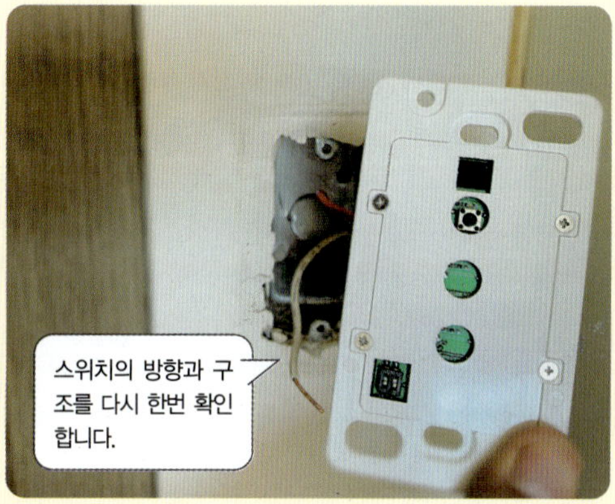

14 스위치 본체와 벽체를 바라보며 방향과 구조를 다시 확인합니다.

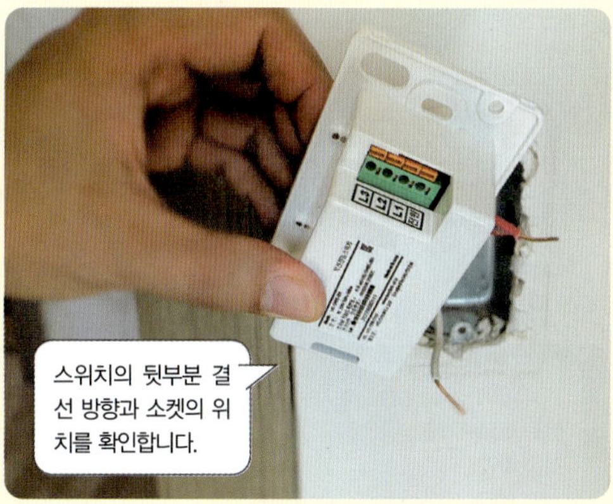

15 스위치를 돌려 뒷부분의 접속 단자를 확인합니다. 전선을 꽂는 소켓에 삽입을 준비합니다.

16 전원선을 전원단자에 깊숙이 꽂아 연결합니다.

17 중성선을 L1 단자에 깊게 꽂아 연결합니다. 만일 리모컨 스위치가 다른 모델일 경우 설명서를 정독하여 연결 소켓이 올바른지 확인해야 합니다.

18 전선이 심하게 구부러지거나 손상되지 않도록 유의하며 스위치를 박스에 바르게 밀어 넣습니다.

19 스위치를 완전히 밀어서 넣었다면 위치와 방향이 올바른지 다시 확인합니다.

20 스위치 본체와 벽체를 고정하기 위해 드라이버를 이용해서 나사를 넣고 조여줍니다.

21 배선차단기의 전원을 올립니다. 그리고 주변을 정리하고 동작 검사를 준비합니다.

22 스위치의 버튼을 눌러보고, 리모컨을 이용해서 정상 동작을 확인합니다.

꼭 주의하세요

① 제조사의 설명서를 꼭 참고하세요.

리모컨 스위치는 자동 방식에 따라 IR, RF, Wifi 등 다양한 동작 방식을 사용하고 있습니다. 어떤 곳에 어떤 목적으로 사용할지에 따라 적당한 작동 방식을 채택하고 설치 방법에도 약간의 차이가 있습니다. 따라서 제조사에서 제공하는 설명서나 설치 방법을 꼭 익혀야 합니다. 제품을 구매하기 전에 우리 가정에서 사용하기에 적절한지 충분히 확인해야 하며, 구매 후에는 제조사의 규칙에 따라 올바르게 설치를 하는 것이 제품을 안전하고 바르게 사용하는 방법입니다.

② 습기나 물기가 있는 곳에서는 사용을 고려하세요.

리모컨 스위치는 일반적인 수동식 스위치와는 달리 내부에 회로기판(PCB)이 삽입되어 있어 소량의 습기나 물의 침투에도 대응하는 능력이 낮습니다. 따라서, 방수형 제품이 아닌 보통의 리모컨 스위치를 사용할 때는 습기나 물기의 위험이 없는 곳에 설치해야 합니다. 반드시 설치하기 전에 설치하는 장소의 환경을 검토하시기 바랍니다.

③ 전등 전용으로 사용하세요.

리모컨 스위치는 무선 신호를 받아 접점을 개폐하므로 이를 적절히 이용하면 다양한 전자제품이나 기기를 동작시킬 수도 있습니다. 그러나 안전한 사용을 위해 전등 제어용 제품을 구매하셨다면 전등을 제어하는 목적으로만 리모컨 스위치를 이용해 주시기 바랍니다. 전등이 아닌 다른 부하를 사용하면 정격전류 이상의 전류가 흐르는 등 기기에 무리가 생길 수 있고, 이는 파손이나 다른 사고로 이어질 수 있습니다.

④ 전원선을 제대로 찾아 연결하세요.

제품에 따라 다르지만 어떤 제품은 반드시 전원선을 구분해서 설치하여야 합니다. 우리 가정에 들어오는 2가닥의 전선은 한 가닥이 전원선, 다른 한 가닥이 중성선입니다. 이 전원선과 중성선을 구분하는 방법은 검전기를 이용하는 방법이 있으며, 만일 그러한 기기가 없다면 먼저 결선 후에 제대로 동작하지 않을 때 두 선을 바꿔주면 됩니다. 전원선과 중성선을 구분해서 올바르게 기기가 동작할 수 있도록 연결하시기 바랍니다.

CHAPTER 03

02 트랙 조명 설치하기

미리 준비할 공구와 재료	
	● **공구류** 전동드라이버, 줄톱, 와이어스트리퍼, 니퍼
	● **재료/부품** 트랙 레일, 조명 기구, 기타 부속

1 제품의 정의

트랙 조명(Track Lighting, 일명 '레일 조명')이란?

항상 그 자리에 있는 것과 움직일 수 있는 것은 완전히 다른 차원의 활용성을 보여준다. 가전제품 중에 에어컨은 크기가 커서 항상 그 자리에 놓고 사용하는 형태였지만, 소비자의 요구와 기술이 발전하면서 이동형 에어컨이 만들어졌고 비로소 다양한 공간으로 손쉽게 이동하여 사용할 수 있게 되었다. 또한 접이식 테이블은 필요에 따라 작은 크기로 접어서 사용하다가도 필요할 때 큰 테이블로 펼쳐서 사용할 수도 있다. 그뿐인가? 어떤 침대는 낮에는 수납장이나 책상으로 사용하고 밤에는 다시 침대로 변신하여 사용할 수 있다. 이렇게 고정되어 있지 않고 이동형으로 만들어진 가구나 전자제품은 사용자의 편의성과 사용의 유연성을 높여주는 혁신적인 기술로 점점 발전하고 있다.

| 그림 3-8 | 카페의 트랙 조명 시스템

그런 아이디어에 착안하여, 전기는 이동하면서 쓸 수는 없을까? 맞다. 그런 것도 이미 있다. 콘센트는 멀티탭이나 돌돌 말린 릴을 이용하면 내가 원하는 장소에 전기 에너지를 끌어서 쓸 수 있다. 마치 물을 사용하기 위해 긴 파이프를 이용하는 것과 같은 이치이다. 그런데 조명은 멀티탭보다 만들기가 쉽지 않았다. 조명은 보통 천장에 고정되어 있어서 공간의 이동이 자유로운 가구나 사람에 반해 이동이 쉽지 않은 까닭이다. 그러니 조명을 이쪽에서 저쪽으로 옮기려면 일단 천장에 고정된 나사를 풀고 전선을 다시 끌어낸 다음 다시 조명 기구를 천장에 고정하는 수고로움을 피할 수 없었다.

| 그림 3-9 | 트랙 조명 기구의 종류

그런데 이제 조명의 활용이 바뀌고 있다. 바로 1960년대에 처음 개발된 트랙 조명(Track Light)으로 인해서다. 이후 점점 진화하면서 최근에는 상업 공간, 사무실, 가정을 구분할 것 없이 가장 인기 있는 조명 중 하나가 되었다. 혹시 여태껏 사용하면서도 정확하게 그 구조와 방법을 몰랐다면 지금부터 천천히 알아가 보자. 잘 알면 잘 활용할 수 있다.

트랙 조명의 특징

트랙 조명은 여러 방향으로 회전할 수 있는 기능이 포함된 전기 조명 기구를 도체 트랙에 부착하는 조명 방식이다. 트랙 조명은 여러 가지 이유로 최근에 많이 이용되고 있는데 가장 큰 장점으로는 유연하면서 독특한 조명 환경을 만들 수 있는 점이 주목된다. 왜 다들 이 점을 좋아할까? 그 이유를 항목별로 조금 더 구체적으로 알아보자.

① **미적인 아름다움** : 일단 미적으로 아름답다. 트랙 조명은 모든 공간에서 독특하고 기능적인 포인트 조명을 추가하는 좋은 방법으로 사용되기에 적합하다. 이런 미적 만족을 충족하기 위해 다양한 스타일과 디자인으로 제품이 만들어지고 있으며 이를 통해 다양한 실내디자인과 어울리게 조명을 구성할 수 있다. 최신 트랙 조명의 디자인은 세련되고 현대적인 느낌부터 우아하고 전통적인 느낌까지 표현할 수 있도록 발전하였고, 현대적인 감각으로 간결한 스타일까지 모두 표현할 수 있게 되었다.

② **간편한 설치** : 설치가 간단하다. 트랙 조명은 기존의 전등에 비해서 설치가 간단하고 비용을 절약할 수 있다. 기존의 조명은 원하는 위치에 구멍을 뚫고 기구를 고정하거나 전선을 각각 빼내야 하는 어려움이 있었다. 만일 위치를 잘못 정해서 천장에 큰 구멍이라도 냈다면 원래 상태로 복구하는 것도 쉬운 일은 아니었다. 그러나 트랙 조명은 먼저 사용하고자 하는 공간에 원하는 길이와 모양으로 트랙을 고정하면 간단하게 기본적인 설치를 마칠 수 있다. 트랙을 만들 때 조명 기구

의 간격, 전선의 인출, 아래에 놓일 가구의 배치 등을 신경 쓰지 않아도 되니 그야말로 신속하게 설치를 마무리할 수 있는 것이다.

③ **다양한 기능의 제공** : 기능이 유연하다. 일반 조명은 설치된 위치에서 조명의 방향이나 위치를 조절하기가 쉽지 않아서, 조명의 각도나 방향을 변경하려면 조명 장치 자체를 다시 조절하기도 한다. 반면 트랙 조명은 조명 기구의 이동이 가능해서 위치와 방향을 유연하게 조정할 수 있으며 원하는 경우 조명 기구의 수, 조명의 범위, 밝기, 패턴 등을 다양하게 조절하는 것이 가능하다. 이런 장점은 계절적 변화나 요일의 변화 등 다양한 공간과 시간의 변화에 따라 조명의 요구사항을 충족할 수 있게 만드는 큰 힘을 가지고 있다.

카페의 조명

식당의 조명

사무실의 조명

| 그림 3-10 | 다양한 상업 공간에서 사용되는 트랙 조명

④ **공간 절약** : 공간이 절약된다. 천장이나 벽에 부착된 일반 조명에 비해서 트랙 조명은 공간을 더 넓게 사용할 수 있다. 일렬로 연결된 단일 트랙에 여러 개의 조명 기구를 설치할 수 있으며, 이런 방식은 여러 개의 전통적인 조명을 독립적으로 설치하는 것보다 공간을 더 효율적으로 만들어 준다. 그리고 이런 설치 방식은 조명 기구 각각을 원하는 위치로 이동시킬 수 있어 다중 조명 포인트를 가능하게 한다. 특히 미술관과 같은 곳에서는 트랙 조명을 설치한 후에 작품에 맞추어 조명을 원하는 곳에 설치할 수 있는 공간의 활용성이 있다.

| 그림 3-11 | 미술관에서 사용하는 트랙 조명(자료: www.lampsplus.com)

⑤ **폭넓은 유연성** : 트랙 조명은 공간의 구조나 배치에 맞춰 조명을 최적화할 수 있어 조명의 효과적인 활용이 가능하고 불필요한 조명의 배치를 최소화한다. 일반 조명은 설치된 위치에서 다시 이동하거나 재배치가 어려울 수 있지만, 트랙 조명은 조명 기구의 위치를 자유롭게 조절할 수 있으므로, 조명의 위치를 필요에 따라 간편하게 변경하거나 추가할 수 있으며 인테리어 변경이나 조명 설정의 변화에 따라 유연하게 대응할 수 있도록 도와준다. 최근에는 트랙에 조명 기구뿐만 아니라 콘센트와 같은 부속 장치를 설치하여 사용할 수 있는 선택 부속품들이 판매되고 있다.

위와 같은 장점으로 트랙 조명은 상업 환경에서뿐만 아니라 가정에서도 중요한 조명 시스템으로 자리 잡고 있다. 사용자의 요구대로 공간을 거의 무한하게 변형할 수 있고, 조명을 이용한 다양한 분위기를 사용자가 스스로 만들어낼 수 있기 때문이다.

그러나, 이런 장점에도 불구하고 몸에 좋은 약은 입에 쓰듯이 트랙 조명이 가진 단점도 분명 존재한다. 이제부터는 단점에 대해서도 알아보자. 일단 조명을 사용하기 위해서는 먼저 트랙 시스템을 구축해야 하는데, 이 시스템을 구축하는 초기 비용이 일반 조명보다 높을 수 있다. 일반 조명을 설치할 때는 등기구의 가격만 지출하는 반면 트랙 조명은 트랙, 접속 단자, 조명 기구 등을 한 번에 구매해야 하므로 유연성이 요구되지 않는 장소에서는 트랙 조명을 설치하는 것이 오히려 낭비적인 투자가 될 수도 있다.

또다른 단점은 일부 공간이나 천장 형태에는 적합하지 않을 수 있다는 것이다. 트랙 조명을 사용하기 위해서는 보통 천장에 일자 형태로 트랙을 설치해야 하는데 만일 천장이 높다면 별도의 구조물을 설치해야 하고, 전통가옥처럼 천장의 높이가 다르다면 설치의 난도가 높아져 비용이 증가할 수 있다. 마지막으로 정기적인 유지보수의 작업이 필요하다는 점이다. 트랙 조명은 구조상 조명 기구의 전원을 받는 부분이 트랙 위에 있어서 도전체인 트랙이 외부로 노출되고, 이는 먼지나 오염물로 인한 성능 저하 발생의 원인이 되기도 한다. 따라서 습기가 많은 곳에서 트랙 조명의 사용은 적합하지 않고, 물이 튈 우려가 있는 곳에서도 사용상 주의가 요구된다. 하지만, 보통의 장소에서도 이런 구조적인 단점 때문에 정기적인 청소와 유지보수 작업은 필요하다는 것을 잊지 말자.

트랙 조명의 구성

트랙 조명 시스템에서 가장 중요한 구성요소는 주로 철물 구조로 만들어진 레일이다. 레일은 천장이나 벽면에 부착되며, 전원 공급을 받는 전선이 내장되어 있다. 레일은 다양한 길이와 형태로 제공되며, 필요에 따라서 연결하면 원하는 길이와 모양을 만들 수 있고 이 시스템에 이동 가능한 조명을 부착할 수 있다. 조명 기구는 레일 위에서 슬라이딩이나 회전하는 기능을 갖추고 있어 이를 통해서 조명의 위치와 방향을 조절할 수 있으므로 원하는 곳 또는 물체를 강조하거나 조명의 패턴을 변화할 수 있다. 조명 기구는 다양한 종류를 사용할 수 있는데, 다양한 스타일과 디자인의 조명 기구와 광원이 판매되고 있어 목적에 맞게 선택할 수 있다. 최근에는 LED를 광원으로 사용한 다양한 제품도 출시되고 있다.

| 그림 3-12 | 트랙 조명의 구성

트랙 조명을 사용하기 위해서는 필수 구성요소와 함께 여러 가지 부속 장치들이 필요하다. 다양한 모양의 커넥터는 트랙을 여러 유형으로 조립할 수 있게 하며, 레일에 전원을 공급하기 위한 레일 전원과 끝부분의 마감을 위해 사용하는 레일 마감도 꼭 필요한 구성요소이다. 이런 부속 장치들은 설치 목적에 따라 정확하게 수량을 파악해야 원만하게 작업을 수행할 수 있다.

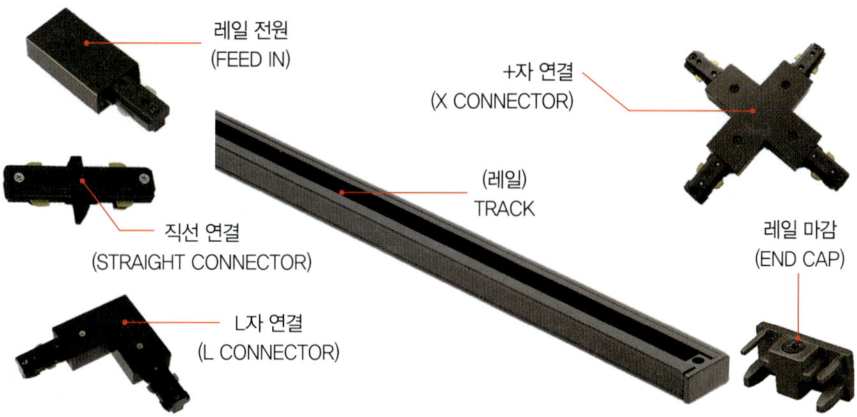

| 그림 3-13 | 트랙 조명의 부속 장치들

2 관련 법령과 기술기준

한국전기설비기준(KEC)

232.70 파워트랙시스템

232.71 라이팅 덕트 공사

232.71.1 시설조건

1. 덕트 상호 간 및 전선 상호 간은 견고하게 또한 전기적으로 완전히 접속할 것.

2. 덕트는 조영재에 견고하게 붙일 것.

3. 덕트의 지지점 간의 거리는 2m 이하로 할 것.

4. 덕트의 끝부분은 막을 것.

5. 덕트의 개구부(開口部)는 아래로 향하여 시설할 것. 다만, 사람이 쉽게 접촉할 우려가 없는 장소에서 덕트의 내부에 먼지가 들어가지 아니하도록 시설하는 경우에 한하여 옆으로 향하여 시설할 수 있다.

6. 덕트는 조영재를 관통하여 시설하지 아니할 것.

7. 덕트에는 합성수지 기타의 절연물로 금속재 부분을 피복한 덕트를 사용한 경우 이외에는 211과 140에 준하여 접지공사를 할 것. 다만, 대지 전압이 150V 이하이고 또한 덕트의 길이(2본 이상의 덕트를 접속하여 사용할 경우에는 그 전체 길이를 말한다)가 4m 이하인 때는 그러하지 아니하다.

8. 덕트를 사람이 용이하게 접촉할 우려가 있는 장소에 시설하는 경우에는 전로에 지락이 생겼을 때에 자동적으로 전로를 차단하는 장치를 시설할 것.

232.71.2 라이팅덕트 및 부속품의 선정

라이팅 덕트 공사에 사용하는 라이팅 덕트 및 부속품은 KS C IEC 60570(등기구 전원 공급용 트랙 시스템)에 적합할 것.

IEC

KS C IEC 60570

등기구 전원 공급용 트랙 시스템

1. 적용 범위

이 표준은 전원에 등기구를 연결하기 위하여 2개 이상의 극이 있는 트랙 시스템에 관하여 규정한다.
이 표준은 통상 실내용으로 벽 또는 천장에 매립, 부착 또는 매어 다는 등기구의 트랙 시스템에 적용한다.
이 트랙 시스템은 선박, 차량 등의 특수한 상태 또는 폭발 등이 예상되는 위험한 장소에서의 사용은 고려하지 않는다.

3. 정의

3.1 등기구 트랙 시스템(luminaire track system)

트랙의 위치와 길이에 따라 여러 곳에서 등기구의 전원을 접속할 수 있는 도체가 붙은 트랙을 포함하며 이 규정에서 정의되어 있는 모든 부품 또는 일부분으로 이루어진 시스템

3.2 트랙(track)

등기구의 기계적 지지 및 전기 접속을 위해 틀 안에 일반적으로 선형 도체를 조립해 놓은 것.

3.3 트랙 커플러(track coupler)

트랙 사이에서 전기적 및 기계적 접속을 가능하게 하지만 동일한 섹터 개구부에서만 전기적으로 연결되는 구성 부품

3.4 트랙 전원 커넥터(track power connector)
트랙을 주 전원에 전기적 접속을 위해 사용되며, 항상 한 개의 개구부에서만 동작되는 구성 부품

3.5 등기구용 전원 커넥터(luminaire supply connector)
등기구를 전기적으로 트랙에 접속시키는 구성 부품. 커넥터는 트랙에 등기구의 기계적 연결을 제공하지는 않는다.

3.6 트랙 어댑터(track adaptor)
등기구를 트랙에 전기적 및 기계적으로 연결을 위한 것으로 동일한 센터 개구부에 전기적 및 기계적으로 연결되는 구성 부품

3.7 트랙 현가 장치(track suspension device)
트랙 시스템을 지지 표면에 기계적으로 접속하기 위하여 사용되는 구성 부품

3.8 등기구용 현가 장치(luminaire suspension device)
등기구를 트랙에 기계적으로 연결하기 위하여 사용되는 구성 부품

3.9 엔드 커버(end cover)
도체의 끝에 전기적 및 기계적 보호를 하기 위하여 트랙의 끝에 고정되는 구성 부품

8. 구조

8.1 제1종 부품은 부품 삽입 및 분리 도중 부품의 접지와 트랙의 충전부와 우발적인 접촉에 의한 위험이 없도록 설계되어야 한다.

8.1.1 어댑터, 연결 장치 및 전원 커넥터는 시스템의 전원 접속/같은 제조자에 의해 제조된 트랙의 다른 종의 개구부가 효과적으로 예방되도록 구성되어야 한다.

8.2 제1종 어댑터는 어댑터 또는 등기구의 무게가 어댑터와 트랙의 전기 연결에 의해 유지되지 않도록 트랙에 대한 기계적 연결 장치를 내장하여야 한다.

8.2.1 어댑터에 퓨즈가 포함되어 있는 경우 퓨즈는 고차단 용량형이어야 한다.

8.3 어댑터의 접점은 어댑터를 분해하지 않으면 분리되지 않아야 한다. 또 접지 핀 및 접점을 잘못된 위치로 옮길 수 없어야 하고, 이 항목이 시스템 조립 방법의 안전 요구사항일 경우에는 중성선 핀 및 접점에도 적용하여야 한다.

8.4 커플러, 트랙 전원 커넥터 및 엔드 커버는 트랙에 기계적 잠금을 할 수 있어야 한다. 커플러, 커넥터 및 어댑터는 전기적 접속이 안정적이어야 한다.

3 외형과 구조

트랙과 헤드

트랙 조명에서 가장 중요한 부속 설비는 트랙(레일)이다. 트랙의 외관은 디자

인, 재료, 마감재와 부착의 선택사항에 따라 다양한 제품이 출시되고 있다.

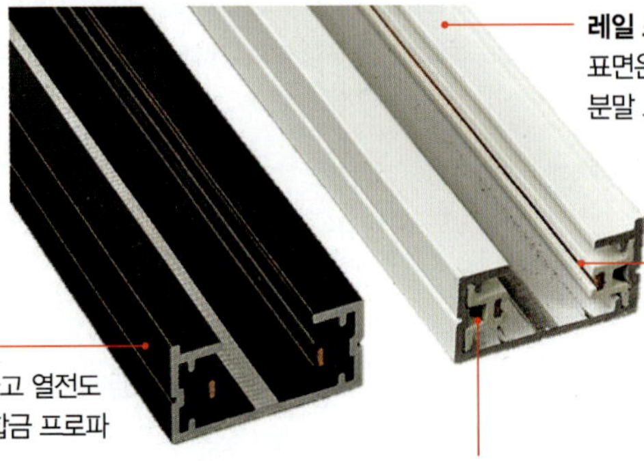

| 그림 3-14 | 트랙 조명의 트랙(레일)

헤드는 트랙 조명에서 조명 기구에 전원을 공급하는 트랙과 전기적 · 기계적 연결 부분이다. 헤드에 장착된 레버를 돌리면 조명 기구를 트랙과 쉽게 분리하거나 장착할 수 있다. 이를 통해 조명 기구를 기울이거나, 원하는 곳으로 빛을 모으거나, 원하는 수량의 조명 기구를 장착할 수 있다. 헤드에는 조명 기구를 트랙에 부착하기 위해서 클램프, 커넥터 등의 여러 잠금 메커니즘이 포함되어 있으며, 기구마다 구조는 조금씩 다를 수 있다.

조명 헤드 정면

조명 헤드 윗면

조명 헤드 부착

| 그림 3-15 | 헤드의 모습과 트랙과의 부착

시공 절차와 세부 내용

시공 준비(재료 준비)를 한다.

1 레일 전원을 연결하기 위한 케이블과 전원 단자, 그리고 필요한 부속을 준비합니다.

2 레일 전원에 케이블을 접속하기 위해 드라이버를 이용해 커버를 분리합니다.

레일 전원을 접속한다.

3 커버를 열고 접속 단자의 구조를 확인합니다. 접속 단자의 구조에 따라 접속하는 방법을 바꿔야 할 필요도 있습니다.

4 드라이버 고정식일 경우 접속단자를 풀어 케이블의 전선과 연결할 준비를 합니다.

5 케이블을 준비하고 접속을 위해 케이블의 피복을 벗깁니다. 이때 케이블의 외피를 조심스럽게 벗겨냅니다.

6 전원 단자에 케이블을 쉽게 빠지지 않는 구조로 접속합니다. 접속 기구를 사용하거나 전선의 끝부분을 원형으로 말아 단자에 고정합니다.

7 이 작업에서는 연선의 끝부분을 동그랗게 말고 매듭을 지어 쉽게 빠지지 않는 구조로 만들었습니다. 이렇게 만든 다음 전선을 단자에 고정합니다.

8 다른 쪽도 전선을 단자에 고정하며, 심선이 서로 닿거나 빠져나오지 않도록 유의하여 작업합니다.

9 접속이 완료되면 커버를 닫고 전기적·기계적으로 완전하게 마무리되었는지 확인합니다. 케이블에 장력이 가해지는 경우에는 접속을 조금 더 신경 써야 합니다.

10 레일 전원을 레일에 끼워서 고정할 준비를 합니다. 구조나 규격이 맞는지 확인합니다.

레일 전원과 레일을 연결한다.

11 레일 전원을 레일에 완전히 넣고 밀착하여 고정이 온전하게 이루어지는지 확인합니다.

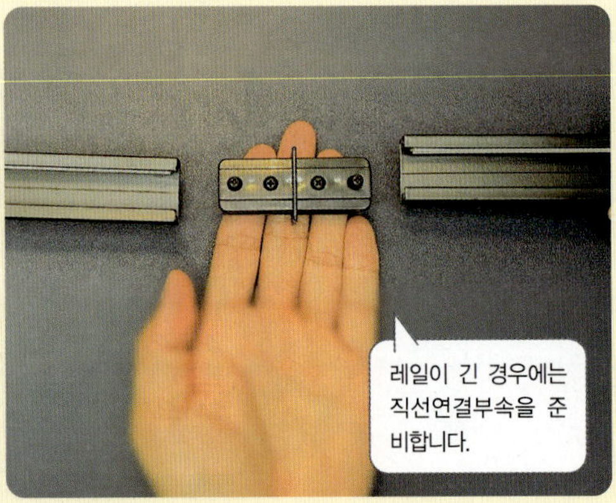

12 긴 레일을 연결할 때는 직선 연결 부속을 준비해서 레일 연장 작업을 실시합니다.

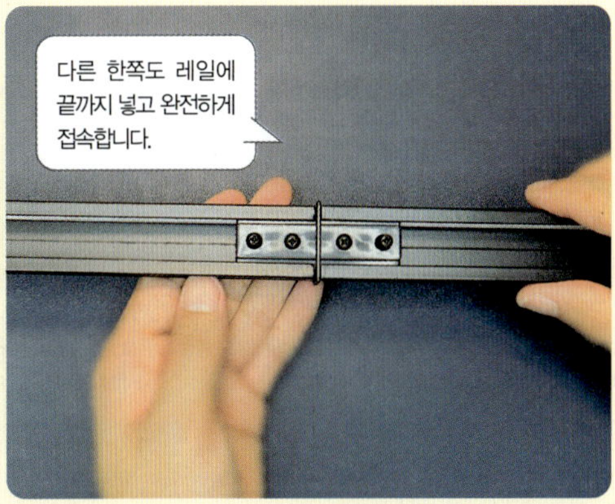

13 직선 연결 부속은 한쪽을 레일에 끝까지 밀어 넣은 다음 고정용 나사를 조여서 완전하게 밀착시킵니다.

14 다른 한쪽도 완전히 밀착한 다음 고정용 나사를 조여 줍니다. 이때 레일에 무리한 힘을 가해 접속한 부분이 서로 틀어지지 않도록 유의해야 합니다.

기존의 등기구를 철거한다.

15 기존의 등기구를 떼어내고 그 자리에 레일 조명을 설치하려고 합니다. 작업할 조명의 위치와 레일을 설치할 방향을 정합니다.

16 기존 등기구 철거를 위해서 배선차단기의 전원을 내리고 주변을 정리하며, 작업 준비를 합니다.

17 기존 천장 조명의 커버를 벗기고 분리를 시작합니다. 조명 기구의 큰 부속들을 먼저 제거하고 전원의 결선은 충분히 안전을 확보한 후 실시합니다.

18 등기구를 모두 제거하면 고정용 브래킷이 남습니다. 브래킷을 마지막으로 철거합니다.

천장 전원을 레일 전원에 연결한다.

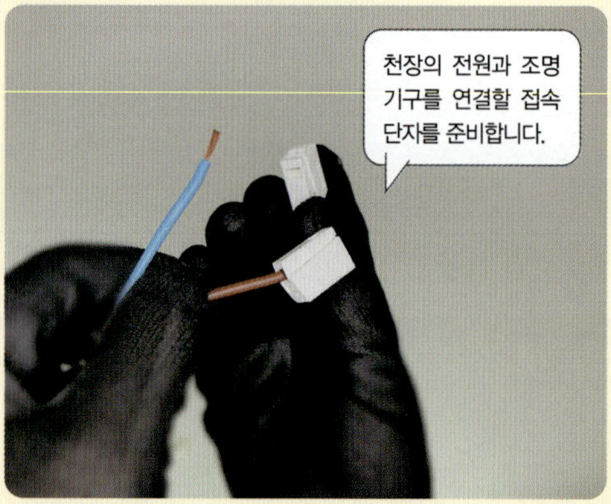

19 천장의 전원과 조명 기구를 접속하기 위해 접속 단자를 준비합니다. 천장에서 내려오는 선은 단선, 조명 기구의 선은 주로 연선입니다. 접속 기구는 단선과 연선을 모두 사용할 수 있는 제품으로 준비합니다.

20 천장에서 내려온 전원이 접속단자를 통해 레일 전원과 연결된 모습입니다. 레일 전원을 심하게 당기지 않도록 주의합니다.

레일을 고정하고 조명을 부착한다.

21 수직과 수평을 고려하여 레일을 천장에 고정합니다. 레일 1m짜리에는 최소 3개의 나사를 이용해 천장에 완전하게 고정하여야 합니다.

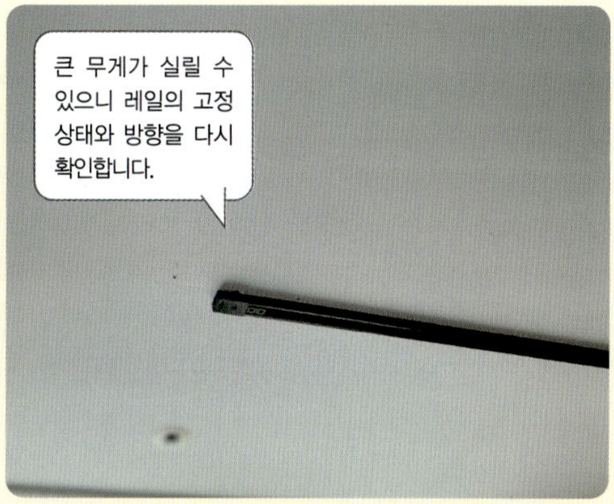

22 레일은 큰 무게가 실릴 수 있으니 천장과 완전밀착되었는지, 단단하게 고정되었는지 여러 차례 확인해야 합니다.

레일 전원과 레일을 연결한다.

23 레일에 조명 기구를 부착합니다. 조명 기구는 전기적으로 완전하게 접속해야 하며 부착이 완료되면 전원을 투입하여 동작 상태를 확인합니다.

24 레일의 끝부분은 마감재(End Cap)로 안전하게 마감되어야 합니다. 이 부분의 작업이 올바른지도 확인하시기 바랍니다.

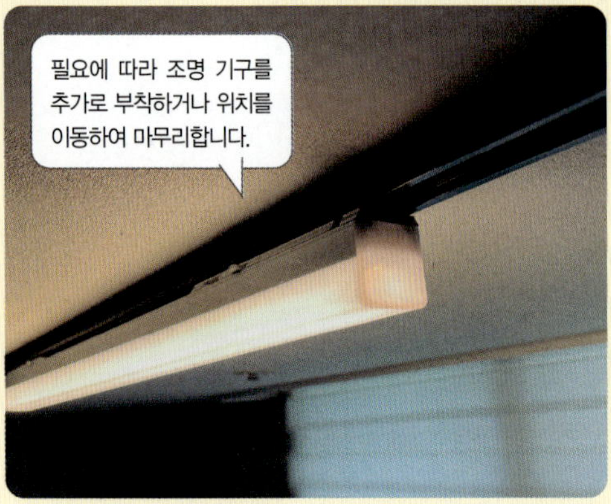

25 조명이 올바르게 설치되고 동작한다면, 필요에 따라 조명의 위치를 바꾸거나 기구를 추가할 수 있습니다. 용도와 목적에 따라 다양한 조명의 선택 조건을 검토해 보세요.

꼭 주의하세요

① 트랙 조명의 적절한 위치를 선정하세요.

적절한 위치 선택은 트랙 조명에서 매우 중요합니다. 이것은 조명 시스템의 효과성과 기능뿐만 아니라 미적인 부분에 직접적인 영향을 미치기 때문입니다. 조명의 위치는 조명 기구가 공간을 얼마나 효과적으로 조명하고 특정한 영역이나 물체를 강조하여 원하는 분위기를 조성하는지 결정합니다. 트랙 조명의 위치를 잘 선택하면 효과적인 조명의 기능을 구현하고, 눈부심을 줄이며, 향후 공간 재구성에 필요한 유연성을 제공합니다.

② 충분하게 안전한 고정 방식을 선택하세요.

트랙 조명을 설치 시 안정적인 고정은 전체 조명의 안전성과 신뢰성을 위해서 매우 중요합니다. 적절한 고정은 사고를 방지하고 위험성을 최소화하며 장기적으로 기능을 충분히 발휘할 수 있게 합니다. 만일 적절한 고정이 되지 않아 트랙 조명의 기구가 떨어지거나 이탈하면 사용자를 다치게 하거나 재산상의 손실을 주며, 불안정한 고정은 기구와 천장 사이에 열적 특성이 축적되어 화재의 위험성을 가져올 수 있습니다. 따라서 설치할 때는 정확한 고정 방법과 기구를 사용하고, 문 닫힘이나 여러 진동이 기구에 영향을 미치지 않게 주의하여야 하며, 청소와 유지관리가 편리하도록 고려해야 합니다.

③ 과부하를 피하고자 충분히 용량 계산을 하세요.

트랙 조명의 전기적인 손상을 방지하기 위해 적절한 부하 용량을 미리 계산해서 용량 초과를 예방해야 합니다. 과부하는 전기적 안전성을 위협하고, 조명 기구의 기능을 낮추며, 수명을 감소시키기도 합니다. 따라서 트랙 조명을 설치하기 전 트랙에 설치할 모든 전구나 기구의 총용량(W)을 계산하고, 적절한 용량의 회로차단기를 선정해야 합니다. 대부분은 트랙에 연결된 전체 용량이 회로 용량의 80%를 초과하지 않아야 합니다. 만일 용량이 크다면 이를 낮추기 위해 전구나 할로겐 등의 광원 대신 LED 전구를 사용하거나, 여러 개의 트랙을 이용해서 다른 회로로 부하를 분산하는 방법을 사용할 수 있습니다.

④ 정기적인 유지보수를 고려하세요.

트랙 조명을 설치 시 정기적인 유지보수를 고려하는 것은 조명 시스템의 수명을 늘리고, 최적의 성능과 안전성을 보장하기 위한 중요한 사항입니다. 트랙 조명은 적절한 내구성을 갖도록 설계되었지만, 환경적인 요인 또는 정상적인 기능과 수명의 저하도 시간이 지남에 따라 기구에 영향을 미칠 수 있습니다. 따라서 먼지나 이물질이 트랙과 기구에 축적되지 않도록 정기적인 청소를 해야 하며, 과열될 가능성을 줄이기 위해 공기의 흐름이 원활하도록 조치해야 합니다. 만일 습한 환경에 설치되었다면 부식할 우려가 있으므로 정기적으로 기구를 닦거나 건조한 상태를 유지해야 하며, 정상적인 사용 중에도 조명 기구의 각도나 방향이 틀어질 수 있으므로 정기적인 점검을 통해 트랙 헤드의 방향이나 각도를 조정해 주어야 합니다.

CHAPTER 03

03 다운 라이트(Down Light) 설치하기

미리 준비할 공구와 재료	• **공구류** 일자드라이버, 십자드라이버, 절연테이프, 줄자 • **재료/부품** 전선, 와이어커넥터

1 제품의 정의

다운 라이트란?

집에서 올바른 천장 조명 유형을 선택하는 것은 힘든 작업일 수 있지만, 올바르게 선택한다면 각 방의 분위기를 정확히 원하는 대로 만들 수 있다. 조명 기구는 선택의 폭이 넓으므로 고려할 수 있는 다양한 옵션이 있다는 사실과 함께 오히려 그러한 정보들로 인해 올바르지 못한 조명을 고를 수 있다는 것도 명심하자.

만일, 쇼핑을 좋아하지 않는다면 일반 상업 지역에서 얼마나 다양한 천장 조명이 사용되고 있는지 그 사실을 알고 놀랄 수 있다. 그리고 그런 조명들은 생각보다 사용하는 범위가 너무 넓고 다양한 요소를 고려하고 있어 적합한 조명을 온전히 이해하고 사용하기란 생각보다 쉽지 않다. 그러나 몇 가지 기본을 알게 되면 당신도 좋은 선택을 할 수 있다. 보통 가정에서는 원하는 밝기를 위해 만드는 조명 이외에도 다양한 조명이 사용된다. 예를 들어 스포트라이트 조명은 일상 조명은 아니지만, 특정 부분을 강조하거나 더 멋지게 만들어 주기도 한다. 조각, 예술작품, 주목할 만한 가구가 있다면 이런 조명은 효과적인 목적을 달성할 수 있게 된다.

| 그림 3-16 | 사무실 천장의 다운 라이트 조명

그러나 조명 시스템을 조금 더 간결하게 보이기를 원할 때 다운 라이트를 고려할 필요가 있는데, 여기서 다운 라이트(Down Light)란 전등을 천장에 매립하고 직접 하향 조명하는 조명 기구를 말한다. 다운 라이트는 주로 평평한 천장에 구멍을 뚫어 설치하는 조명 기구인데 광원을 대부분 숨기므로 천장에 설치하는 조명의 훌륭한 선택지가 된다.

50W LED 다운 라이트

8W LED 눈부심 방지용

7W LED 알루미늄 구조

| 그림 3-17 | 다운 라이트의 종류

다운 라이트는 최근에 가정에서도 사용이 증가하고 있다. 그 이유는 조명 기구의 노출이 없으므로 설치로 인해 천장의 넓은 평면 구조가 손상되지 않고, 건물

장식의 전체적인 통일성과 완벽성을 유지하는 구조적인 특징을 가지고 있기 때문이다. 이러한 특징으로 이 조명은 광원, 조명 기구, 전기 배선과 기타 구성요소가 모두 숨겨져 있어 천장의 구멍에서 빛을 발산하는 것처럼 보이게 한다.

또한, 형광등이나 LED와 같은 광원을 노출시키지 않아 눈에 자극을 주지 않으며 설치가 비교적 쉬운 편이다. 과거에는 광원으로 주로 전구나 형광등을 사용했지만, 최근에는 LED 광원을 사용해서 효율적인 에너지 절약의 목표를 달성할 수 있어 가정이나 사무실의 모든 장소에서 큰 인기를 끌고 있다.

다운 라이트를 구멍에서 분리한 모습

다운 라이트와 전원용 컨버터

| 그림 3-18 | 다운 라이트의 분리

다운 라이트의 단점

다운 라이트는 현대적이고 세련된 외관으로 인기가 높지만, 설치하기 전에 꼭 알아두어야 할 단점도 있다. 어떤 조명이든 장점만 있는 것은 없다는 것을 잘 기억하기로 하며, 장점뿐 아니라 단점도 균형 있게 고려하여 특정한 요구사항과 선호 사항을 기반으로 정보를 종합하여 결정하는 것이 중요하다.

① **열의 생성** : 다운 라이트는 열을 생성한다. 특히 광원이 할로겐이거나 일부 LED 모델은 열이 많이 발생하며 만일 적절한 통풍이 되지 않으면 이 열이 에너지 소비의 증가, 조명 장치의 수명 단축, 그리고 가연성 물질에 의한 화재 위험의 문제를 불러올 수 있다.

② **빛 집중** : 다운 라이트는 구조상 조명 바로 아래를 집중적으로 비춘다. 이것은 작업용 조명이나 특정 영역을 강조하기 위해서는 좋은 선택이지만, 올바르게 간격을 두고 배치하지 않으면 공간에서 균일한 조명을 얻기는 어려울 수 있다. 이러한 문제는 그림자와 눈부심을 발생시키기도 한다.

③ **천장 손상** : 다운 라이트를 설치하기 위해서는 천장에 구멍을 내야 하므로 이는 천장 구조를 손상할 수 있다. 그로 인해 차후에 조명 방식의 변화가 필요할 때는 전문적인 수리가 필요할 수도 있다.

④ **에너지 소비** : LED 다운 라이트는 전통적인 형광등이나 백열전구보다 더 효율적으로 에너지를 사용하지만, 실내 공간에 많은 다운 라이트가 있다면 에너지 소비가 적지 않을 수 있다. 따라서 많은 양의 다운 라이트가 필요하다면 에너지 효율성을 고려하여 적절한 조명의 밝기 수준을 선택해야 한다.

⑤ **빛의 낭비** : 다운 라이트의 특성상 조명 기구의 배치와 디자인에 따라 다운 라이트에서 발산하는 빛을 낭비할 수도 있다. 아래로 직접 발산하는 빛이 방 전체나 의도한 영역을 효과적으로 비추지 못할 수도 있다.

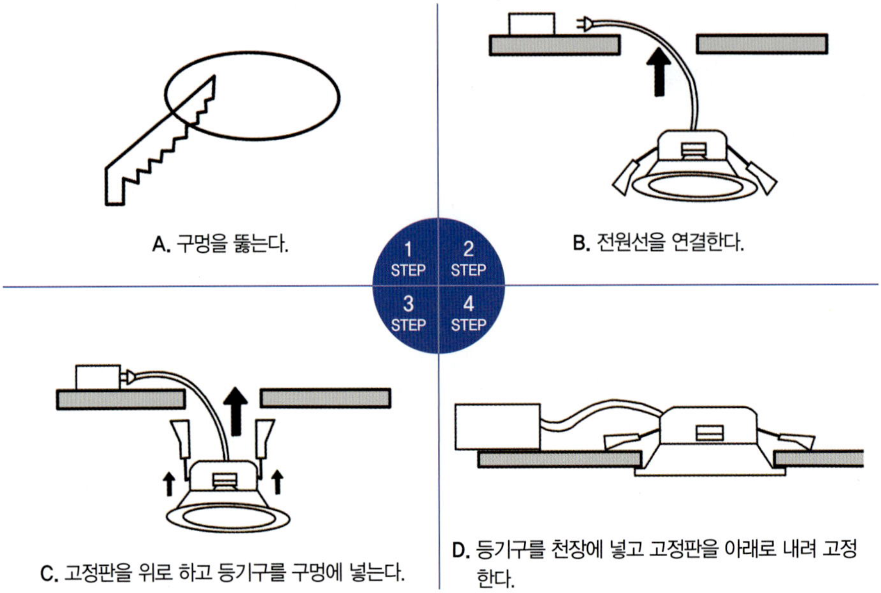

| 그림 3-19 | 다운 라이트의 설치 과정

조명 기구 배치 시 유의사항

LED 다운 라이트는 대부분 구조적으로 램프 본체와 전원 공급 장치가 하나로 결합해 있다. 따라서, 전반적인 작업의 과정이 안정적이고, 조명 기구는 통합형 열 발산 장치로 인해 사용 수명을 연장할 수 있다. 다운 라이트를 설치할 때는 최대한의 효과를 위해서 어떻게, 어디에, 얼마나 멀리 배치하는지에 대해 충분히 고려해야 한다. 그리고 다음과 같은 몇 가지 사실을 기억하자.

① 너무 벽의 가까이에 설치해서는 안 되며 다운 라이트는 벽에서 약 60㎝ 이상 떨어져 있어야 한다. 그런 다음, 다운 라이트를 방 전체에 고르게 배치한다.

② 일반적으로 조명의 간격은 공간의 크기에 따라 달라진다. 알기 쉽게 계산하는 규칙은 천장 높이를 2로 나누어 각 조명 사이의 공간을 만드는 것이다. 하지만 조명 기구의 사이가 1.5m를 넘지 않아야 좋다. 만일 그 거리를 넘는다면 조도가 크게 약화될 수 있기 때문이다.

③ 미니 다운 라이트는 주변 조명과 큰 방의 구석구석에 사용하기에 적합하다.

④ 어두운 나무 바닥 · 타일 · 카펫을 사용할 때는 공간이 밝혀지도록 다운 라이트를 더 가깝게 설치하거나 더 높은 조도를 가진 제품을 사용한다.

⑤ 3m가 넘는 천장은 1000lm의 다운 라이트를 사용해서 빛이 바닥에 닿는지 확인해야 한다.

설치 시 고려사항

① **설치 위치의 신중한 선택** : 다운 라이트 설치를 위해서는 천장에 구멍을 뚫어야 하므로 이는 돌이키기 쉽지 않은 실내 마감자재의 손상을 가져온다. 따라서 방의 배치, 빛의 방향과 다운 라이트 간 간격과 같은 요소를 고려해서 조명을 설치한다. 특히 다운 라이트 사이의 간격이 적절하지 않으면 과도한 조명이나 그림자가 생길 수 있으니 이를 충분히 고려하되 세밀한 설계가 어려울 때는 일반적으로 방의 높이의 약 절반 정도 간격을 두어야 한다.

② **천장의 유형 고려** : 작업하는 천장은 건식 벽체이거나 석고보드와 같은 다양한 재료일 수 있다. 이에 따라서 천장의 재료에 맞게 특정한 설치 기술이나 추가적인 지지가 필요할 수 있으므로 작업 전 천장의 재료 종류에 대해서 미리 파악해야 한다. 그리고 단열 천장에 다운 라이트를 설치할 때는 접촉 단열 등급이나 조명 장치의 주변 공간을 충분히 확보하여야 한다. 그래야 열이 효과적으로 분산되어 열의 가중으로 화재가 발생하는 것을 줄일 수 있다.

③ **접근성 파악** : 다운 라이트는 수명이 정해져 있어 일정 시간 사용하면 새것으로 교체해 주어야 한다. 특히 광원이 LED인 다운 라이트는 형광등이나 할로겐 램프처럼 광원을 직접 교체할 수 없고, 등기구 전체를 교환하는 방식도 많이 사용된다. 따라서 차후 유지보수나 교체가 필요한 경우 다운 라이트에 쉽게 접근할 수

있는지 설치 시 미리 고려해야 하며, 일부 장치는 분리하는 방법을 알아두는 것도 필요하다.

다운 라이트의 규격

종전에 백열전구나 삼파장 램프를 사용하기 위해서는 일명 캔 타입의 다운 라이트를 사용했다. 그림 3-20처럼 천장에 구멍을 뚫고 조명 기구를 천장에 넣은 후 광원으로 전구 형태의 조명을 설치할 수 있었다. 그러나 캔 타입의 다운 라이트는 천장 내부에서 충분한 공간이 필요했고, 조명 기구에서 발생하는 열을 효과적으로 분산시킬 수 없다는 단점이 있었다. 무엇보다도 광원에서 만들어지는 빛이 충분하게 천장 아래로 향하지 못하여 에너지 효율적인 관점에서 사용자에게 충분한 만족도를 주지 못했다. 그러나 최근에 출시되는 LED 방식은 천장 안에 넓은 공간이 필요하지 않으며, 광원의 빛도 대부분 아래를 향하고 있어 사용자의 요구에 만족하는 조명 기구로 선택받고 있다.

① 전구 방식과 LED 방식의 매립등 설치 비교

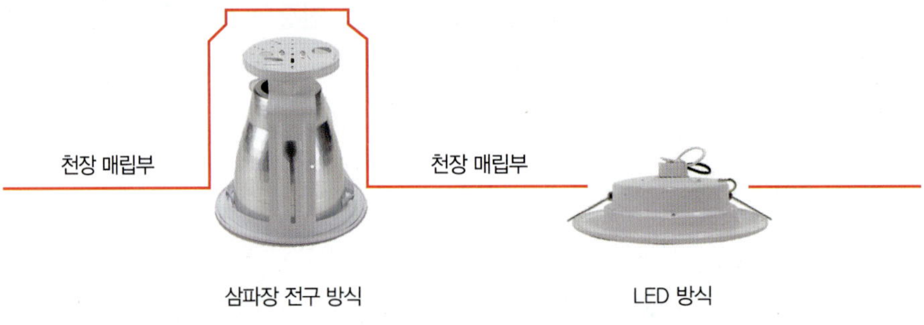

| 그림 3-20 | 삼파장 전구 방식과 LED 방식의 매립등

② LED 다운 라이트의 규격

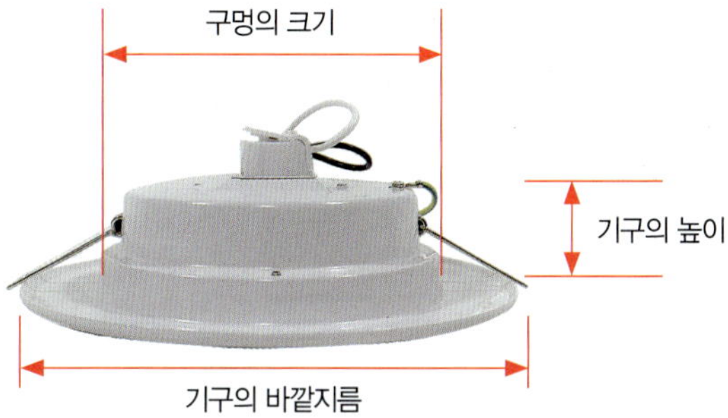

제품명	구멍의 크기	높이	바깥지름
3인치 7W	80㎜	35㎜	100㎜
4인치 10W	100㎜	40㎜	120㎜
5인치 15W	130㎜	45㎜	145㎜
6인치 20W	150㎜	50㎜	168㎜
7인치 30W	180㎜	50㎜	200㎜
8인치 35W	200㎜	50㎜	220㎜

| 그림 3-21 | 다운 라이트의 규격(표는 A社 조명)

2 관련 법령과 기술기준

KS C IEC

KS C IEC 60598

KS C IEC 60598-2-2 매립형 등기구 개별요구사항

2.11 내 · 외부 배선
매립형 등기구의 전선 케이블과 코드의 사용은 다음 사항을 위해 적합하여야 한다.
① 전선 케이블과 코드는 매립 부분 내에 설치하여 만지기 쉽지 않다.

② 매립 부분에의 등기구의 용이한 설치

③ 반조절(settable) 및 조절 가능한(adjustable) 매립형 등기구의 조절 허용

2.12 충전부에 대한 감전 보호
천장이나 빈 공간에서 등기구와 부품의 일부는 천장 아래 등기구 부분과 전기 충격에 대한 보호 등급이 같아야 한다.

※ 천장이나 빈 공간은 설치와 보수를 위해 접근 가능하며, 벽은 전기 충격에 대한 적절한 보호 장치가 되지 못한다.

2.13 내구성 및 내열성 시험

2.13.1 전원과의 연결을 위해 등기구 안을 통과하거나 조명 기구와 접촉할 수 있는 배선은 불안전 온도에 도달해서는 안 된다.

등기구는 등기구와 함께 제공된 케이블을 사용하거나 등기구 위에 표시된 것에 따라 케이블을 사용하거나, 표시가 되지 않았다면 제조자의 지침서에 규정된대로 전원과 연결한다. 한편으로는 IEC 60227을 따르는 PVC 케이블을 사용한다.

가장 뜨거운 지점은 사용 중 케이블이 접촉하기 쉬운 지점(등기구의 내부 경로를 따르거나 외부 표면 위)에 있다. 케이블은 이 지점과 접촉한 채로 가볍게 고정시키고 KS C IEC 60598-1의 부속서 k에서 설명한 대로 측정점에서 접촉 지점에서 절연체의 온도를 측정한다.

3 외형과 구조

다운 라이트의 외형

다운 라이트는 다양한 디자인과 성능을 가진 제품으로 시중에 유통되고 있다. 외관은 천장 내부에 설치되는 구성요소인 하우징, 천장 표면과 수평을 이루고 있으며 눈에 보이는 부분인 트림, 흰색, 검은색 등 트림의 다양한 장식인 마감으로 구성되어 있다. 그리고 전기적인 동작을 위하여 전원선과 접지선이 외부로 연결되어 있으며 220V의 전원을 받아 LED에 전원을 공급하기 위한 전력 변환 장치가 부착된 일체형 제품도 있다.

LED 다운 라이트 전면부

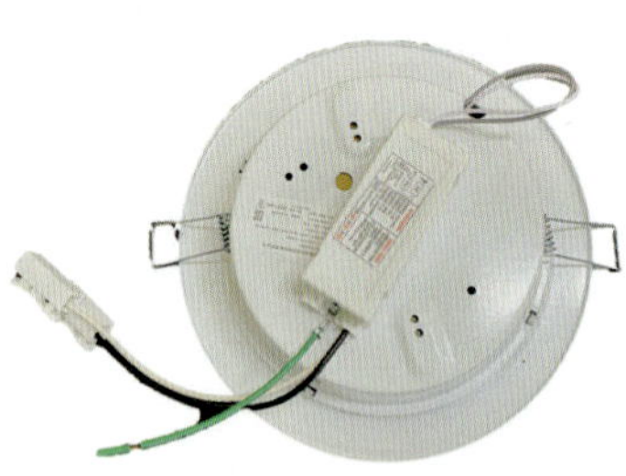

LED 다운 라이트 후면부

| 그림 3-22 | 10W LED 다운 라이트(100㎜)

LED 모듈에 전원을 공급하기 위해서는 일종의 '컨버터'라고 하는 전력 변환 장치가 필요하다. 이 장치는 가정으로 들어오는 220V의 상용전원을 LED 조명 기구가 사용하기에 적절한 직류 전원으로 변환시키는 역할을 하며 설치된 위치에 따라 내장형과 외장형으로 구분된다. 이 전력 변환 장치는 제품에 따라 과전압이나 과전류를 보호하는 보호 기능이 내장되어 있으며 만일 고장이 발생하면 LED 모듈에 안정적인 전원을 공급하지 못하므로 조명이 제대로 동작하지 않는다.

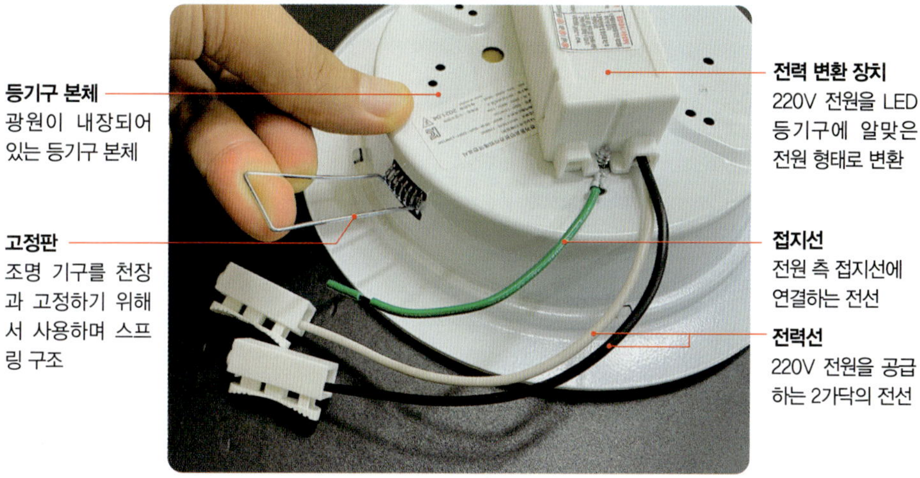

| 그림 3-23 | LED 다운 라이트의 구성요소

시공 절차와 세부 내용

시공 준비(재료 준비)를 한다.

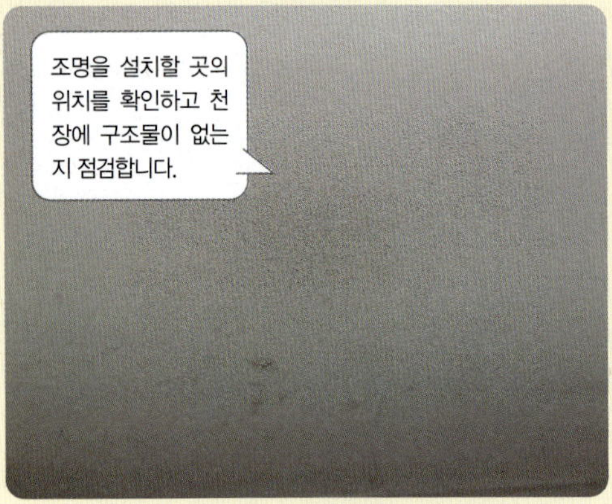

1 조명을 설치할 곳의 위치를 확인합니다. 이때 천장에 각목이나 콘크리트 등의 구조물이 없는지 확인할 필요가 있습니다. 그리고 천장 안에 조명 기구가 들어갈 충분한 공간이 있는지도 미리 검토합니다.

2 구멍을 뚫을 위치를 표시합니다. 구멍은 조명 기구의 크기에 따라 다르므로 구멍을 뚫었을 때 주변 환경과 적절한지 검토하여 위치를 선정합니다.

타공 지점을 표시한다.

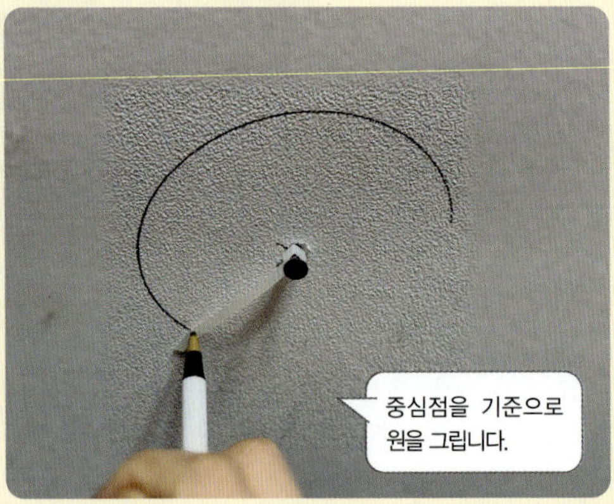

3 조명 기구마다 뚫는 구멍의 크기가 다릅니다. 이 작업은 지름 10㎝ 원을 뚫을 것이며, 따라서 반지름 5㎝의 원을 그립니다. 특별한 도구가 없다면 끈을 이용해서 컴퍼스처럼 원을 그립니다.

4 표시된 원을 따라 천장에 구멍을 낼 것이므로 가급적 진하게 표시합니다.

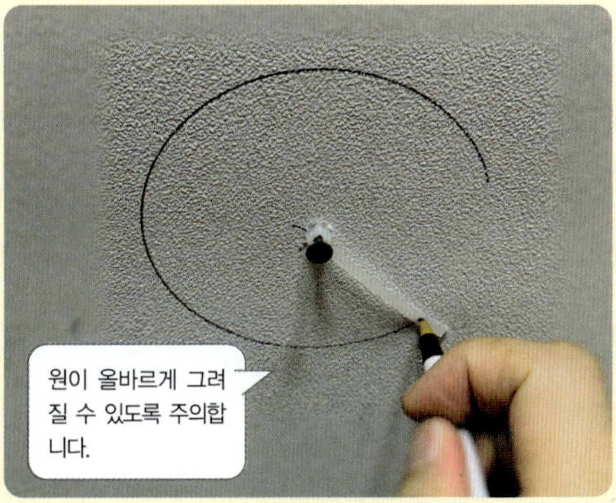

5 원이 올바르게 그려질 수 있도록 자세를 일정하게 합니다.

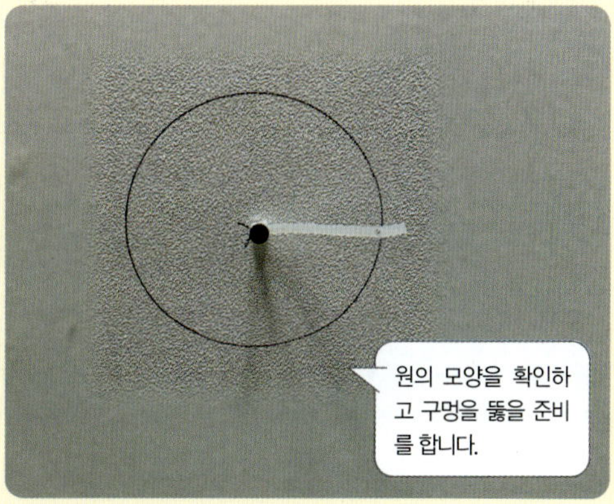

6 원이 그려지면 보조 도구를 제거하고 구멍을 뚫을 준비를 합니다.

구멍을 뚫는다.

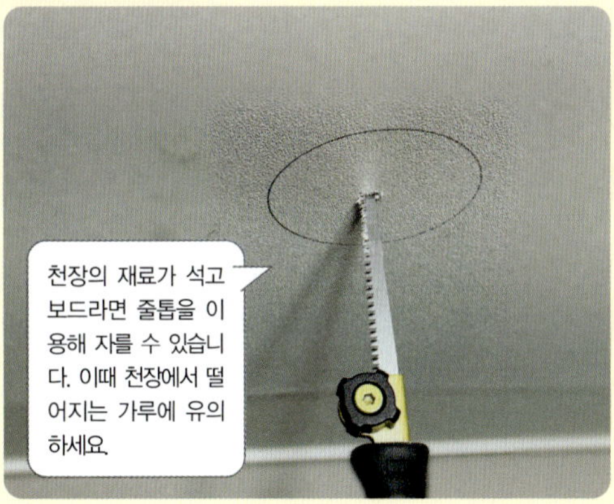

7 전문 공구를 사용할 상황이 아니라면 줄톱을 이용해도 됩니다. 천장의 재료가 석고보드나 합판이라면 줄톱을 이용해서 천천히 구멍을 냅니다.

8 미리 표시한 위치를 따라 천장을 잘라줍니다. 이때 천장에서는 톱질에 의한 가루가 많이 떨어집니다. 눈을 보호하기 위해서 보안경을 착용하고, 가루가 사방에 날리지 않도록 청소기로 먼지를 흡입하면 좋습니다.

조명 기구를 연결한다.

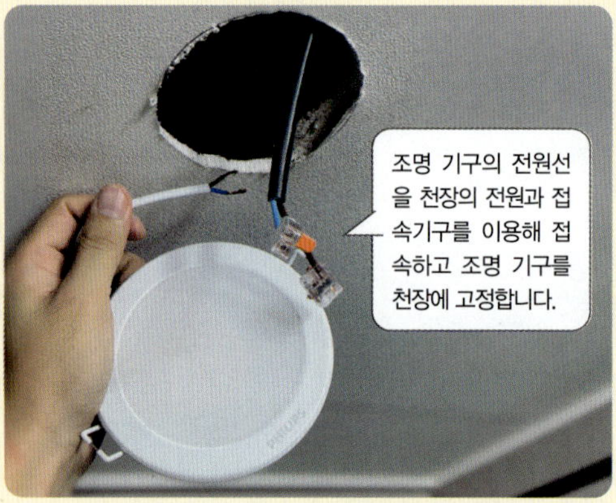

9 구멍을 뚫으면 천장에서 전원선을 인출하여 조명 기구와 접속을 준비합니다. 이때 접속은 커넥터를 이용하면 편리합니다.

10 조명 기구의 전원선과 천장의 전원선을 서로 연결합니다. 그리고 조명 기구를 천장에 넣어서 완전하게 고정합니다.

11 차단기의 전원을 올리고 동작이 제대로 되는지 확인합니다. 동작이 이상 없으면 주변을 정리하고 작업을 마무리합니다.

꼭 주의하세요

① 다운 라이트의 설치를 위해 적절한 구멍을 뚫으세요.

다운 라이트을 설치하기 위해서는 천장에 적절한 크기의 구멍을 뚫어야 합니다. 만일 구멍의 크기가 작으면 조명 기구가 충분히 삽입되지 않고, 구멍의 크기가 너무 크면 조명 기구가 헐렁하거나 공간이 생길 수 있습니다. 따라서 구멍을 뚫기 전 제조업체에서 제공하는 권장 크기를 확인하고 측정한 후 작업을 해야 합니다. 또한, 천장에 다운 라이트가 충분히 삽입될 공간이 있는지 기구의 높이와 천장의 여유선을 확인해 주시기 바랍니다.

② 습기가 있는 곳은 적절한 기능이 있는 기구를 사용하세요.

다운 라이트는 사용 장소가 넓어지면서 욕실이나 주방 등의 공간에도 많은 선택을 받고 있습니다. 그러나 욕실, 주방, 화장실과 같은 장소는 물기나 습기가 많은 장소로서 보통의 조명 기구가 아닌 적절한 방습 장치를 갖춘 제품을 사용해야 합니다. 따라서 다운 라이트를 선택하기 전 사용 장소의 방진 · 방수 특성을 충분히 확인하고 이에 맞는 적절한 등급의 제품을 구매해야 합니다.

③ 천장 구조물의 안정성을 확인합니다.

최근 사무실이나 가정의 천장은 인테리어의 효율성을 위해서 석고보드를 많이 사용합니다. 석고보드와 함께 다양한 천장 재료를 사용하는 경우에는 천장 구조물이 구멍을 뚫고 조명 기구를 고정할 만한 충분한 강도를 가졌는지 확인해야 합니다. 다운 라이트에서 스프링 구조를 가진 고정판은 의외로 강한 힘을 주는 경우가 있으므로 천장 구조물이 지나치게 얇거나 약하면 손상될 우려가 있습니다. 다운 라이트를 설치하기에 충분한 기계적 강도를 가져 조명 기구가 처지거나 불안정하지 않은지 먼저 확인하기 바랍니다.

④ 인테리어에 맞는 색깔과 스타일을 선택하십시오.

인테리어의 목적과 조화에 따라 다양한 다운 라이트 중 가장 어울리는 조명 기구를 선택해야 합니다. 다운 라이트는 서로 비슷해 보이지만 외부 구조나 광원의 색상, 트림의 색상과 크기가 다양하게 출시되고 있습니다. 따라서 깔끔한 외관과 조명의 목적을 적절하게 달성하기 위해서는 여러 제품을 비교해 보고 가장 맞는 제품을 선택할 필요가 있으며, 이에 대해서 충분한 도움을 얻고 싶다면 전문가의 조언을 참고하시기 바랍니다.

CHAPTER 03

04 실외콘센트 설치하기

미리 준비할 공구와 재료	
	● **공구류** 일자드라이버, 십자드라이버, 절연테이프, 줄자
	● **재료/부품** 실외콘센트, 드릴, 칼블럭

1 제품의 정의

실외콘센트란?

높은 가지를 흔드는 매미 소리. 그 소리에 맞추어 뜨거운 여름 마당에 작은 그늘을 시원하게 만들고 들마루 위에서 가족들과 옥수수와 수박을 먹는 모습을 상상하면 한여름의 뜨거움도 그렇게 피할 것만은 아니다. 아! 그리고 이 정다운 장면에서 살랑살랑하는 바람을 불어내는 선풍기가 돌아간다면 이제 잠시 누워 눈을 붙이고 바람을 맞이해 본다. 이런 미래를 상상하며 흔들리는 지금을 보낸다.

실외콘센트는 실외 환경에서 사용하도록 설계된 전기 콘센트나 소켓을 말한다. 집이나 건물의 외부에서 사용되는 장치나 가전제품, 도구에 전력을 공급하기 위해서 특별하게 제작되었다. 실외콘센트는 실내콘센트와는 다르게 외부에 노출되므로 기상 조건, 직사광선, 습기나 기타 환경 요인에 대한 노출을 견디면서 사용자의 안전을 보장하고 전기적인 위험을 방지하도록 설계되었다.

| 그림 3-24 | 다양한 실외콘센트

실외콘센트는 제조사나 제품에 따라 다양한 모양과 기능이 있지만, 대부분은 다음과 같은 공통적인 특징이 있다.

첫째, 비바람에 견디는 디자인이다. 실외콘센트는 습기, 비, 눈이나 기타의 야외에서 만나는 요소에 대해 내구성 있는 재료와 디자인으로 구성된다. 예를 들어 빗물이 콘센트로 들어가는 것을 방지하기 위해 적절한 방수 구조로 디자인된다. 둘째, 견고한 구조로 되어 있다. 실외콘센트는 일반적으로 자외선, 온도 변화, 물리적인 충격 등에 노출되므로 이를 견딜 수 있는 내구성 있는 재료로 만들어진다. 셋째, 설치의 유연성이 있다. 실내의 콘센트는 주로 벽에 매립해 설치하는 구조이다. 그러나 실외콘센트는 용도나 위치에 따라 벽에 장착하거나 실외의 고정물, 기둥이나 정크션 박스 등에 설치할 수 있다.

실외콘센트의 필요성

전기는 집 안에서만 쓰는 것이 아니다. 만일 당신이 단독 주택에서 살고 있거나 작은 농막을 가지고 있다면 전기를 사용하는 공간이 집 밖까지 이어진다는 것을 이미 알고 있을 것이다. 집 안의 공간에서는 주로 휴식을 취하고, 무언가 일을 하고, 즐거움을 위해서 전기에너지를 사용하고 있는데 이런 활동이 야외로 이어져 집 밖에서도 최대한 전기에너지를 사용하기도 한다. 그럴 일이 별로 없을 것이라면 다음의 경우를 생각해 보자.

| 그림 3-25 | 주택의 실외콘센트

① **실외 조명** : 조명 장치를 사용할 때 필요하다. 야외에서는 일반 조명과 함께 조경용 조명, 크리스마스 트리와 같은 장식용 조명이 사용될 수 있다. 또 일시적인 행사를 할 때도 야외에서는 충분한 전력을 공급받을 방법이 있어야 한다.

② **엔터테인먼트** : 마당에서 영화를 상영하거나 모임에서 음악을 틀기 위해서는 전원이 필요하다. 프로젝터와 스피커의 출력에 따라서 적절한 용량의 전력이 공급되어야 한다.

③ **전동 공구** : 야외에서는 다양한 작업 활동이 이루어진다. 원예 도구를 사용하거나, 잔디를 깎거나, 송풍기를 돌리거나, 농사용 기기를 동작시킬 때도 전원이 필요하다.

④ **야외 조리** : 바비큐를 하거나 전기를 이용한 조리기구를 사용하려면 전기에너지를 공급받아야 한다.

⑤ **충전** : 휴대전화, 노트북과 같은 전자기기를 충전하기 위해서 실외콘센트가 필요하다. 소형 전자기기의 충전뿐만 아니라 전기자동차와 같은 대용량의 기기도 이런 콘센트로 전기에너지를 공급받을 수 있다.

⑥ **냉각이나 가열** : 야외 모임이나 활동을 위해서는 적절한 온도 조건을 만들어야 한다. 더운 날에는 선풍기와 같은 장치를 이용해서 냉각을, 추운 날에는 히터를 이용해서 가열을 해야 하는데 이런 기기를 이용하기 위해서는 콘센트가 필요하다.

실외콘센트를 설치할 때 고려할 사항

실외콘센트의 필요성을 느끼고 이를 해결하기 위해 설치를 결정했다면 이제 콘센트를 설치할 적절한 위치를 선정하고, 제품을 고르는 일을 앞두고 있을 것이다. 이 일은 아주 중요하다. 만일 적절한 곳에 설치하지 않으면 다시 연장선을 사용해서 전기를 공급해야 하는 불편한 상황에 부닥치기 때문이다.

실외콘센트는 실내콘센트와 크게 다르다. 실외에 노출되는 만큼 전기적 보호에 신경을 더 써야 하고, 방수커버 등 구조적인 안정성도 높은 제품을 선택해야 한다. 전기 작업이 항상 그렇겠지만 늘 시작하기 전에 안전과 관련된 내용을 충분히 검토하는 것을 잊지 말자. 다음 내용은 실외콘센트를 설치할 때 고려해야 할 사항을 설명한 것이다.

| 그림 3-26 | 기둥에 박스를 부착한 실외콘센트

① **콘센트의 적합한 위치 선정** : 실외콘센트를 설치하기 전에 설치할 벽이나 장소를 선정한다. 실외콘센트를 설치하는 것은 실내콘센트를 설치하는 것보다 훨씬 작업이 복잡하며, 만일 설치하는 곳에 실내콘센트가 가까이 있다면 연장선을 사용하는 것도 나쁜 선택은 아니다. 실외콘센트를 설치하기 위해서는 먼저 전원을 연결할 장소를 찾아야 하는데, 가장 쉬운 방법은 가까이에 있는 실내콘센트에서 전원을 연장하는 것이다. 그러나 적절한 실내콘센트를 찾지 못하면 직접 전력 케이블에서 분기하거나 정크션 박스와 같은 곳에서 전기 접속을 통해 전원을 인출해야 하는 불편함이 생길 수 있다. 사실 불편한 점도 있지만, 전문적인 과정이기 때문에 일반적인 전기 지식을 가진 분들에게는 이 공사가 제법 힘든 공사가 된다는 점을 기억하자.

② **적합한 콘센트 커버 선택** : 실내의 콘센트는 별로 문제가 없지만, 외부에 설치된 콘센트는 눈이나 비와 같은 기후적인 요소에 노출되어 심각한 손상을 입거나 안전에 위협이 되는 상황을 자주 맞이하게 된다. 따라서 이를 예방하기 위해

특별히 조치할 필요가 있으며, 실외콘센트는 특히 물에 젖으면 강력한 전기적 위험성을 가지므로 더욱 안전에 대한 대비를 철저히 해야 한다. 콘센트는 물에 의해 인체에 전기적 충격을 주는 감전의 위험과 함께, 누전이 발생하여 화재나 정전 사고를 불러올 수 있는 위험도 있다. 따라서 실외콘센트는 기후적인 보호와 함께 어린이나 애완동물 등의 접근에 따른 사고를 방지할 수 있는 보호 장치를 설치해야 한다. 가장 일반적인 보호 장치로는 실외콘센트의 커버가 있다. 전기적 안전을 위하여 반투명으로 되어있는 커버는 외부에서 볼 때 무엇인가 꽂혀 있는 여부가 확인되어야 하며, 코드는 아래에서 나오고, 커버는 상시 닫혀있는 구조가 되어야 한다. 만일, 습기가 높거나 비에 의한 침수 등의 우려가 있는 곳에 콘센트를 설치한다면 추가적인 보호 장치를 해야 한다.

③ **적합한 케이블과 전선관 사용** : 실외콘센트에 사용하는 케이블이나 전선관은 모두 방수 능력이 있는 것을 사용해야 한다. 또한, 우리나라는 기후의 특징에 따라 한여름과 한겨울에 큰 더위와 추위가 번갈아 영향을 미치므로 사용하는 케이블과 전선관은 이러한 온도에 견딜 수 있어야 한다. 그리고 직사광선을 받는다면 이에 대해서도 내구성이 있어야 한다. 케이블이나 전선관의 위치도 중요하다. 이러한 공사를 할 때는 케이블이나 전선관이 통로나 출입구를 가로지르는 것을 피해야 하며 부득이한 경우 걸려 넘어지지 않도록 적절한 보호가 필요하다.

2 관련 법령과 기술기준

한국전기설비기준(KEC)

234.5 콘센트의 시설

1. 콘센트의 정격전압은 사용전압과 동등 이상의 KS C 8305(배선용 꽂음 접속기)에 적합한 제품을 사용하고 다음에 의하여 시설하여야 한다.

   가. 노출형 콘센트는 기둥과 같은 내구성이 있는 조영재에 견고하게 부착할 것.

   나. 콘센트를 조영재에 매립할 경우는 매립형의 것을 견고한 금속제 또는 난연성 절연물로 된 박스 속에 시설할 것. 다만, 콘센트 자체에 그 단자 등의 충전부가 노출되지 않도록 견고한 난연성 절연물의 외함을 가지는 것은 벽에 견고하게 부착할 때에 한하여 박스 사용을 생략할 수 있다.

   다. 콘센트를 바닥에 시설하는 경우는 방수 구조의 플로어박스에 설치하거나 또는 이들 박스의 표면 플레이트에 틀어서 부착할 수 있도록 된 콘센트를 사용할 것.

   라. 욕조나 샤워시설이 있는 욕실 또는 화장실 등 인체가 물에 젖어있는 상태에서 전기를 사용하는 장소에 콘센트를 시설하는 경우에는 다음에 따라 시설하여야 한다.

   (1) 「전기용품 및 생활용품 안전관리법」의 적용을 받는 인체감전보호용 누전차단기(정격감도전류 15mA 이하, 동작시간 0.03초 이하의 전류동작형의 것에 한한다) 또는 절연변압기(정격용량 3 kVA 이하인 것에 한한다)로 보호된 전로에 접속하거나, 인체감전보호용 누전차단기가 부착된 콘센트를 시설하여야 한다.

   (2) 콘센트는 접지극이 있는 방적형 콘센트를 사용하여 211과 140의 규정에 준하여 접지하여야 한다.

   마. 습기가 많은 장소 또는 수분이 있는 장소에 시설하는 콘센트 및 기계기구용 콘센트는 접지용 단자가 있는 것을 사용하여 211과 140의 규정에 준하여 접지하고 방습 장치를 하여야 한다.

2. 주택의 옥내전로에는 접지극이 있는 콘센트를 사용하여 211과 140의 규정에 준하여 접지하여야 한다.

한국전기안전공사

SPS-C-KESG-V-P-5-0837

야영시설 전기설비 점검 지침

4.4.4.1 콘센트

a) 모든 콘센트는 적어도 보호등급 IP44이거나, 그러한 보호가 외함에 의하여 제공되어야 한다.

b) 모든 콘센트는 이동식 숙박차량의 정박구획 또는 텐트 구획에 실용적으로 가까운 위치에서 공급되어야 한다.

c) 모든 콘센트는 배전반 내에 또는 분리된 외함 내에 설치되어야 한다.

d) 연결코드가 긴 경우 이로 인한 위험을 피하기 위하여 하나의 외함 안에는 4구 이하의 콘센트가 조합 배치되어야 한다.

e) 모든 이동식 숙박차량의 정박구획 또는 텐트 구획은 적어도 하나의 콘센트가 공급되어야 한다.

f) 일반적으로 정격전압이 200V~250V이고 정격전류가 16A인 단상 콘센트가 제공되어야 한다. 보다 큰 수요가 예상되는 경우에는 더 높은 정격의 콘센트가 제공될 수 있다.

g) 콘센트의 하단은 대지로부터 0.5m~1.5m 높이에 위치되어야 한다. 가혹한 환경조건에 따른 특별한 경우 정해진 최대 높이 1.5m를 초과하는 것이 허용된다. 이러한 경우 플러그의 안전한 삽입 및 제거가 보증되는 견고한 발판 또는 사다리 등을 설치하는 특별한 조치가 취해져야 한다.

비고) 콘센트의 시설 높이는 이동식 숙박차량 정박장 또는 야영장이 침수의 위험이 있거나, 폭설이 내리는 겨울에 필요하다.

3 외형과 구조

콘센트의 종류

실외콘센트는 외부 환경에서 안전하게 전기를 공급하기 위해 설계된 것으로 기후 조건으로부터 전기 시스템을 보호하면서 작동한다. 다양한 목적과 조건에 맞춰 설계된 몇 가지 종류의 콘센트가 있다.

야외형 콘센트 벽붙이 콘센트 방수형 콘센트

| 그림 3-27 | 실외콘센트의 종류

사용 목적에 따른 분류

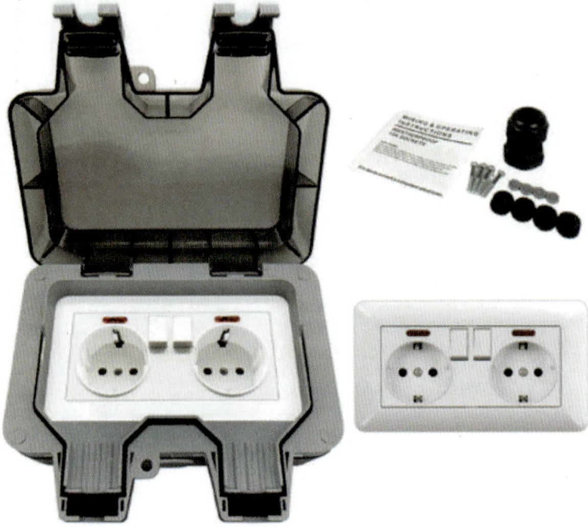

| 그림 3-28 | IP66 등급의 방수 콘센트

내후성 콘센트 　 투명 커버 콘센트 　 잠금 콘센트 　 해양용 콘센트

| 그림 3-29 | 사용 목적에 따른 콘센트의 종류

① **내후성 콘센트**(NEMA 3R) : 이 콘센트는 비, 눈, 직사광선과 같은 기후 조건에 노출되는 지역에 설치하기 위해 설계되었다. 일반적으로 콘센트가 사용되지 않을 때는 내후성 덮개가 닫혀, 습기와 이물질로부터 전기회로를 보호한다. 내후성 콘센트는 주로 데크나 야외 공간에서 사용한다.

② GFCI **콘센트**(NEMA 5-15R GFCI) : 접지 차단기(Ground Fault Circuit

Interrupter, GFCI) 콘센트는 젖은 환경에서 전기 충격에 대한 추가 보호를 제공하기 위해 설계되었다. GFCI는 전기 흐름을 모니터하고 전기회로에서 입출력의 전류 불균형을 감지할 때 전원을 신속하게 차단하여 접지 결함이나 전기 충격 위험을 감소한다. GFCI 콘센트는 테라스, 수영장, 차고와 같은 야외 위치에서 필수적으로 사용한다.

③ WR **콘센트**(NEMA 5−15R WR) : 내후성(Weather−Resistant, WR) 콘센트의 내후성과 GFCI 콘센트의 조합이다. 사용 환경이 기상 요소에 노출될 수 있으며 GFCI 보호의 안전이 있어야 하는 장소에 사용한다. WR 콘센트는 날씨에 대한 저항성과 전기 안전성 모두가 중요한 야외 공간에서 흔히 사용한다.

④ **투명 커버 콘센트** : 투명 커버는 플러그가 연결되는 동안에 콘센트를 보호하기 위해 일반적인 야외 콘센트에 추가할 수 있는 추가 액세서리이다. 이 커버는 플러그가 연결되는 동안 콘센트에 접근할 수 있도록 접힘으로 열리는 디자인을 하고 있다. 커버는 비, 눈, 이슬 등 다양한 야외 요소로부터 전기회로를 보호한다.

⑤ **잠금 콘센트**(NEMA L5−15R, NEMA L6−20R **등**) : 잠금 콘센트는 연결을 보호하기 위해 플러그를 삽입한 다음 돌려서 연결을 고정해야 하는 잠금 메커니즘을 가지고 있다. 안전한 연결이 필수적인 공업이나 상업적 환경에서 사용된다. 야외 사용에 한정되지는 않지만, 건설 현장과 같이 고용량의 전력이 필요한 야외 장소에서 종종 찾아볼 수 있다.

⑥ **해양 콘센트**(NEMA L5−30R, NEMA L6−30R **등**) : 해양 콘센트는 배 및 마리나에서 사용하기 위해 특별히 설계되었다. 염수, 염분 및 다양한 기후 조건과 같은 가혹한 해양 환경을 견딜 수 있으며 이러한 콘센트는 연결을 확실히 보장하기 위해 잠금장치나 돌려서 잠그는 구조로 되어 있다.

시공 절차와 세부 내용

시공 위치를 확인한다.

1 실외콘센트를 설치할 적절한 위치를 선정하고 작업할 재료와 공구를 준비합니다.

2 콘센트를 설치할 곳에 기구를 갖다 대고 주변의 환경을 확인합니다.

콘센트 박스를 고정한다.

3 전원케이블이 연결될 쪽의 구멍을 뚫어줍니다. 박스에 미리 구멍이 나 있어 쉽게 제거할 수 있습니다.

4 본체 박스를 고정할 곳에 대고 적절한 방식으로 고정할 준비를 합니다.

5 목재에 고정할 때는 피스를 사용합니다. 만일 콘크리트 벽면에 고정한다면 드릴로 구멍을 뚫고 칼블럭 등을 이용하여 완전하게 고정합니다.

6 전동드라이버와 나사못을 준비하여 한 쪽씩 고정을 시작합니다.

7 한쪽의 고정이 끝나면 박스의 수평 상태를 확인한 후 다시 다른 한쪽의 고정을 준비합니다.

8 다른 한쪽도 나사못을 이용해서 고정합니다.

9 나사못을 모두 완전하게 고정하였다면 다시 한번 고정 상태를 확인합니다.

10 콘센트의 본체를 준비하고 앞뒤의 상태와 전원 접속 구조를 확인합니다.

전원케이블을 연결한다.

11 콘센트의 본체를 준비하고 전원케이블을 연결할 준비를 합니다.

12 사용할 전원케이블을 준비합니다. 케이블의 피복을 벗기고 케이블을 케이블 커넥터에 삽입합니다.

13 케이블 커넥터를 박스에 고정하고 너트를 돌려서 박스에 고정합니다. 이때 케이블 커넥터의 몸체를 조여서 커넥터와 케이블이 완전하게 고정되도록 합니다.

14 단자 접속을 위해서 케이블의 끝부분을 약 1㎝ 벗겨줍니다.

15 본체의 뒷면을 보며 전선을 콘센트 전원단자에 접속합니다.

16 콘센트가 2구라면 다른 한쪽도 병렬로 전원선을 이어서 연결해 줍니다.

콘센트 본체를 박스에 고정한다.

17 전원단자에 전원선을 연결하면 콘센트 본체를 박스에 서서히 밀착시켜 고정할 준비를 합니다.

18 본체를 박스에 완전히 밀착하고 제품에 포함된 나사를 이용해서 고정합니다.

19 본체 모서리에 있는 모든 단자를 빠짐없이 온전하게 고정해 줍니다.

20 방수 기능의 확보를 위해서 제품에 포함된 고정나사 덮개를 준비합니다. 크기는 나사 구멍을 덮을 만한 작은 크기입니다.

마무리한다.

21 모서리의 나사 구멍에 고정나사 덮개를 끼워 넣습니다.

22 전원이 연결된 케이블의 위치와 상태를 확인하며 마지막 고정을 하고 마무리합니다.

23 콘센트가 올바르게 설치되었는지 동작을 확인하며, 덮개는 이상이 없는지 상태를 점검합니다.

24 덮개를 덮고 충분하게 방수 기능이 동작하는지 확인하며 설치를 완료합니다.

꼭 주의하세요

① 야외용은 내후성 콘센트를 설치하세요.

야외 콘센트를 설치할 때는 다양한 기후 환경을 고려해야 합니다. 설치하는 환경에 따라 습기, 비, 눈뿐만 아니라 직사광선이나 바닷가의 염분 등 여러 야외 요소에 견딜 수 있는 내후성 콘센트를 선택하세요. 실외용 콘센트는 기본적으로 물의 침투와 단락에 대한 보호 기능을 가지고 있어야 합니다.

② 설치 장소는 최대한 안전한 곳이어야 합니다.

실외콘센트를 설치할 위치를 잘 선택해야 합니다. 설치하는 장소는 콘센트에 대한 편리한 접근성에서 유리해야 합니다. 그러나 물이 고이거나, 비가 많이 내리면 물이 지나갈 우려가 있는 곳은 되도록 피해야 합니다. 또한 기상요건이나 사람, 사물에 의해 물리적인 충격을 받을 우려가 있는 곳도 피해야 합니다.

③ 옥외용 전선을 사용해야 합니다.

실외콘센트는 특별하게 실외에서 사용하는 기구이므로 이 기구에 전력을 공급하거나 받는 전기회로의 전선들도 관련된 규정을 준수해야 합니다. 실외나 특수한 환경적 요소를 견딜 수 있도록 설계된 전선이나 케이블을 사용하여야 하며, 배관 등의 공사 방법도 관련 규정을 충분히 검토하여야 합니다. 이처럼 안전기준의 준수와 관련된 내용에 대해서 부가적인 도움이 필요할 때는 전기전문가와 충분한 논의를 하시기 바랍니다.

④ 사용하지 않을 때 플러그는 분리합니다.

실외콘센트는 사용하지 않을 때 장치나 연장 플러그를 반드시 분리해야 합니다. 이렇게 하는 것은 날씨의 영향에 노출되는 전기 시스템의 손상 위험을 줄이고 에너지 소비를 최소화하는 방법입니다. 또한 플러그를 분리하는 것과 함께 주기적으로 콘센트나 주변의 영역을 청소하고 정상 작동 여부를 확인하는 유지관리도 필요합니다.

찾아보기

숫자

3로 스위치 071

ㄱ

감전 010, 265
감지 센서 087
과부하 183, 193
과전류 193
광원 249
교류 전기 027
국부 조명 034
글로브 124

ㄴ

납땜(Solder) 017
내구성 037, 117
내부식성 017
내추럴 화이트(Nature White) 120
내후성 콘센트 268
노즐형 콘센트 170
노출형 콘센트 142
누설전류 196
누전 198, 265
누전차단기 196
니들 노즈 플라이어
(Needle-nose Plier) 052
니퍼(Nipper) 049

ㄷ

다운 라이트(Down Light) 247
단락(Short) 027, 193
단로 스위치 071
단상 2선식 138
도체 011
따뜻한 흰색(2700K～3000K) 035

ㄹ

라디오 펜치 052
레일 마감 233
레일 전원 233
레일 조명 106, 226
롱 노즈 플라이어
(Long-nose Plier) 052
리드선(Lead Wire) 058
리모컨 스위치
(Remote Control Switch) 070, 212

ㅁ

마감 254
마이크로 스위치(Micro Switch) 068
매립형 콘센트 142
멀티테스터(Multi-Tester) 056
무선주파수(RF) 리모컨 214
무접지극 140

ㅂ

바닥 매립형 콘센트 143
발광다이오드 116
방수 등급 164
방수형 멀티탭 169
방수형 콘센트 160
방열 123
방열판 128
방우 스위치
(Rain Protection Switch) 070
방우형 168
방우형 콘센트 168
배선차단기 192
버스바 200
병렬 연결 029
보안경(Safety Goggles) 054
부하 026
분기차단기 200
분전반 194, 199
분전함 194
브래킷 110
브래킷 커버 110

ㅅ

색온도(Color Temperature) 034
샹들리에 106
선택부(Selector) 058
센서등 085
셀렉터 스위치(Selector Switch) 068
소켓(Wall Socket) 138
솔더 슬리브(Solder Sleeve) 014
스위치 066
스크루 드라이버(Screw Driver) 051
스트립형 118
스포트라이트 119
습윤성 017
시원한 흰색(5000K~6500K) 035
실외콘센트 260

ㅇ

아웃렛(Electrical Outlet) 138
안전 셔터 150
안정기 046, 130
안정기 내장형 형광램프[CFL] 045
언더캐비넷 조명 106
에너지 효율 116
연성 017
열동식 203
옥외용 전선 275
와이어 스트리퍼(Wire Stripper) 050
와이어 클림퍼(Wire Crimper) 052
원형(환형) 형광램프(FLC) 045
웜 화이트(Worm White) 120
유연성 036
이동형 콘센트 143
일반용 조명 034

ㅈ

자동 차단 기능 194
작업용 조명 034
잠금 콘센트 269
장식 조명 034
적외선 신호 215
적외선(IR) 리모컨 214
전구색 103
전구 소켓 042
전구형 118
전기 배선도 032
전기부하 047
전력 변환 장치 254
전류 028
전선의 직접접속(Twist Wires) 011
전원단자 138
전원 컨버터 110
전자식 204
절연 024
절연용 장갑 053
절연체 011
접지극 140
접지단자 138
접지 핀 140
접촉 단열 등급 251
정격 전류 192
조광기 137
조도 센서 086
조명회로 025
주광색 102
주백색 102
주차단기 200
중성 백색(3500K~4100K) 035
쥐꼬리 접속 012
직관형 형광램프(FL) 045
직류 변환 장치 181
직류 변환 회로 186

ㅊ

출력 용량 185

ㅋ

커넥터 129, 233
컨버터 255
켈빈(K) 034
콘센트(Outlet) 138
콜드 화이트(Cold White) 120
콤팩트형 형광램프[FPL] 045
클림프 스플라이스
(Crimp Splice) 013

ㅌ

타임 스위치(Time Switch) 070
탁상형 콘센트 144
터미널 블록(Terminal Block) 015
텀블러 스위치(Tumbler Switch) 068

테스트 버튼 197
테이블 조명 106
토글 스위치(Toggle Switch) 069
투명 커버 콘센트 269
튜브형 119
트랙(레일) 235
트랙 조명(Track Light) 227
트림 254
트위스트 접속 012

ㅍ

패널형 118
펜던트 조명 105
포트 191
표시부(Display) 058
푸시버튼 스위치
(Push Button Switch) 068
퓨즈 140, 202
프로브 061
플러그(Plug) 139
플리커 현상 124

ㅎ

하우징 139, 254
함 200
해양 콘센트 269
헤드 236
형광등 044
호환성 123, 183
회로(回路, Circuit) 027
회로차단기 140

영문

CdS 셀 086
EMI(Electro Magnetic Interference,
전자 방해잡음) 140
GFCI 콘센트 268
IP 코드
(Ingress Protection Code) 162
LED 116
LED 다운 라이트 253
LED 모듈 122
LED 조명 042
Load(로드) 026
USB 케이블 184
USB 콘센트 180
USB A type 181
Wi-Fi 리모컨 214
WR 콘센트 269